पेंगुइन बुक्स

भारत का भविष्य

भारत के जाने-माने अर्थशास्त्री बिमल जालान ने कोलकाता के प्रेसीडेंसी कॉलेज तथा कैम्ब्रिज और ऑक्सफ़ोर्ड विश्वविद्यालयों में शिक्षा प्राप्त की। सन् 1997 से 2003 तक आप भारतीय रिज़र्व बैंक के गवर्नर रहे। इसके अतिरिक्त वित्त मंत्रालय, उद्योग मंत्रालय और योजना आयोग में भी उच्च पदों पर आसीन रह चुके हैं। आपने आर्थिक सलाहकार समिति के चेयरमैन के रूप में अंतरराष्ट्रीय मुद्रा कोष और विश्व बैंक में भारत का प्रतिनिधित्व किया।

आपने आर्थिक विषयों पर कई पुस्तकें लिखीं। कुछ प्रमुख पुस्तकें हैं—इंडियाज़ इकोनॉमिक क्राइसिसः द वे अहैड(1991), इंडियाज़ इकोनॉमिक पॉलिसीः प्रिपेयरिंग फ़ॉर द ट्वेंटी फ़र्स्ट सेंचुरी(1996), इंडियाज़ इकोनॉमी इन द न्यू मिलेनियम(2002), द फ़्यूचर ऑफ़ इंडियाः पॉलीटिक्स, इकोनॉमिक्स एंड गवर्नेंस(2005), इंडियाज़ पॉलीटिवराः ए ब्यू फ़्रॉम द बैकबेंच(2007)। आप द इंडियन इकोनॉमीः प्रॉब्लम्स एंड प्रॉस्पेक्ट्स(2004, संशोधित) के संपादक भी रहे हैं।

अशोक कुमार कई वर्षों से अनुवाद-कार्य से जुड़े हैं। आपने प्रभात प्रकाशन तथा दिल्ली प्रेस के साथ ही फ़ोर्टिस अस्पताल के स्वास्थ्य संबंधी लेखों का अनुवाद किया है। आप गंधर्व महाविद्यालय, नई दिल्ली से विशारद कर रहे हैं।

CHICAGO PUBLIC LIBRARY Discard
EDGEWATER BRANCH
1210 W. ELMDALE 60660

Discard

CHICAGO PUBLIC LIBRARY
EDGEWATER BRANCH
1210 W ELMDALE 60660

भारत का भविष्य

राजनीति, अर्थशास्त्र और शासन

बिमल जालान

अनुवाद
अशोक कुमार

Hin HC 435.3 .J7251528 2007
Jalan, Bimal.
Bh̄arata k̄a bhavishya

यात्रा बुक्स

पेंगुइन बुक्स

पेंगुइन बुक्स
पेंगुइन बुक्स द्वारा प्रकाशित
पेंगुइन बुक्स इंडिया प्रा.लि., 11 कम्युनिटी सेंटर, पंचशील पार्क, नई दिल्ली 110 017, भारत
पेंगुइन ग्रुप (यू.एस.ए.) इंक., 375 हडसन स्ट्रीट, न्यूयॉर्क 10014, यू.एस.ए.
पेंगुइन ग्रुप (कनाडा), 90 एलिंगटन एवेन्यू, ईस्ट, सूइट, 700 टोरोंटो, ओंटारियो एम4वी 2वाय3 कनाडा (ए डिविज़न ऑफ़ पियरसन पेंगुइन कनाडा इंक.)
पेंगुइन बुक्स लि., 80, स्ट्रैंड, लंदन डब्ल्यू.सी.2आर. ओ.आर.एल., इंग्लैंड
पेंगुइन आयरलैंड, 25 सेंट स्टीफ़ेंस ग्रीन, डबलिन 2, आयरलैंड (ए डिविज़न ऑफ़ पेंगुइन बुक्स लिमिटेड)
पेंगुइन ग्रुप (ऑस्ट्रेलिया), 250 कैंबरवेल रोड, विक्टोरिया 3124, ऑस्ट्रेलिया (ए डिविज़न ऑफ़ पियरसन ऑस्ट्रेलिया ग्रुप पीटीवाई लिमिटेड)
पेंगुइन ग्रुप (एन.ज़ेड.), 67 अपोलो ड्राइव, रोज़डेल नॉर्थ शोर 0632, न्यूज़ीलैंड (ए डिविजन ऑफ़ पियरसन न्यूज़ीलैंड लिमिटेड)
पेंगुइन ग्रुप (साउथ अफ़्रीका) (पीटीवाई) लि., 24 स्टरडी एवेन्यू, रोज़बैंक, जोहांसबर्ग 2196, साउथ अफ़्रीका

पेंगुइन बुक्स लि., रजिस्टर्ड ऑफ़िसः 80 स्ट्रैंड, लंदन डब्ल्यू.सी.2.आर ओ.आर.एल, इंग्लैंड

अंग्रेज़ी संस्करणः वाइकिंग पेंगुइन बुक्स इंडिया, 2005, 2006

हिंदी का प्रथम संस्करणः पेंगुइन बुक्स इंडिया, यात्रा बुक्स, 2007

कॉपीराइट © बिमल जालान, 2007

सर्वाधिकार सुरक्षित

10 9 8 7 6 5 4 3 2 1

टाइप सेटः इंडिका इंफोमीडिया, जनकपुरी, नई दिल्ली
मुद्रकः पॉल्स प्रेस, नई दिल्ली

यह पुस्तक इस शर्त पर विक्रय की जा रही है कि प्रकाशक की लिखित पूर्वानुमति के बिना इसे व्यावसायिक अथवा अन्य किसी भी रूप में उपयोग नहीं किया जा सकता। इसे पुनः प्रकाशित कर बेचा या किराए पर नहीं दिया जा सकता तथा जिल्दबंद या खुले किसी भी अन्य रूप में पाठकों के मध्य इसका परिचालन नहीं किया जा सकता। ये सभी शर्तें पुस्तक के ख़रीदार पर भी लागू होंगी। इस संदर्भ में सभी प्रकाशनाधिकार सुरक्षित हैं। इस पुस्तक का आंशिक रूप में पुनः प्रकाशन या पुनः प्रकाशनार्थ अपने रिकॉर्ड में सुरक्षित रखने, इसे पुनः प्रस्तुत करने की प्रति अपनाने, इसका अनूदित रूप तैयार करने अथवा इलैक्ट्रॉनिक, मैकेनिकल, फ़ोटोकॉपी और रिकॉर्डिंग आदि किसी भी पद्धति से इसका उपयोग करने हेतु समस्त प्रकाशनाधिकार रखने वाले अधिकारी तथा पुस्तक के प्रकाशक की पूर्वानुमति लेना अनिवार्य है।

R03249 60673

CHICAGO PUBLIC LIBRARY
EDGEWATER BRANCH
1210 W. ELMDALE 60660

21वीं सदी के बच्चों
माहिरा और आयुष्मान
तथा उनके भविष्य के लिए

CHICAGO PUBLIC LIBRARY
EDGEWATER BRANCH
1210 W. ELMDALE 60660

अनुक्रम

अंग्रेज़ी के दूसरे संस्करण की प्रस्तावना

किसी किताब का नया संस्करण समीक्षाओं और अन्य घटनाक्रमों के आलोक में यह विचार करने का अच्छा अवसर प्रदान करता है कि क्या पहले के संस्करण में किए गए अवलोकनों और दावों को संशोधन की ज़रूरत है? सोच-विचार के बाद, मुझे विश्वास है कि यद्यपि मोटे तौर पर आर्थिक और राजनीतिक तस्वीर पहले जैसी ही रहती है, लेकिन एक महत्वपूर्ण अंतर होता है। बस राजनीति और अर्थशास्त्र के बीच दूरी कहीं अधिक स्पष्ट हो गई है जिसका (अध्याय II) मैंने उल्लेख किया है।

एक वर्ष पहले की स्थिति के मुक़ाबले अर्थव्यवस्था निश्चित रूप से अधिक लचीली और जीवंत है। संवृद्धि दर ऊंची है, मुद्रास्फीति कम है, बाह्य कारक निरंतर सशक्त हो रहे हैं और सेंसेक्स, स्टॉक मार्केट सूचकांक सदा ऊंचा है। भारतीय उद्यम फल-फूल रहा है। भारतीय निगमित क्षेत्र पहले से कहीं अधिक आत्मविश्वास से भरा है। भारत के आर्थिक भविष्य के प्रति अंतरराष्ट्रीय सम्मान प्रबल है और एक दृढ़ विश्वास है कि भारत और चीन इक्कीसवीं सदी की प्रमुख अर्थव्यवस्थाएं होंगी।

दूसरी ओर, ख़ासकर राज्यों में, घरेलू राजनीति कहीं अधिक अस्थिर और अनिश्चित हुई है। कई राज्यों में व्यापक रूप से भिन्न विचारधारा और कार्यक्रमों वाली पार्टियों के विभिन्न संगठनों ने सत्ता हासिल करने के लिए चुनाव पूर्व या चुनावोत्तर गठबंधनों का निर्माण किया है। भारत

के लिए सौभाग्य से, केंद्र में संघ सरकार विख्यात व्यक्ति के नेतृत्व में स्थिर रही है जो अपनी सत्यनिष्ठा और उच्च प्रतिभा के लिए सर्वत्र समादृत है। आंतरिक मतभेदों के साथ-साथ निरंतर हो रहे विघटनों के बावजूद संसद ने सूचना के अधिकार, स्त्रियों के उत्तराधिकार और ग्रामीण रोज़गार गारंटी जैसे ऐतिहासिक महत्व के कई प्रस्ताव भी पारित किए हैं। फिर भी मुश्किल से एक ही हफ़्ता गुज़रा होगा जब घरेलू या बाह्य मुद्दों पर नए और कटु राजनीतिक विवाद न उठे हों। इसने देश के सुचारू शासन को दुष्कर बना दिया। यह भी संदिग्ध है कि क्षोभकारी घटनाओं में कैबिनेट मंत्रियों और उच्चाधिकारियों की लिप्तता तथा न्यायिक आलोचनाओं (उदाहरण के लिए; 2005 में बिहार विधानसभा को भंग करने के संबंध में) के होते हुए—अपने नेताओं की ऊंची, निजी विश्वसनीयता के बिना—सरकार टिकी रहने में सक्षम हो पाएगी!

जैसे-जैसे राजनीति अजीबोग़रीब और अर्थव्यवस्था अधिक जीवंत हुई है, एक नज़रिया उभर रहा है। विशेषकर, समृद्ध तबक़ों के बीच कि राजनीति आर्थिक नतीजों का निर्धारण करने में असल में उतना महत्व नहीं रखती। दूसरी ओर इस किताब में यह चर्चा है कि प्रभावशाली शासन और ज़िम्मेदार राजनीति की भारत की आर्थिक तस्वीर संवारने में अत्यधिक महत्ता है। क्या निष्कर्ष अब भी संगत है?

ऐसा मेरा दृढ़ विश्वास है। दो या तीन साल की उच्च संवृद्धि के बाद की समृद्धि भारत के दीर्घकालिक आर्थिक भविष्य के बारे में नई नहीं है। जैसा कि 'भारत का भविष्य' में ज़ोर दिया गया है कि आख़री पचास सालों से अधिक, यहां कम से कम तीन एक जैसी कालावधियां रही हैं, जब संवृद्धि दर उतनी ही ऊंची थी, जितनी अब है। और सब कुछ बहुत शुभ दिखा। किंतु उसके तुरंत बाद अर्थव्यवस्था लंबे समय की धीमी संवृद्धि या संकटों में जा फंसी। यह भी याद रखना होगा कि हाल ही में मई 2004 में जब पूर्व सरकार अप्रत्याशित रूप से सत्ता से बाहर हो गई थी, तब राजनीतिक अनिश्चिता के कारण विश्वास का अचानक

भंग होना स्टॉक मार्केट में भारी गिरावट का कारण था। आर्थिक माहौल की तस्वीर बनाने के लिए दीर्घकाल तक इक्विटी के साथ विकास हेतु सरकार की राजनीतिक भूमिका को नकारना बचकानी बात होगी।

यह एक गंभीर चिंता की बात है कि पिछले दशक में अर्थव्यवस्था में हुए अनुकूल विकास के बावजूद विश्व भर में ग़रीबों की संख्या भारत में सबसे ज़्यादा है, यह वैश्विक मानव विकास सूचकांक में सबसे निचली श्रेणी पर है और सर्वाधिक पर्यावरण प्रदूषण और वनोन्मूलन में उच्च श्रेणी पर है। लोक आधारभूत ढांचा, ख़ासकर ग्रामीण इलाक़ों में, जहां बड़ी संख्या में लोग रहते हैं, सभी दृष्टियों से ख़राब है। कृषि की सामान्य संवृद्धि दर, जो हमारी जनसंख्या के 60 प्रतिशत को आजीविका प्रदान करती है, भी हमारी अपेक्षाओं से काफ़ी नीचे है। राष्ट्रीय आय में भारत की कृषि की सहभागिता केवल 20 प्रतिशत के लगभग है। अर्थव्यवस्था का संगठित क्षेत्र विकसित हुआ है मगर रोज़गार नहीं बढ़ा है।

क्या भारत के सामाजिक-आर्थिक परिदृश्य की ये सभी नकारात्मक रूपरेखाएं सशक्त सरकारी कार्रवाई, एक प्रभावशाली सार्वजनिक वितरण व्यवस्था तथा अनुकूल माहौल के बिना बदल सकती हैं? क्या दीर्घकाल के लिए, यानी अब से दस या बीस साल तक अर्थव्यवस्था के कुछ भाग जो भारत की जनसंख्या के गिने-चुने लोगों और शहरी समुदाय को फ़ायदा पहुंचाते हैं, सरकारी कार्यकलाप और राजनीतिक दायित्व के बिना तेज़ी से विकास करते हुए जनसाधारण के लिए (मुट्ठी भर राजनीतिक नेताओं को छोड़कर) काम कर सकते हैं? मुझे संदेह नहीं कि दोनों सवालों का जवाब नकारात्मक है। सरकारी ढांचे में सुधार के लिए अगर कुछ ज़रूरी है तो वह है भ्रष्टाचार की आपूर्ति और मांग को कम करना। और अब हमारी संसदीय व्यवस्था की कार्यप्रणाली को पहले से कहीं ज़्यादा सुधारने की ज़रूरत है।

कुछ तथ्यपरक भूलों के सुधार और चंद वाक्यों को संशोधित करने के अलावा इस संस्करण का मूलपाठ 2005 में छपे वाइकिंग संस्करण जैसा

ही है। जनसाधारण के बीच खुले मंचों पर विशेषज्ञों और विचारकों से की गई चर्चाएं और पत्रिकाओं तथा मीडिया में व्यक्त विचार काफ़ी सहायक रहे। मैं उन सबका आभारी हूं जिन्होंने इस चर्चा में भाग लिया।

बिमल जालान

अंग्रेज़ी के प्रथम संस्करण की प्रस्तावना

'भारत का भविष्य': राजनीति, अर्थशास्त्र और शासन, शैली तथा विषयवस्तु में मेरी पिछली किताबों से अलग है। मेरी पिछली पुस्तकें मूल रूप से, मगर सिर्फ़ उन्हीं पर नहीं आर्थिक नीति मुद्दों पर बात करती हैं। यहां काफ़ी समय से राजनीतिक प्रक्रिया और आर्थिक नीति के विकास पर इसके प्रभाव की मान्यता थी। फिर भी ख़ास ध्यान अर्थशास्त्र पर था। यह किताब विषयवस्तु में काफ़ी व्यापक है। भारत की आर्थिक नीति और उसके सामाजिक ताने-बाने की तस्वीर तय करने में अगर ज़्यादा नहीं, तो समान रूप से यह अर्थशास्त्र के अलावा राजनीति और शासन के पहलुओं पर ज़ोर देने का प्रयास करती है। राजनीति, अर्थशास्त्र और शासन, इन तीनों ताक़तों का पारस्परिक प्रभाव ही सामूहिक रूप से भारत का भविष्य निर्धारित करेगा।

मेरी पिछली किताबों में, हालांकि मेरी निजी धारणाओं को पूरी तरह टाला नहीं जा सका है, फिर भी किसी हद तक मैंने विश्लेषणात्मक और 'तटस्थ' रहने का हर संभव प्रयास किया था। यह किताब संतोषजनक अंश तक निजी चिंतन और अभिव्यक्ति के कारण कहीं अधिक आत्मविश्लेषी है। जनसाधारण के महत्व के मुद्दों पर जितना मेरा विश्वास है, उतना ही कहने की मैंने आज़ादी ली है, हालांकि उनमें से कई ऐतिहासिक साक्ष्य मिलते-जुलते हो सकते हैं या सैद्धांतिक आधार अपूर्ण हो सकते हैं।

सौभाग्य से भारतीय अर्थशास्त्र, सामाजिक और राजनीतिक गतिविधियों के विभिन्न अनुशासनों में विशेषज्ञों और प्रेक्षकों में अब ख़ासी दिलचस्पी है। इस किताब को लिखने का विचार भारत के भूतकाल और भविष्य सहित विभिन्न विषयों पर प्रतिष्ठित लेखकों—अर्थशास्त्रियों, राजनीतिक विशेषज्ञों और दर्शनशास्त्रियों की किताबों के पढ़ने के फलस्वरूप धीरे-धीरे विकसित हुआ। विषय क्षेत्रों से परे, हाल ही की अधिकतर रचनाओं की सबसे आश्चर्यजनक विशेषता है—इसकी वास्तविक कार्यप्रणाली के कारण असंतोष और उसके जनसाधारण तक पर्याप्त लाभों को वितरित करने की असफलता से युक्त होने के बावजूद भारत के लोकतंत्र की विश्वव्यापी प्रशंसा। शासन और प्रशासनिक ढांचे में सुधारों की धीमी रफ़्तार के कारण विफलता के साथ-साथ इसकी विस्तृत आर्थिक क्षमता की पहचान करना अन्य सामान्य विषय है। यह किताब भारत पर लिखे गए हाल ही के साहित्य में किसी ऐसे व्यक्ति के किंचित अलग दृष्टि से विचार किए गए मुद्दों की छानबीन करने की एक कोशिश है, जिसके पास देश की अर्थव्यवस्था पर नीति-परिणामों तथा उनके प्रभावों के निर्धारण में अर्थशास्त्र, राजनीति और शासन के पारस्परिक व्यवहार को बहुत क़रीब से अवलोकन करने का अवसर था।

हाल ही की कई किताबों में से मैं दो किताबों का आभार मानूंगा, जिन्हें मैंने विशेष तौर पर उपयोगी पाया और जो भारत के संदर्भ में राजनीति और अर्थशास्त्र के बीच अंतर्संबंध में मेरी आगे की छानबीन में प्रभावपूर्ण थीं। वे हैं: सुनील खिलनानी की 'भारत का विचार' (पेंगुइन, लंदन, 1998) और फ़रीद ज़कारिया की 'स्वतंत्रता का भविष्य' (पेंगुइन साहित्य, नई दिल्ली, 2003)। दोनों किताबें बहुत ही बेहतर ढंग से लिखी हुई, सुबोध और विषय में व्यापक हैं। वे भारत सहित लोकतंत्र की कार्यप्रणाली के बारे में कई मुद्दे समेटती हैं (या तो विशेष रूप से अथवा लोकतंत्रीकरण और उदारवाद के विश्वव्यापी चलन पर व्यापक विचार-विमर्श के हिस्से के रूप में)। वे उत्पन्न हो रही कुछ समस्याओं की ओर उचित ढंग से इशारा

करती हैं। उदाहरण के लिए, सरकार और इसके मंत्रियों द्वारा अतिशय शक्तियों के प्रयोग को संतुलित करने में लोकतांत्रिक क़ानून और प्रक्रियाओं की घोर असफलता तथा आर्थिक नीति-परिणामों का निर्धारण करने में विशेष हितों का बढ़ता हुआ प्रभाव। फिर भी व्यवस्था के हितों को नुक़सान पहुंचाए बिना उसको कैसे सुधारा जा सकता है, इस पर इन लोगों के विचारों ने मुझमें एक मिली-जुली भावना भर दी। ख़ासकर, ज़कारिया का निष्कर्ष कि विश्व की ज़रूरत 'ज़्यादा नहीं बल्कि कम लोकतंत्र' है और यह कि उदारवाद और लोकतंत्रीकरण के बीच एक जन्मजात विरोध है, मेरी दृष्टि में समाधान करने की बजाय ज़्यादा मुद्दे खड़े करता है।

व्यक्तिगत तौर पर मैं स्पष्ट कर दूं कि मेरा पेशेगत कार्य अर्थशास्त्र और प्रशासन के क्षेत्र में रहा है। मुझे कई उच्च स्तरीय राजनीतिक पदाधिकारियों के साथ काम करने और हमारी राजनीतिक व्यवस्था को क़रीब से परखने का सौभाग्य मिला था। फिर भी मुझे दलगत राजनीति के भागीदार या राजनीति विज्ञान तथा सिद्धांत में सैद्धांतिक प्रशिक्षण का प्रत्यक्ष अनुभव नहीं है। राजनीति पर मेरे प्रेक्षण अधिकांशतः एक नागरिक प्रेक्षक की तरह ही हैं। मैं सिर्फ़ यही उम्मीद कर सकता हूं कि मेरी ये सीमाएं पुस्तक को सामान्य नागरिक के लिए कम नहीं बल्कि ज़्यादा रुचिकर बनाएंगी, जो हमारे लोकतंत्र और इसके भविष्य निर्धारण की कार्यप्रणाली में शामिल हैं।

टाइपिंग के साथ ही पांडुलिपि को प्रेस तक पहुंचाने के महती कार्य के लिए मैं श्री के.डी. शर्मा का आभारी हूं। मैं इस सहायता के लिए श्री जी.सी. खुल्बे का भी शुक्रगुज़ार हूं। मैं पुराने मित्र डेविड डेविडार और पेंगुइन कनाडा के वर्तमान प्रकाशक, थॉमस इब्राहम और पेंगुइन इंडिया के कृष्ण चोपड़ा के प्रति विशेष कृतज्ञता ज्ञापित करता हूं, जिन्होंने किताब की विषयवस्तु को बेहतर बनाने में अथक परिश्रम किया। विविध स्तरों पर इनके प्रोत्साहन और सहयोग के बिना यह पुस्तक पूरी नहीं हो सकती थी।

3 जनवरी, 2005   *बिमल जालान*

परिचय

स्वाधीनता से लेकर प्रत्येक दस या पंद्रह साल भारत की प्रतिष्ठा, महान अवसर वाले देश से लेकर एक अनिश्चित भविष्य वाले देश के तौर पर अस्थिर रही है। इक्कीसवीं सदी की शुरुआत में एक लोकतंत्र और उभरती हुई आर्थिक शक्ति के तौर पर भारत की प्रतिष्ठा अपने चरम पर है। दूसरी ओर अभी कुछ ही समय पहले, 1991 में भारत अपने सबसे भयानक आर्थिक संकटों में से एक से गुज़रा है। 1991 से पहले दो वर्षों में अल्पकालिक केंद्रीय सरकारों के चलते, एक बड़ा प्रश्नचिह्न देश के राजनीतिक भविष्य के बारे में भी था।

उसी तरह 1950 में स्वतंत्रता के तुरंत बाद, भारत अंतरराष्ट्रीय मामलों में विकासशील देशों के बीच उनके हित में एक मार्गदर्शक के रूप में देखा जा रहा था। 1960 के मध्य तक हालात नाटकीय ढंग से बदले, जब भीषण सूखे के बाद भारत को अमेरिका से खाद्य सहायता के लिए याचना करनी पड़ी। इस कठिन समय के बाद 1971 के चुनावों में 'ग़रीबी हटाओ' के आह्वान के परिणामस्वरूप कांग्रेस सरकार ने विजयोल्लास के साथ सत्ता में वापसी की और बांग्लादेश को उसके स्वाधीनता संग्राम में सहायता दी। केवल चार साल बाद 1975 में राष्ट्रीय आपातकाल की घोषणा की गई; इसके बाद 1977 में लोकतंत्र की बहाली हुई जिसे विश्वव्यापी तवज्जो मिली। फिर भी जो पार्टियां पहले विपक्ष में थीं, उनके

गठबंधन से बनी सरकार ज़्यादा नहीं चल सकी और 1979 में राजनीतिक अस्थिरता, तेल की क़ीमतों में तीव्र बढ़ोतरी और सूखे के कारण देश एक बार फिर आर्थिक संकटों में फंस गया।

समग्र रूप से देखने पर 1960 से 1980 तक का काल वास्तव में स्वाधीनता के बाद का सबसे अंधकारमय काल था। वार्षिक संवृद्धि दर केवल 3 प्रतिशत के क़रीब थी, जनसंख्या वृद्धि 2 प्रतिशत वार्षिक दर से अधिक (1.25 प्रतिशत के नियोजन लक्ष्य की तुलना में) थी तथा प्रति व्यक्ति वार्षिक आय में वृद्धि 1 प्रतिशत से कम थी। अधिक निवेश और उच्च घरेलू बचत के साथ औद्योगिकीकरण की जिस तेज़ गति की अपेक्षा की गई थी, वह भी घट गई। 1965 से 1980 की अवधि के दौरान औद्योगिक उत्पादन की संवृद्धि दर पहले के पंद्रह वर्षों की (1950-1965) 7.7 प्रतिशत की तुलना में केवल 4 प्रतिशत वार्षिक थी।

इस उदासीन ऐतिहासिक पृष्ठभूमि के विपरीत, बीसवीं सदी के आख़री दो दशकों और इक्कीसवीं सदी की शुरुआत में भारत की आर्थिक स्थिति में भारी बदलाव हुआ। 1991 के आर्थिक संकट के बावजूद, 1981 से औसत वार्षिक संवृद्धि दर 6 प्रतिशत के क़रीब, प्रति व्यक्ति विकास दर 4 प्रतिशत तथा प्रति व्यक्ति औसत आयु इस सदी की शुरुआत, 1981 में, पचास वर्ष की तुलना में सुधरकर पैंसठ वर्ष आंकी गई है। भारत एक उभरती हुई आर्थिक शक्ति के रूप में सम्मानित है और संसार में तेज़ी से विकास कर रहे देशों में से एक है। पिछले बीस वर्षों में केवल चीन ही भारत से अधिक तेज़ी से विकसित हुआ है। फिर भी सार्वजनिक क्षेत्र उद्यमों में हाल ही की प्रबंधन समस्याओं की दृष्टि से, ख़ासकर बैंकिंग क्षेत्र में इसकी संवृद्धि की तीव्रता बनाए रखने में चीनी अर्थव्यवस्था के विषय में संशय बढ़ रहा है। भारत विश्व में अपने बाह्य ऋण या अंतरराष्ट्रीय व्यापार साझेदारी के संबंध में विदेशी मुद्रा आरक्षितियों के उच्चतम मानकों में से भी एक है और बक़ाया भुगतान समस्याएं निकट भविष्य में दो बार उत्पन्न होने की संभावना नहीं है। इन अति

सकारात्मक घटनाक्रमों के आलोक में अब 2020 या 2025 तक तीन अति महत्वपूर्ण वैश्विक अर्थव्यवस्थाओं में से एक (अमेरिका और चीन के बाद) के रूप में भारत को आंका जाना एक मामूली बात है। आने वाले वर्षों में वार्षिक संवृद्धि दर 7.5 से 8 प्रतिशत तक पहुंचने की उम्मीद है। पूर्वानुमानित जनसंख्या की बढ़ोतरी में ह्रास की दृष्टि से, हर साल प्रति व्यक्ति आय 6 प्रतिशत या उससे ज़्यादा बढ़ सकती है। प्रति व्यक्ति आय में ऐसी बढ़ोतरी का ग़रीबी कम करने और भूख, कुपोषण तथा निरक्षरता को दूर करने में अच्छा-ख़ासा असर पड़ेगा।

यथोचित कालावधि में भारत के पहले से अधिक द्रुत गति से विकास करने की क्षमता और नियत कालावधि में ग़रीबी को दूर करने के वर्तमान आशावाद में मैं भी शामिल हूं। इसी समय, भारत के भाग्य में हुए तीखे बदलावों के इतिहास को देखते हुए, यहां खटकने वाले संदेह भी हैं कि क्या आगे आने वाले अवसरों का लाभ उठाने के लिए हमारे राजनीतिक नज़रिये, आर्थिक नीति और प्रशासनिक व्यवस्था में वास्तव में पर्याप्त बदलाव होगा। ये संदेह 1991 के सुधारों के बावजूद 6 प्रतिशत संवृद्धि दर, उच्च विदेशी मुद्रा आरक्षितियों, सूचना प्रौद्योगिकी में विशिष्टता और विश्वव्यापी पूंजी गतिशीलता की बाधा को पार न कर पाने की अक्षमता की वजह से प्रबल हुए हैं। 1980 के दौरान औसत संवृद्धि दर 6 प्रतिशत के क़रीब बढ़ी मगर तब से तक़रीबन उसी स्तर पर बनी रही।

यह किताब भारत के भाग्य में समय-समय पर होने वाले बदलावों के कारणों को समझने और अपने सामर्थ्य को पूरी तरह समझने में हुई हमारी असफलताओं के कारणों को खोजने का एक प्रयास है। आज़ादी से अब तक अति प्रतिष्ठित राजनीतिक नेताओं की एक श्रृंखला रही है, जिन्होंने कठिन परिस्थितियों में देश का मार्गदर्शन करने में अपने भरसक प्रयत्न किए, इनमें अंतरराष्ट्रीय स्तर के शीर्षस्थ अर्थशास्त्रियों की संख्या अधिक होने से सरकार को नियोजन और आर्थिक नीति के प्रतिपादन की प्रक्रिया के परामर्श का भी लाभ मिला। प्रशासन की दृष्टि से, भारत

को तथाकथित 'कठोर ढांचे' की स्थायी नौकरशाही ब्रिटिश काल से विरासत में मिली, जो उत्तर-औपनिवेशिक संसार की दुश्मन थी। फिर भी इन सब फ़ायदों के बावजूद, स्वतंत्रता की लगभग छह दशक की अवधि के बाद भी आर्थिक प्रणाली पूर्वानुमान या योजना के मुक़ाबले धीमी रही।

हमारे रिकॉर्ड को देखने पर मेरा दृढ़ निश्चय है कि जब सामान्य तौर से देखने पर अर्थशास्त्री, राजनीतिक नेता और प्रशासक एक साथ काम कर रहे थे, तब अधिक बुनियादी दृष्टि से सच्चाई एकदम भिन्न थी। इसके विपरीत जो प्रतीत हो रहा है, उसके बावजूद जो कुछ भी आर्थिक तौर पर उचित समझा गया और राजनीतिक तौर पर व्यावहारिक पाया गया, वास्तव में उनके बीच एक बहुत भारी अंतर था। आर्थिक रणनीति कभी-कभार हमारी राजनीतिक या सामाजिक वास्तविकताओं और वास्तविक राजनीतिक विचारों को दर्शाती है। उसी तरह बड़े विश्वास के साथ शुरू की गई नीतियों के प्रशासनिक आशयों पर कभी-कभार ही विचार हुआ या जब हुआ तो इन आशयों ने वास्तविक आर्थिक नीतियों के विकास या कार्यक्रमों पर यथार्थ में कोई प्रभाव नहीं डाला। बेहतर भविष्य और स्थायी उच्च विकास के लिए उपयोगी और व्यावहारिक नीतियों को विकसित करना और देश के लोकतांत्रिक ढांचे के अंतर्गत देश के आर्थिक हितों के साथ राजनीतिक वास्तविकताओं का सामंजस्य करना अनिवार्य है।

राजनीतिक कारकों को नज़र में रखने की महत्ता से आर्थिक मुद्दों पर विचार करते हुए मुझे गनर मिडल की तक़रीबन पचास वर्ष पूर्व की उक्ति याद हो आती है, जब विकास अर्थशास्त्र और विकास नियोजन शुरुआती अवस्था में थे। वे हमें याद दिलाते हैं, केवल एक संभावना यह है कि 'हम लगातार अप्रत्याशित घटना को देखकर हैरान होते रहेंगे।' कुछ भी स्थायी नहीं है, ख़ासकर राजनीतिक घटनाक्रम।

आर्थिक नीति विषयों पर राजनीतिक परिप्रेक्ष्य में विचार करते हुए जैसा आई.एम.डी. लिटिल (2003) द्वारा ज़ोर दिया गया है, मेरा विश्वास

है कि राष्ट्र और सत्ता में उसकी 'सरकार' की भूमिका में वैचारिक पृथक्करण करना अनिवार्य है। सभी विधायी, कार्यकारी तथा न्यायिक संस्थान राष्ट्र के अंतर्गत आते हैं और क़ानून प्रदेश के निवासियों को नियोजित करता है, जिस पर यह दावा पेश करता है। इसको अपने नागरिकों और विदेशियों पर भी बल प्रयोग का एकाधिकार है (केवल राष्ट्र युद्ध की घोषणा कर सकता है)। दूसरी ओर सरकारों को एक राष्ट्र के किराएदार के रूप में समझा जा सकता है। वे संविधान या प्रथाओं के अनुसार आती हैं या जा सकती हैं; जबकि पद पर सत्ता में सरकार, चाहे वह चुनी हुई हो या न हो, राष्ट्र के संस्थानों और क़ानून में परिवर्तन कर सकती है लेकिन किसी विशिष्ट क्षण में यह राष्ट्र की प्रतिनिधि है। राष्ट्र के स्थायी होने की अपेक्षा की जाती है जबकि सरकार को नीतियां बनाने का अधिकार तब तक ही संभव है, जब तक वह पद पर क़ायम रहती है।

मेरी दृष्टि में राष्ट्र और सरकार के बीच यह वैचारिक अंतर महत्वपूर्ण है क्योंकि यह बताता है कि क्यों एक सरकार को—चाहे वह भली-भांति और विधिवत चुनी हुई हो—प्रत्यक्ष रूप से अपने कार्यकलापों के लिए जनता के प्रति ज़िम्मेदार होना चाहिए। राष्ट्र जनहित और प्रभुसत्ता संपन्न शक्ति का एकमात्र और वैध अभिरक्षक है। सार्वजनिक संस्थानों के स्थायी होने की अपेक्षा की जाती है (उदाहरण के लिए, रेलवे या विश्वविद्यालय और इन्हें अस्थायी रूप से सत्ता में आए मंत्रियों की मनमर्ज़ी और सनक से शासित होने की स्वीकृति नहीं दी जानी चाहिए)।

'भारत का भविष्य' पांच अध्यायों में विभाजित है, बाद में एक उपसंहार है। पाठक पाएंगे कि उपसंहार सहित सभी अध्यायों में राजनीतिक पहलुओं पर ख़ास तवज्जो है। पहला और पांचवा अध्याय विशेष रूप से हमारे देश की लोकतांत्रिक राजनीति के विकास के साथ उसकी शक्तियों तथा दुर्बलताओं पर विचार करता है। यह उन बदलावों पर भी विचार करता

है जो समग्र रूप से जनता के हित के लिए राजनीतिक व्यवस्था के सुचारू रूप से काम करने के लिए ज़रूरी हैं, न कि केवल उन नेताओं के हित के लिए, जिन्हें उन्होंने चुना है। दूसरा अध्याय देश में आर्थिक-नीति निर्माण की प्रक्रिया तथा आर्थिक सुधारों की गति को धीमा और आशा के विपरीत करने में औपनिवेशिक विरासत और विशेष हितों के गठजोड़ के प्रभाव पर विचार करता है। तीसरा और चौथा अध्याय शासन के क्षेत्रों तथा हमारे समाज में फैले व्यापक भ्रष्टाचार के ख़ास मुद्दों से जुड़े हैं, और सुधार के उपाय बताते हैं। उपसंहार 'पुनरुत्थानशील भारत' के ऊपर है। यह इस बात पर एक चिंतन है कि भारत के संस्थानों को पुनर्जीवित करने के लिए क्या क़दम उठाए जाने की आवश्यकता है ताकि देश की पूरी क्षमता का उपयोग किया जा सके और ग़रीबी को हमेशा के लिए हटाया जा सके। हालांकि राजनीति, अर्थशास्त्र और शासन से संबंधित विभिन्न दृष्टिकोण तथा इन क्षेत्रों से संबंधित कुछेक समस्याओं से जूझने के लिए विभिन्न सुझाव अलग अध्यायों में समाविष्ट हैं। मुझे आशा है कि पाठक इनमें व्यक्त विचारों को निकट से जुड़ा हुआ पाएंगे।

मैंने इस आरंभिक अध्याय को स्वतः पूर्ण बनाने की कोशिश की है ताकि पाठक या पाठिका यदि चाहें तो विभिन्न अध्यायों में समाहित विचारों का युक्तियुक्त लेखा-जोखा प्राप्त कर सकें। मैं आशा करता हूं कि भविष्य के लिए उचित कार्यसूची बनाने के लिए विशेषज्ञ, विषय विद्वान और नीति निर्माता इसमें उठाए गए मुद्दों और उनके अंतर्संबंधों पर और कार्य करेंगे तथा इन विषयों पर चर्चा करेंगे।

लोकतंत्र, राजनीति और अर्थशास्त्र

अगस्त 2004 में देश में चौदहवीं लोकसभा के आम चुनाव पूर्ण हुए। यह वोट देने के हक़दार लोगों (लगभग 67.5 करोड़) और जिन्होंने अपने मताधिकार का प्रयोग किया (40 करोड़ से अधिक), की संख्या की दृष्टि से विश्व में अब तक का हुआ सबसे बड़ा लोकतांत्रिक चुनाव था। भारतीय

चुनाव कुल मिलाकर उदार और निष्पक्ष भी है। जाति, पंथ, धर्म, आय अथवा व्यवसाय का विचार किए बिना सभी मतदाताओं को समान अधिकार प्राप्त हैं। एक स्वायत्त चुनाव आयोग चुनावों का पर्यवेक्षण करता है। इसके पास यह सुनिश्चित करने की शक्तियां हैं कि मतदाता के स्वतंत्र रूप से मतदान करने के अधिकार का सैद्धांतिक और व्यावहारिक रूप में ध्यान रखा गया है। न्यायपालिका सतर्क है और इसके निर्णय का पार्टी और सत्तारूढ़ सरकार सहित सभी पूरा आदर करते हैं। सभी भारतीयों और घरेलू चुनावों में दिलचस्पी रखने वाले अन्य लोगों के लिए प्रभावशाली मंत्रियों और प्रधानमंत्री सहित सभी उम्मीदवारों को समय-समय पर जनमत के लिए बड़ी विनम्रता और आदर से अभियान चलाते देखना एक सुखकर अनुभूति है।

चुनाव वास्तव में भारत की लोकतांत्रिक परंपरा के लिए विजयोत्सव का क्षण होता है, जिसने अन्य देशों को इसका अनुकरण करने के लिए एक आदर्श स्थापित किया है। भारतीय लोकतंत्र ने मतदान के अधिकार के अलावा भारतीय जनता को और क्या दिया है? ठीक उसी समय वहां एक निराशा और आशंका का अपरिहार्य भाव है। जैसे ही चुनाव पूरे होते हैं और नई सरकार कार्यभार संभालती है, (किसी भी रूप या रंग की) सरकार अपने आप में एक शक्ति बन जाती है। राजनीतिक विज्ञानी मैकर ऑल्सन की प्रसिद्ध सूक्ति 'वियोजन गठबंधन' में विशेष हितों की शक्तियों के द्वारा जनता के हित पीछे छूट जाते हैं। यह गठबंधन जनता के हित के लिए अतिरिक्त उत्पादन को बढ़ाने की बजाय सामान्य तौर पर धन और आय के वितरण को अपने पक्ष में प्रभावित करने के लिए ज़्यादा चिंतित है। मंत्री और उनके नौकरशाह सत्तावादी, आत्मकेंद्रित और निरंकुश हो गए हैं। इसमें संदेह नहीं कि वे संसद और न्यायपालिका द्वारा लगाए गए कुछ नियंत्रण और अंकुशों के अधीन हैं लेकिन कुल मिलाकर वे जैसा चाहते हैं, वैसा करने में समर्थ हैं। जनता के प्रति उनकी ज़िम्मेदारी भी असल की अपेक्षा दिखावटी है, कम से कम अगले

चुनावों तक।

इस प्रकार भारत के क़ानून और शासन पर लिखने वाले एक सुप्रसिद्ध लेखक प्रताप भानु मेहता (2003) के शब्दों में, "एक विस्तृत संरचना जिसके भीतर लोक प्राधिकरण के कार्य किए जा सकते हैं, सही-सलामत रहती है लेकिन राजनीति स्वयं एक क्षेत्र बन गई है, जहां मानदंड केवल अतिक्रमण में अस्तित्व पाते हैं... नागरिकों की स्वतंत्रता, कल्याण तथा गरिमा, प्रतिनिधि लोकतंत्र की रक्षा के लिए बनाया गया वही तंत्र नियमित रूप से बाधाएं पैदा कर रहा है, दुर्बल बना रहा है; वही क़ानून जिन्हें समझा गया था कि वे गणतंत्रात्मक आकांक्षाओं को श्रद्धा से सुरक्षित रखेंगे, वे थोड़ा सा भी सम्मान पाने में असमर्थ हैं और उनकी निष्क्रियता समूची राजनीतिक व्यवस्था को उपहास का पात्र बनाती है। भ्रष्टाचार, औसत योग्यता, अनुशासनहीनता, घूसख़ोरी और राजनीतिक वर्ग की नैतिक समझ का अभाव जो किसी भी लोकतंत्र में अनिवार्य तत्व हैं, उन्हें नागरिकों का कल्याण करने में असमर्थ बनाते हैं।

प्रथम अध्याय, 'लोकतंत्र की उपलब्धि और वेदनाएं' देश में आर्थिक नीति के विकास को निर्धारित करने में जुटी राजनीतिक ताक़तों को परखता है। इयान लिटिल द्वारा राष्ट्र और सरकार के बीच किया गया अंतर यह व्याख्या करने में निर्णायक है कि क्यों राजनीतिक लोकतंत्र के अनिवार्य घटक के रूप में राज्य निदेशित विकास रणनीतियों के राष्ट्रवादी आदर्श बहुत अधिक हासिल नहीं कर पाते। संविधान में संरक्षित राज्य की शक्तियों का प्रयोग सत्ता पर क़ाबिज़ सरकार द्वारा किया गया। सरकार ने सामान्यतः राजनीतिक पार्टियों (या राजनीतिक पार्टियों के गठबंधन) के हितों को दर्शाया। राजनीतिक पार्टियों ने क्रमशः पूरे देश की बजाय एक वर्ग के लोगों के ख़ास हितों का प्रतिनिधित्व किया। सिद्धांत रूप में, संविधान के अधीन नीतियों, कार्य के प्रति सरकार और उसके मंत्रिमंडल की ज़िम्मेदारियां सामूहिक थीं। फिर भी प्रधानमंत्री या मुख्यमंत्री के पास पार्टी या सत्तारूढ़ पार्टियों के कुछ बड़े नेताओं के परामर्श से अपने कैबिनेट

को नियुक्त करने का स्वतंत्र विवेकाधिकार था। परिणामस्वरूप, एक बार नियुक्त हुए मंत्रियों को जब तक अपनी पार्टी के नेता का विश्वास हासिल था, तब तक उन्होंने अपने मंत्रालय के बाबत पूरी शक्तियों का लाभ उठाया।

भारतीय परिदृश्य के अधिकांश निरीक्षकों को यह सवाल लगातार उलझन में डालता है: भारत के जनमानस जिन्हें स्वेच्छा से मतदान और अपनी सरकार चुनने का अधिकार है, वे क्यों अपने द्वारा चुने हुए प्रतिनिधियों के चाल-चलन पर निगाह नहीं रखते। वे क्यों लगातार ऐसे भ्रष्ट लोगों को चुनते हैं जिनमें से कई आपराधिक रिकॉर्ड और संकीर्ण सोच वाले हैं। उदाहरण के लिए सन् 2004 के चुनावों में यह समझ पाना मुश्किल है कि क्यों बिहार और उत्तर प्रदेश जैसे बड़े राज्यों में, जो सरकार निर्माण में निर्णायक भूमिका निभाते हैं, निर्वाचन-क्षेत्र का एक बड़ा हिस्सा, लगातार जनता के प्रति सेवा के ख़राब रिकॉर्ड वाले और अपने-अपने राज्यों के विकास के प्रति नाममात्र को प्रतिबद्ध नेताओं और पार्टियों का समर्थन करता है। मेरे विचार से, इन सवालों का जवाब है—निरक्षरता, विशेषकर महिला निरक्षरता जो कि पूरे देश में और मुख्यतः इन प्रमुख राज्यों में व्याप्त है। उपलब्ध आंकड़ों के अनुसार, इन राज्यों में आधे से अधिक मतदाता और लगभग दो तिहाई महिला मतदाता निरक्षर हैं। परिणामस्वरूप स्थानीय पार्टियां और राजनीतिक नेता जाति, धर्म या प्रांतीय कारकों को अपने लाभ के लिए दोहन करने में सक्षम हैं। यह मौलिक अधिकार के रूप में 'सबको शिक्षा' प्रदान करने की देश की प्रतिबद्धता के महत्व को रेखांकित करता है। साक्षरता और शिक्षा भारत में पूरी तरह से जाति और धर्म के प्रभाव को दूर नहीं कर सकेगी, लेकिन यह निश्चित तौर पर मतदाता को जागरूक और राजनीतिक पार्टियों को ज़्यादा ज़िम्मेदार बनाएगी।

भारत में सरकार की संसदीय व्यवस्था है और सरकार तब तक सत्ता में रहती है, जब तक उसे लोकसभा में चुने हुए सदस्यों का बहुमत

हासिल होता है। कार्यकाल के दौरान सरकार संसद के दोनों सदनों, लोकसभा और राज्यसभा के प्रति उत्तरदायी होती है। सर्वोच्च न्यायालय के साथ न्यायपालिका इसके शीर्ष पर है, और यह सरकार तथा संसद से स्वतंत्र है तथा इसके विधिक निर्णय राष्ट्र और जन-संस्थानों पर लागू होते हैं। यह जनता के अधिकारों के साथ-साथ प्रेस की स्वतंत्रता की संरक्षक भी है, जैसा कि संविधान में आश्वासन दिया गया है।

यह सैद्धांतिक है। व्यवहार में सरकार का संसद और विधायिकाओं के प्रति उत्तरदायित्व उदासीन और नाममात्र को है। सरकार द्वारा बुलाए गए नियमित प्रश्नकाल और ध्यानाकर्षण प्रस्ताव सहित संगत कार्यक्रम के नियम यथावत उपयुक्त और अति औपचारिक होते हैं। फिर भी, जब तक सरकार और पार्टियां इसे प्रस्तुत करती हैं, इसे संसद में बहुमत का समर्थन मिलता है, वे मंत्रालय के भ्रष्टाचार और विपक्ष के व्यक्तियों के उत्पीड़न के साथ किसी भी चीज़ से अक्षरशः किनारा कर लेते हैं। छोटी या बड़ी राजनीतिक पार्टियां अपने नेताओं के कड़े नियंत्रण में होती हैं और आंतरिक पार्टी लोकतंत्र अन्य पार्टियों से इसके अभाव में स्पष्ट होता है, इसलिए कुल मिलाकर सरकार केवल सरकार में शामिल मुट्ठी भर नेताओं के प्रति उत्तरदायी होती है। व्यंग्यात्मक रूप से गठबंधन सरकार में जाति या संप्रदाय विशेष के प्रति घोषित निष्ठा के साथ छोटी स्थानीय पार्टी गठन सरकारी नीतियों के निर्धारण की गति में असंगत प्रभाव पैदा कर सकता है।

व्यवहार में, संसद और विधायिका सामान्यतः कुछ अन्य करने की बजाय वही करती हैं जो सरकार उनसे करवाना चाहती है। इस प्रकार, उदाहरण के लिए संसद के सबसे महत्वपूर्ण कामों में से एक (जो वास्तव में अमेरिकन क्रांति और अधिकारों के प्रस्ताव को अंगीकार करने का प्रमुख कारण था) सरकार के बजट और इसके कराधान और व्यय प्रस्तावों का अनुमोदन करना है। सैद्धांतिक रूप से, सरकार संसदीय या विधायी प्राधिकार के बिना कराधान या ख़र्च नहीं कर सकती। तो भी, व्यवहार

में यह प्राधिकार अधिकांशतः बंधा-बंधाया है। जहां आवश्यक होता है, सभी ख़र्च और कराधान के निर्णय वित्त मंत्री द्वारा प्रधानमंत्री या मुख्यमंत्री के अनुमोदन से किए जाते हैं। निस्संदेह वित्त मंत्री संसद में बहस सुनेंगे और भद्रतापूर्वक कुछ बजट प्रावधानों का संशोधन करेंगे, लेकिन कुल मिलाकर संसदीय अनुमोदन कोरी औपचारिकता होती है।

न्यायपालिका के प्रति सरकार का वास्तविक उत्तरदायित्व भी नाममात्र को है। व्याख्यात्मक रूप में, सरकार की विधायी शक्तियों या केंद्र और राज्य के बीच शक्तियों के बंटवारे से संबंधित सांविधानिक प्रावधानों की व्याख्या में न्यायिक शक्तियां सर्वोच्च हैं। न्यायपालिका परिपाटी तय कर सकती है जिसके माध्यम से सरकारी निर्णय को वैध ठहराया जा सकता है (उदाहरण के लिए संसदीय अनुमोदन के माध्यम से)। नागरिकों द्वारा जनहित में दायर याचिकाएं या व्यक्ति विशेष के अधिकार, विशेषकर लोक सेवक के बारे में इसके फ़ैसले भी बाध्य करती हैं। तिस पर भी संविधान के मूल ढांचे में परिवर्तन के सिवाय, एक कृतसंकल्प सरकार जो चाहे कर सकती है। जब तक इसके पास बहुमत है, तब तक इसके पास क़ानून बनाने की असीमित शक्तियां हैं, और बहुत अपवादिक परिस्थितियों को छोड़कर यह वैधानिक प्रावधान न्यायपालिका पर बाध्यकारी है। अब जहां तक आर्थिक नीतियों की बात है, सरकार की शक्तियां वस्तुतः असीमित हैं, बशर्ते की समुचित व्यावहारिक नियमों और विधायी प्रक्रियाओं का पालन किया जाए।

मुक़द्दमों को चलाने में होने वाला लंबा विलंब भी न्यायपालिका की शक्तियों को घटाता है। ऐसे विलंब अब दंतकथाएं हैं। उच्चतम न्यायालय के भूतपूर्व मुख्य न्यायाधीश जैसे महत्वपूर्ण व्यक्ति ने एक विदेशी कोर्ट में अपनी विधि-विषयक राय दी कि भारत के वाणिज्यिक विवादों को निपटाने में भारत की न्यायिक प्रणाली व्यावहारिक रूप से अनुपयोगी है। न्यायिक प्रणाली की अनुपयोगिता संसद अथवा विधायिका द्वारा अधिनियमों के अधीन पारित किए गए 'क़ानूनों' की घोषणा करने की

बिमल जालान

सरकार की लगभग असीमित शक्तियों द्वारा संयोजित रही है। वास्तविक
सांविधिक प्रावधान, जैसा कि संसद द्वारा अनुमोदित होते हैं, 'विधि की
सम्यक प्रक्रिया' और स्पष्टीकरण के लिए प्रदान किए जा सकते हैं। फिर
भी, संसद के सभी अधिनियमों में सामान्यतः विविध प्रावधान हैं जिनसे
सरकार कार्यकारी अधिसूचनाओं के माध्यम से संगत अधिनियमों के तहत
'क़ानून' बनाने के लिए स्वतंत्र है। सरकार का 'सूचना विधेयक की
स्वतंत्रता' के अधीन क़ानून बनाने का अधिकार इस घटना का उदाहरण
है, जो पहले जनवरी 2003 में संसद द्वारा पारित किया गया। राष्ट्रपति
की स्वीकृति के बावजूद विधेयक लागू नहीं हुआ क्योंकि सरकार ने
आवश्यक अधिसूचना जारी नहीं की थी। दिसंबर 2004 में विधेयक 2002
का स्थान एक अन्य विधेयक ने लिया। संसद द्वारा दोबारा नया विधेयक
पारित किया गया और आख़िरकार जून 2005 में अधिसूचित हुआ। ढाई
साल बाद इस महत्वपूर्ण विधेयक को पहले-पहल अनुमोदित किया गया
था। संशोधित अधिनियम निश्चित तौर पर व्याप्ति और विषयवस्तु में
पहले वाले अधिनियम से बेहतर होता है। फिर भी, यह सरकार को
किसी भी मामले पर जिसे यह उचित मानता है 'क़ानून' बनाने का विशेष
विवेक प्रदान करता है।

जैसा कि अमर्त्य सेन ने अपने लेखों और भाषणों में ज़ोरदार तर्क
दिए हैं, भारत की जनता के लिए लोकतंत्र अपने आप में एक पुरस्कार
है और स्वतंत्रता के फ़ायदे केवल विकास या आर्थिक कल्याण में इसके
योगदान के रूप में नहीं आंके जा सकते। बहरहाल, आधुनिक अनुभवजन्य
अनुसंधानों ने सिद्ध किया है कि समृद्धि या ग़रीबी में कमी और सरकार
के स्वरूप के बीच कोई सीधी संबद्धता नहीं है। अगर ज़्यादा नहीं तो
कम लेकिन लोकतंत्र की तरह सत्तावादी सरकारों के विफल होने की
आशंका भी रहती है। सामाजिक अवसरों के उपयोगी आधार के रूप
में, उसी समय सेन देखते हैं कि यहां इसके सुचारू रूप से काम करने
के लिए इसकी क्षमताओं का पूरा लाभ उठाने के लिए साधन और युक्तियों

को परखने की सख़्त ज़रूरत है। जनता की ओर से सतत सावधानी वास्तव में स्वतंत्रता की क़ीमत है। यहां इस दलील पर आत्मतुष्टि के लिए कोई जगह नहीं है।

दूसरा अध्याय, 'ग़ैर निष्पादनकारी अर्थशास्त्र' हाल ही के वर्षों में भारत की अर्थव्यवस्था में एकाएक उत्पन्न हुई रुचि और आत्मविश्वास में हुई वृद्धि के बावजूद कारकों पर विचार करता है जो लंबे समय के लिए भारत के विकास में अनिवार्य अड़चन ला सकते हैं। इस समय इसके निष्पादन के आधार पर एक आम राय बन रही है कि अगर 2020 या 2025 तक भारत उचित नीतियों का अनुसरण करता है, तो वह संसार की तीसरी सबसे बड़ी अर्थव्यवस्था होगी।

इसमें कोई संदेह नहीं कि भारत के लिए अपनी विकास दर (यानी 8 प्रतिशत या अधिक) को और गति देने और लोक वितरण प्रणाली के सुधार द्वारा ग़रीबी को हटाने के अवसर पिछली आधी शताब्दी की अपेक्षा आज अधिक बेहतर हैं। 1991 में शुरू हुए आर्थिक सुधारों की प्रक्रिया निस्संदेह भारत के भविष्य में आत्मविश्वास के पुनरुत्थान का कारण है। फिर भी, यहां एक महत्वपूर्ण कारण भी है कि भारत के आर्थिक दृष्टिकोण में ऐसा नाटकीय बदलाव क्यों रहा है? मुख्य कारण जिसे कभी-कभी अनदेखा किया जाता है, वह यह है कि राष्ट्रों के तुलनात्मक लाभ के संसाधन जैसे पचास या बीस साल पहले थे, उनकी अपेक्षा आज वे पूरी तरह भिन्न हैं। चंद ही विकासशील देश ऐसे हैं जो भारत की तरह उत्पादन तकनीकों, अंतरराष्ट्रीय व्यापार, पूंजी गमनागमन और निपुण जनशक्ति में हुए अपूर्व परिवर्तनों का लाभ उठाने की बेहतर स्थिति में हैं। परिणामस्वरूप आज भारत के पास अपेक्षाकृत कम क़ीमतों पर उत्पादन करने और उत्पादनों की विविध क़िस्मों और सेवाओं का निष्पादन करने का ज्ञान और निपुणता है।

इस प्रकार इसके लिए निकट भविष्य में ऊंची विकास दर हासिल करने और ग़रीबी का उन्मूलन करने के असीम अवसर हैं। सत्ता पर

क़ाबिज़ सरकार सहित भारतीय अर्थव्यवस्था के सभी प्रेक्षक भी नए वैश्विक वातावरण में इसकी पूरी क्षमता का उपयोग करने के संबंध में सामान्य रूप से सहमत हैं। भारत के लिए ज़रूरी है कि वह गंभीर सुधारों की ओर निर्णायक क़दम बढ़ाए तथा लंबी प्रक्रियाओं और प्रशासनिक गतिरोधों को कम करे। नई नीति अभिमुखीकरण के लिए सिद्धांततः सहमति है, फिर भी हमारे आंकड़ों को देखते हुए मैं ज़रा भी आश्वस्त नहीं हूं कि अभी हम उपलब्ध अवसरों का पूरी तरह लाभ उठा पाने में समर्थ हो सकेंगे। यहां तीन मुख्य कारक हैं जो संभवतः भारत की प्रगति में रोड़ा अटकाएंगे। वे हैंः भूतकाल का समूचा भार, वितरणात्मक गठबंधन तथा अर्थशास्त्र और राजनीति के बीच बढ़ता अलगाव।

आधी शताब्दी से भी ज़्यादा के विकास अनुभव के बाद भी भारत का भविष्य के प्रति नज़रिया लगातार ऐसी धारणाओं से घिरा रहा है जो विकास, निवेश और बचत के रूप में अपेक्षित परिणामों को पाने में असफल रही हैं। विदेशी आधिपत्य के औपनिवेशिक अनुभव, आर्थिक निष्क्रियता और बढ़ती हुई ग़रीबी को ध्यान में रखते हुए, भारत को आर्थिक रूप से निर्भर बनाने के लिए स्वतंत्रता के बाद विकास रणनीति को उच्च प्राथमिकता दी गई थी। सोवियत अनुभव के आधार पर यह माना गया था कि आर्थिक निर्भरता और अधिक घरेलू बचतें केवल तभी हासिल की जा सकती हैं, जब अर्थव्यवस्था का 'उच्च नियंत्रण' सार्वजनिक उद्योग क्षेत्र के हाथों में हो तथा विदेशी निवेश पर निर्भरता कम हो। यह भी माना गया था कि यदि उत्पादन के साधन राज्य के द्वारा नियंत्रित हों तो उत्पादन में होने वाला पूरा मूल्य संवर्धन जन साधारण तक पहुंचेगा। इसके अलावा, अगर खपत को रोका जाए तो सार्वजनिक बचतें स्वतः बढ़ेंगी। ये बचतें तब और अधिक निवेश तथा उत्पादन के लिए इस्तेमाल की जा सकेंगी और भारत जल्द ही विकसित विश्व का ध्यान आकर्षित कर सकेगा। यह इस युग के अग्रणी अर्थशास्त्रियों का बहुत ही उत्साहवर्धक आर्थिक दृष्टिकोण और व्यापक रूप से सम्मानित बचतों, निवेश और

विकास का शास्त्रीय प्रारूप था।

फिर भी, जल्द ही यह सिद्ध हो गया कि बचत बढ़ाने की बजाय सार्वजनिक उद्योग क्षेत्र सार्वजनिक बचतों को चूसने लगे हैं। 1990 के अंत तक 'उच्च नियंत्रण' प्राप्त करने के बावजूद सकल घरेलू उत्पाद के अधिक से अधिक 4 प्रतिशत के हिसाब से सार्वजनिक उद्योग क्षेत्र की बचतें ऋणात्मक थीं। ये ऋणात्मक बचतें आंतरिक राष्ट्र ऋण और घटे हुए निवेश के तीव्र संचयन का कारण बनीं बजाय इसके कि मामला दूसरी तरह से होता। विकास इतिहास के वृत्तांत में, एक पूर्ण युक्तियुक्त विचार का दूसरा उदाहरण खोजना मुश्किल है। वृहत लोक कल्याण के लिए उच्च लोक निवेश की आवश्यकता–जिसका एकदम विपरीत परिणाम निकलाः आम खपत ज़्यादा और जनसाधारण के लिए लाभ में निरंतर कमी।

लोक बचतों और निवेश में विकास के साधनों के बारे में इतने लंबे समय तक क्यों ऐसी अवास्तविक मान्यताओं को माना जाता रहा? बल्कि स्वाधीनता के बाद से, भारत भाग्यशाली रहा कि उसके पास नियोजन की प्रक्रिया और आर्थिक नीति के निर्माण के लिए सरकार को सलाह देने के लिए उच्च विकासात्मक अर्थशास्त्रियों और चिंतकों की भरमार रही–इनमें प्रो. पी.सी. महालानोबिस, डॉ. पीतांबर पंत और प्रो. राजकृष्ण प्रसिद्ध नाम थे। फिर भी, सामाजिक या आर्थिक विकास के रूप में परिणाम–आधुनिक काल को एकदम एक ओर छोड़ देने पर निराशाजनक थे। इस खेद भरी दशा का कारण वे आर्थिक और विकास रणनीतियां थीं जो बेहतरीन अर्थशास्त्रियों द्वारा प्रस्तुत की गईं और क्रमशः पंचवर्षीय योजनाओं में सुरक्षित रखी गईं, जिन्होंने यथार्थ में राजनीतिक और प्रशासनिक वास्तविकताओं को विरले ही व्यक्त किया। अनुमोदित आर्थिक रणनीति के अंतर्निहित राजनीतिक मान्यता यह थी कि निर्वाचित राजनीतिज्ञों द्वारा देश की बचत के आबंटन के ऊपर नियंत्रण यह सुनिश्चित करेगा कि ऐसी सभी बचतें देश के ग़रीबों के बेहतर हितों को प्रोत्साहित करने

के लिए बहुत कुशलतापूर्वक इस्तेमाल की गई हैं। प्रशासनिक मान्यता यह थी कि सरकार के विकास कार्यक्रमों को क्रियान्वित करने के लिए अपेक्षित नौकरशाही रवैया बहुत ही मिलनसार होगा। विभिन्न स्तरों पर प्रशासन की व्यवस्था से पूर्ण समन्वय की, विकास मानकों में निर्धारित बचतों और निवेशों के आबंटन और सरकारी कार्यक्रमों का नियोजन के अनुसार क्रियान्वयन की उम्मीद की गई थी।

दुर्भाग्य से, ये राजनीतिक और प्रशासनिक मान्यताएं अवास्तविक सिद्ध हुईं। उस पर भी, जैसा कि अक्सर होता है, एक बार आदर्श के रूप में प्रस्तुत और स्वीकार किए गए सिद्धांत को त्यागना मुश्किल है, भले ही परिणाम वैसे न हों जैसी कि उम्मीद की गई थी। भविष्य में बेहतर निष्पादन के लिए आमतौर पर असंतोषजनक परिणामों की सफ़ाई देने के लिए नसीहतों से सजी शुरुआती रणनीति के चयन के कई बहाने तलाश लेते हैं। वामपंथियों और दक्षिणपंथियों दोनों के प्रतिष्ठित विकासात्मक सिद्धांतवादियों के मध्य ऐसे मामलों, जैसे नियोजन और देश के संस्थागत ढांचे का लिहाज़ किए बिना राज्य की तर्कसंगत भूमिका, इसकी सामाजिक वास्तविकताओं और वैश्विक वातावरण पर सैद्धांतिक रुख़ अपनाने की स्पष्ट प्रवृत्ति है।

पीछे देखते हुए, यह आश्चर्यजनक है कि भविष्य की रणनीति पर आर्थिक और राजनीतिक बहस अब भी उपनिवेशीय विरासत पर कितनी निर्भर है। कौन सी पार्टी या पार्टियों का गठबंधन सत्ता में है, ये विचार किए बिना कि राजनीतिक नेता (बहुत कम अपवादों के साथ) अर्थव्यवस्था के आगे के निवेश के लिए बचतों को बढ़ाने के लिए सार्वजनिक उद्योग क्षेत्र की क्षमता में लगातार अपना विश्वास जता रहे हैं। समान रूप से यद्यपि पूंजी की उपलब्धता अंतरराष्ट्रीय पूंजी गतिशीलता की दृष्टि से विकास में ज़्यादा देर तक बाधा नहीं है, औपनिवेशिक अनुभव के आधार पर वही पुरानी सोच विदेशी निवेश के प्रति भारत की पैठ पर लगातार हावी है। इक्कीसवीं सदी की शुरुआत में, पचास या सौ वर्ष पहले की

स्थिति के विपरीत, विश्व में विदेशी प्रत्यक्ष निवेश अंश निम्नतम है और अर्थव्यवस्था के परिणाम के संबंध में अपेक्षाकृत नगण्य है। भारत का उद्योग और आधारभूत ढांचा अब अधिकांशतः भारतीयों के हाथ में है। फिर भी, विदेशी निवेश को उदार करने के लिए नीतियां लगातार अच्छे-ख़ासे राजनीतिक विवाद को आकर्षित कर रही हैं।

नीति परिणाम के निर्धारण में नौकरशाही की लगातार प्रबल भूमिका में अतीत का भी असर दिखाई देता है। इसका श्रेय 1956 के शुरू में हमारे योजनाकारों को दिया जा सकता है। द्वितीय योजना ने स्वयं से प्रश्न किया कि क्या वह लोक सेवा योजना द्वारा सौंपे गए कामों के योग्य सिद्ध हो पाएगी? बाद की योजनाओं ने भी व्यापक प्रशासनिक अकुशलताओं और अड़चनों के बारे में अपनी बौखलाहट ही प्रकट की जो कि अर्थव्यवस्था को धीमा कर रही थीं। तो भी, यह बौखलाहट वास्तविक नियोजन में नहीं दिखाई दी। वस्तुतः जीवन के हर पहलू से जुड़ी राष्ट्रीय समस्याओं से जूझने के लिए, प्रशासनिक सहयोग का अधिकाधिक आह्वान करते हुए हम नई, बड़ी और ज़्यादा व्यापक योजनाओं का समावेश कर रहे हैं।

इस प्रकार, हालांकि 1990 के दौरान निगमित निवेशों के विषय में अर्थव्यवस्था में पर्याप्त नीति उदारीकरण रहा है, नियामक और प्रशासनिक प्रक्रियाएं जो कई तरह के अनुमोदनों के लिए आवश्यक हैं, (भू-अधिग्रहण से लेकर पर्यावरणिक समाशोधन तक) पहले की तरह ही हैं और कुछ अंश तक बदतर हो गई हैं। बहुत सी सरकारी एजेंसियां हैं जो परस्पर विरुद्ध उद्देश्यों के साथ काम करती हैं। एक उद्योग स्थापित करने के लिए कई अनुज्ञाएं आवश्यक हैं और समय के साथ ऐसी अनुज्ञाएं प्रदान करने की सौदेबाज़ी भरी प्रक्रिया में शामिल कई निरीक्षकों की संख्या बढ़ी है। उदाहरण के लिए दिल्ली के मुख्य शहर में भू-अधिग्रहण और संबद्ध अनुज्ञाओं के लिए परस्पर विरुद्ध उद्देश्यों से काम करने वाली पांच एजेंसियां शामिल हैं (शहरी विकास विभाग, नई दिल्ली नगर पालिका,

दिल्ली नगर निगम, दिल्ली विकास प्राधिकरण और लोक निर्माण विभाग)।
जन स्वास्थ्य जैसे गंभीर क्षेत्र में, एक मंत्रालय (स्वास्थ्य मंत्रालय) देश
के सभी भागों में अच्छी गुणवत्ता वाली दवाओं की सुलभता को सुनिश्चित
करने के लिए ज़िम्मेदार है, तो भी यह एक अलग मंत्रालय है (रसायन
एवं उर्वरक मंत्रालय) जो औषधियों और दवाओं के उत्पादन, विनियमन
एवं वितरण के लिए ज़िम्मेदार है। पहला मंत्रालय आधुनिकतम तकनीक
के प्रयोग के द्वारा उच्च गुणवत्ता की औषधियों का उत्पादन करने की
हैसियत का लिहाज़ किए बिना इकाइयों को प्रोत्साहित करने के पक्ष
में है। बाद वाला मंत्रालय लघु फ़र्मों को बढ़ावा देने के पक्ष में है, उनके
गुणवत्ता नियंत्रण के लिए आवश्यक आधार-तंत्र प्रदान करने की क्षमता
का लिहाज़ किए बिना।

प्रक्रियात्मक जटिलताएं और प्रशासनिक उदासीनता जगज़ाहिर है और
यहां तक कि सरकार के उच्च स्तरों तक महसूस की जाती है। फिर
भी, ख़ास हितों के गठबंधन की असीम शक्तियों की वजह से कोई
सुव्यवस्थित सुधार लाना संभव नहीं हुआ, जो केंद्रीकृत नियंत्रण की पुरानी
रणनीतियों से जन साधारण के ख़र्च पर अत्यंत लाभान्वित हो रही थीं,
राजनेता सार्वजनिक क्षेत्र उद्यमों के संसाधनों पर उनके नियंत्रण, बड़े निजी
क्षेत्र उद्यमों के कार्यों को विनियमित करने की उनकी शक्ति, कृषीय व
औद्योगिक वस्तुओं की क़ीमतों को निर्धारित करने की उनकी शक्तियों
तथा आर्थिक सहायता प्रदान करने और राजस्व संबंधी घाटों के उठा
लेने की योग्यता से लाभान्वित हुए और अब भी हो रहे हैं। संगठित
क्षेत्रों, सार्वजनिक और निजी दोनों में, श्रमिक उनके द्वारा इस्तेमाल की
जा रही असीम शक्तियों और राजनीतिक संरक्षण से लाभान्वित हुए।
नौकरशाह प्रशासन में विभिन्न स्तरों पर भ्रष्टाचार के अवसरों और
संवैधानिक तौर पर आश्वस्त अपनी नौकरियों की सुरक्षा से लाभान्वित
हुए। निजी क्षेत्र उद्यम और ठेकेदार सरकार के निर्णयों को उच्च संरक्षण
या अधिमानी संविदाओं के माध्यम से अपने पक्ष में कर लेने की अपनी

योग्यता से लाभान्वित हुए, ख़ासकर चुनावों के दौरान जो बहुत जल्दी-जल्दी
हो रहे थे।

विशेष हितों के इन गठबंधनों ने यह सुनिश्चित किया कि जहां तक
संभव हो, शुरुआती विकास रणनीति में आवश्यक बदलाव न हों और
जब यह अपरिहार्य हो गया (बाहरी संकटों के कारण) तो यह धीमा
और राजनीतिक रूप से विवादास्पद था। मेरा विश्वास है कि इस अनुभव
का बोध ज़रूरी है ताकि भविष्य में इसकी पुनरावृत्ति को टाला जा सके।
जब शुरुआती परिस्थितियां बदलें तो हम आशा करेंगे और तैयार रहेंगे
कि रणनीतियां और कूटनीतियां बदलें। ऐसा केवल तभी हो सकता है
जब लोकनीति, शुरू से ही विशेष हितों के पनपने और मोर्चेबंदी के
लिए सरकारी और अधिकारी वर्ग की शक्तियों को सीमित करके चौकस
रहे।

इस संबंध में, आने वाले वर्षों में जिसे हल करने की ज़रूरत है,
वह एक बहुआयामी महत्वपूर्ण मुद्दा है कि संभवतः किसे हमारे आर्थिक
जीवन में विकसित हो रहे सरकारी-निजी द्विभाजन के तौर पर माना जाए।
यह एक आश्चर्यजनक तथ्य है कि अब आर्थिक नवीकरण और सकारात्मक
विकास तरंगें बड़े पैमाने पर सरकारी क्षेत्रों के बाहर उठ रही हैं–भारत
और विदेशों में निजी निगमों, स्वायत्त संस्थानों और अपने पेशे के ऊंचे
पदों पर आसीन व्यक्तियों के स्तरों पर। दूसरी ओर सरकारी या सार्वजनिक
क्षेत्रों में शहर स्तर पर स्पष्ट गिरावट देखते हैं–न केवल उत्पादन, लाभ
और लोक बचतों बल्कि शिक्षा, स्वास्थ्य, जल और परिवहन के क्षेत्रों में
अत्यावश्यक जन सेवाओं की पूर्ति के रूप में। राजकोषीय गिरावट और
मूलभूत सेवाओं को प्रदान करने की असमर्थता–ये दोनों तत्व निस्संदेह
घनिष्ठ रूप से जुड़े हैं। महत्वपूर्ण क्षेत्रों में जनसामान्य या जन समर्पित
सेवाओं के विकास के लिए नाममात्र को अथवा बिल्कुल भी नहीं उपलब्ध
संस्थानों के कारण हमारे अधिकतर जन संसाधन वेतनों के भुगतान या
ऋणों के ब्याज में खप जाते हैं।

एक अन्य घटना जो भारत की आर्थिक प्रगति में बाधा डाल सकती है, वह है अर्थशास्त्र और राजनीति के बीच बढ़ता हुआ गतिरोध। भारत के सभी भागों में राजनीतिक लोकतंत्र के प्रसार के बावजूद, जो कि एक ज़ोरदार उपलब्धि है, बराबर यह स्पष्ट होता है कि विकास दर या ग़रीबी उन्मूलन के संबंध में सरकार का क्रियाकलाप निर्वाचकीय नतीजों का निर्धारण करने में महत्वपूर्ण कारक नहीं है। इस तरह, हाल ही के वर्षों में, जिन सरकारों ने अपेक्षाकृत अच्छा काम किया है, केंद्र में सस्ते में चुनाव हार गई (उदाहरण के लिए, 1996 में कांग्रेस सरकार या 2004 में भाजपा के नेतृत्व वाला गठबंधन)। उसी प्रकार, राज्य जिन्होंने आर्थिक रूप से या ग़रीबी विरोधी कार्यक्रमों के क्रियान्वयन में बहुत ख़राब ढंग से काम किया, लगातार ऐसी पार्टियों को सत्ता में भेज रहे हैं जो उस परिस्थिति के लिए ज़िम्मेदार हैं।

इन तथ्यों को ध्यान में रखते हुए, मेरा सामान्य निष्कर्ष यह है कि अभी भी यह विश्वास नहीं किया जा सकता कि भारत अपनी पूरी आर्थिक क्षमता को हासिल करने या जितनी 1990 या बल्कि 1980 में हासिल की गई थी, उससे अधिक विकास दर को पूरी तरह आगे बढ़ा पाने में सफल होगा। मुझे आशा है कि वास्तविक परिणाम पुराने रुझानों से बेहतर होंगे और भारत की आर्थिक रणनीति के निर्धारकों, प्रबल गठबंधनों की ताक़त और पुरानी सोच में बदलाव होगा।

शासन और भ्रष्टाचार

स्वतंत्रता के समय भारत को विरासत में औपनिवेशिक राज्य मिला और उसने इसके सरकारी ढांचे को काफ़ी कुछ वैसा ही रखा। सभी दृष्टियों से, औपनिवेशिक काल के दौरान अंग्रेज़ों द्वारा रचा गया प्रशासनिक ढांचा उनके सीमित उद्देश्यों की पूर्ति के लिए सक्षम था। जहां तक जनसाधारण का संबंध था, यह अब तक पहले की तरह ही निरंकुश और बेमिलनसार था। इसका प्राथमिक उद्देश्य क़ानून और व्यवस्था बनाए रखना और ब्रिटिश

द्वारा बनाए गए क़ानून के अनुसार ब्रिटेन के व्यापारिक हितों को बढ़ावा देना था। स्वतंत्रता के बाद केंद्रीकृत नियोजन और बहुसंख्य लोक कार्यक्रमों का पूरा बोझ उठाने के लिए ठीक वैसी ही सरकारी संरचना को आमंत्रित किया गया था। बढ़ती हुए अपेक्षाओं तथा द्वितीय और बाद की योजनाओं में किए गए वादों को पूरा करने में हुई असफलता के कारण वस्तुतः नई और अधिक व्यापक सरकारी योजनाओं को उस स्तर पर शुरू किया गया था। इसने घटते राजकोषीय संसाधनों, समय-समय पर आने वाले बाहरी संकटों और उभरती हुई प्रक्रियात्मक जटिलताओं के माहौल में नई प्रशासनिक चुनौतियों को प्रस्तुत किया।

इसी काम को पूरा करने के लिए अधिक से अधिक लोक सेवाओं की ज़रूरत के साथ जैसी प्रशासनिक व्यवस्था अकर्मण्य और अधिक जटिल हुई, इसमें अपने आप तेज़ी आई। बढ़ते वेतनों, मियादी वेतन आयोगों और सरकारी कर्मचारियों के पक्ष में होने वाले न्यायिक निर्णयों के साथ, तथाकथित लोक सेवक जल्द ही जनता या उनके प्रतिनिधियों के प्रति नाममात्र की जवाबदेही के साथ उनके मालिक बन बैठे। जैसे सरकारी सेवाएं रोज़गार का सर्वाधिक आकर्षक साधन बनीं, राजनीतिज्ञों और सत्ता के दलालों के निहित स्वार्थों ने यह सुनिश्चित किया कि चल रही योजनाओं में ज़्यादा से ज़्यादा योजनाएं और लोक कार्यक्रम जोड़े जाएं। समय के साथ सरकारी नौकरियों का सृजन अपने आप में एक साध्य बन गया तथा प्रशासी तनख़्वाहें और पेंशन कई योजनाओं के मुख्य घटक बन गए।

इसमें संदेह नहीं कि भारत अब शासन के संकट का सामना कर रहा है। प्रशासनिक व्यवस्था अब किसी भी कसौटी से देश की आर्थिक और सामाजिक प्राथमिकताओं के प्रति अधिकांशतः अकर्मण्य और अनुत्तरदायी है। इस व्यवस्था का सुधार भविष्य की एक मुख्य चुनौती है। यह किसी तरह से आसान नहीं है। कई प्रशासनिक सुधार आयोगों, कमेटियों और कृतिक बलों ने कई सिफ़ारिशें कीं, जो सरकारी एजेंसियों,

कार्यालयों, नौकरियों और रियायतों को कम करने के निहित स्वार्थों के कारण अधिकांशतः लागू नहीं हो सकीं। कार्मिक और विभागों की मांगों में कमी प्रक्रियाओं का सरलीकरण, प्रशासनिक जटिलताओं और प्रलेखन की कमी का नतीजा है। परिणामस्वरूप लोगों के लिए जीवन को आसान बनाने या जन वितरण व्यवस्था को सुधारने के लिए कोई वास्तविक प्रेरणा या मुख्य दिलचस्पी नहीं है।

सभी पदों के मध्य अध्याय, 'शासन के संकट' प्रशासनिक ढांचे और लोक वितरण व्यवस्था की लोक सेवा और उसके मंत्रियों की भी परख करता है। दोनों ही इस ढांचे के मुख्य स्तंभ हैं, लेकिन अब इनकी एक-दूसरे पर आश्रित भूमिका और एक-दूसरे के साथ संबंधों की पुनर्परिभाषा ज़रूरी है। लोक सेवा अनगिनत समस्याओं से ग्रस्त है, जो कई दशकों से बढ़ती जा रही है। विभिन्न सेवाओं के विभिन्न स्तरों पर वित्तीय सुरक्षा की सोच बदली है जबकि नौकरी की सुरक्षा अब भी हर स्तर पर काफ़ी हद तक विद्यमान है। शीर्ष स्तर के लोग भी, हालांकि वे संख्या में कम हैं, लोक सेवाओं में आर्थिक मुआवज़े और निजी क्षेत्र के मध्य बढ़ती दूरी के कारण पहले की अपेक्षा असुरक्षित महसूस कर रहे हैं। सेवाओं के निचले पद जो कि कर्मचारियों की बड़ी संख्या का कारण है, मुआवज़ों का लाभ उठाते हैं, जो निजी संगठित क्षेत्र के स्तरों के समान दोगुना ऊंचा है। उच्च स्तरीय नौकरियां समूचे देश, साथ ही विभागों के बीच स्थानांतरणीय हैं, जबकि निचले स्तर की नौकरियां अहस्तांतरणीय हैं। स्थानांतरणीय नौकरियों का कार्यकाल घट गया है जबकि बहुत सी ज़रूरतों मसलन आवास या शिक्षा तक पहुंच ज़्यादा मुश्किल हो गई है। इन मिली-जुली खींचतान का असर है कि सरकारी और सार्वजनिक क्षेत्र की ऊंची नौकरियां उत्तरोत्तर कम आकर्षक लेकिन क्लर्क स्तरों पर ज़्यादा आकर्षक हो गईं क्योंकि वैकल्पिक रोज़गार अवसर पुराने श्रम क़ानूनों के परिणामस्वरूप कुछ अंश तक घट गए।

पिछले पांच दशकों से देश के शासन में मंत्रियों की भूमिका में महत्वपूर्ण

बदलाव हुए हैं। वित्तीय तंगी के माहौल में योजनाओं, कार्यक्रमों, क़ानूनों और नियमों के विस्तार में वास्तविक निर्णयन कार्य में शामिल कई मंत्रालय और मंत्रियों की भरपूर वृद्धि हुई है। उन्हीं मंत्रालयों के भीतर नीति-निर्माण और कार्यक्रमों के क्रियान्वयन में कई विभागों के शामिल होने की संभावना है। आमतौर पर विरोधी उद्देश्यों से काम करने वाली अनेक एजेंसियों और विभागों के साथ विचारों और नीति प्रस्तावों में भेदों को ऊंचे से ऊंचे स्तर पर दूर करना होगा। इसके नतीजे कई स्थायी तथा तदर्थ मंत्रिमंडल कमेटियों एवं मंत्रिमंडलों के निर्माण में दिखाई दिए जो समय-समय पर और विभिन्न मामलों में हुए। इसी के समानांतर, केंद्र तथा कई राज्यों में केवल एक ही राजनीतिक पार्टी के सत्ता में होते समय मंत्रियों का जो कार्यकाल था, वह कई पार्टियों के केंद्र और राज्य में सत्ता में होने के कारण अपेक्षाकृत आमतौर पर घट गया। सरकार में अल्प कार्यकाल की प्रत्याशा का मंत्रियों और लोक सेवकों के बीच के संबंधों पर गहरा असर था। प्रत्येक सत्तारूढ़ पार्टी अपने स्वार्थों को साधने के लिए अपनी स्थानांतरण और नियुक्तियां करने की शक्ति का प्रयोग करने को उत्साहित रहती है। कार्यक्रमों और नीतियों के क्रियान्वयन के लिए निष्पादन की ज़िम्मेदारी भी कम हुई है क्योंकि अधिकांश मंत्री लंबे समय तक सत्ता में रहने की अपेक्षा नहीं करते हैं।

देश के प्रशासनिक ओर लोक वितरण व्यवस्था के पतन ने सबसे अधिक ग़रीबों को प्रभावित किया है। वे गंभीर रूप से जन सेवाओं की उपलब्धता और मौलिक आधारिक संरचना पर निर्भर हैं, विशेषकर ग्रामीण इलाक़ों में जहां 70 करोड़ लोग रहते हैं। यदि भारत को ग़रीबी को मिटाना है तो निर्णयन कार्य प्रक्रिया में सरकारों, मंत्रियों तथा लोक सेवकों की भूमिका और काम के प्रति उनकी जवाबदेही को पुनः परिभाषित करना अनिवार्य है।

मंत्रालयों के स्तर पर ग़रीबी विरोधी कार्यक्रमों और लोक सेवाओं के कुशल वितरण के लिए अलग-अलग मंत्रियों को जवाबदेह बनाने के

लिए एक नए संस्थागत और संवैधानिक पहल की ज़रूरत है। वर्तमान में, मंत्री ग़रीबों के हित के लिए महत्वाकांक्षी सालाना या पंचवर्षीय लक्ष्यों की घोषणा के लिए (जैसे ग्रामीण विकास, जल संसाधन, स्वास्थ्य तथा ग़रीबी विरोधी कार्यक्रमों के लिए) तत्पर हैं, लेकिन कोई भी मंत्री वास्तव में बुरे कार्य निष्पादन के लिए जवाबदेह (या निंदित) नहीं हुआ। व्यक्तिगत स्तर पर मंत्रियों की ग़ैर जवाबदेही सरकार के संसदीय स्वरूप में मंत्रिमंडल की 'सामूहिक ज़िम्मेदारी' का फलता-फूलता सिद्धांत है। सिद्धांत में धारणा यह है कि यदि सरकार संसद का विश्वास खो देती है तो न केवल पथभ्रष्ट मंत्रियों को बल्कि उसको भी त्यागपत्र देना होता है। यह श्रद्धावान सिद्धांत ब्रिटेन में उन्नीसवीं सदी में विकसित हुआ। इसने भारत में मंत्रियों की व्यक्तिगत शक्तियों की वृद्धि और आर्थिक क्षेत्रों में सरकार के क्रियाकलाप के व्यापक विस्तार की दृष्टि से काफ़ी हद तक अपनी प्रासंगिकता खो दी है। सरकार न केवल समष्टिगत आर्थिक नीति की व्यापक रूपरेखा निर्धारित करने की उत्तरदायी है बल्कि परियोजनाओं के समूचे समूह और व्यष्टिगत स्तर पर कार्यक्रमों को क्रियान्वित करने के लिए भी उत्तरदायी है। असल में एक अकेला मंत्री अपने नियंत्रण के अधीन आने वाले सार्वजनिक उपक्रमों या परियोजनाओं को प्रभावित करते हुए सभी निर्णय लेता है लेकिन जिस पार्टी से वह जुड़ा है, जब तक उस पार्टी का संसद में बहुमत है, तब तक परियोजना निष्पादन या जनकल्याण पर पड़ने वाले उनके फ़ैसलों का असर प्रसंगानुकूल विचारणीय तथ्य नहीं है। मंत्रियों की ग़ैर ज़िम्मेदारी संसद या विधायिका में विभिन्न पार्टी वाली अल्प बहुमत की गठबंधन वाली सरकारों में ख़ासतौर पर दिखाई देती है। इन परिस्थितियों में, संसद में 5 प्रतिशत वोट के साथ एक छोटी सी पार्टी का नेता भी परियोजना या कार्यक्रम के भाग्य का निर्णय करने में असीमित शक्तियों का प्रयोग कर सकता है।

यह मानते हुए कि राजनीतिक पार्टियां, सभ्य समाज और लोक जन के प्रबुद्ध सदस्य अभावों और ग़रीबी के बदतर रूपों को दूर करने के

लिए गंभीर हैं तो इसके लिए आवश्यक है कि किसी हद तक जनसाधारण के विशेष हितों वाले चुनिंदा क्षेत्रों (जैसे ग्रामीण विकास, प्राथमिक शिक्षा, रोज़गार और आधारभूत ढांचे आदि) में मंत्रियों की 'सामूहिक ज़िम्मेदारी' की धारणा को 'व्यक्तिगत' ज़िम्मेदारी के विचार के द्वारा बदला जाए। सामूहिक ज़िम्मेदारी के सिद्धांत को सरकार को सत्ता में बनाए रखने सहित अन्य सभी राजनीतिक उद्देश्यों की पूर्ति के लिए जारी रखा जा सकता है। इस प्रकार जहां कहीं भी किसी निर्दिष्ट क्षेत्र में घोषित लक्ष्य को पूरा करने के संबंध में एक सम्मत प्रतिशत (मान लीजिए 15 या 20 प्रतिशत) में कमी है, तो इसके लिए संबंधित मंत्री को ज़िम्मेदार होना चाहिए तथा उससे उम्मीद की जानी चाहिए कि वह कम से कम एक वर्ष के लिए अपना पद छोड़ दे।

जहां तक लोक सेवा ढांचे का सवाल है, पुराने अनुभवों और बहुत से आयोगों, अध्ययन समूहों तथा कमेटियों की रिपोर्टों और सिफ़ारिशों के क्रियान्वयन की असफलता को ध्यान में रखते हुए यह पहचान करना आवश्यक है कि भीतर ही भीतर व्यवस्था का सुधार इतनी आसानी से साध्य नहीं है। लोक सेवाओं के प्रबंधन में नौकरशाही की सीधी भूमिका को कम करना ही एकमात्र समाधान है। लोक सेवाओं के प्रबंधन में अंतरराष्ट्रीय अनुभव यह दिखाता है कि सेवाओं का वितरण व्यापक रूप से सुधारा जा सकता है, यदि इन सेवाओं के स्वामित्व (सरकार द्वारा) और ऐसी सेवाओं के वितरण (निजी और स्थानीय उद्यमों द्वारा) के बीच एक अंतर किया जाए। इस प्रकार, विश्व भर में बारह देशों में किए गए चौबीस मामलों के अध्ययनों के संकलन से यह निष्कर्ष निकला कि प्रत्येक मामले में जहां जन सेवाओं को प्रबंधन के लिए निजी समूहों या उद्यमों को ठेका दिया गया, वहां सेवा की गुणवत्ता बेहतर हुई और जनसाधारण की निवल लागत कम हुई। भारत में भी 'सूक्ष्म निजीकरण' के बेहतरीन उदाहरण हैं (जैसेः सुलभ शौचालय और सार्वजनिक टेलीफ़ोन)। अन्य सेवाओं के संबंध में इन शुरुआतों को दोहराने की ज़रूरत है।

जन सेवाओं के वितरण के लिए प्रशासनिक व्यवस्था में सुधार की ज़रूरत के अतिरिक्त यहां बड़ा प्रश्न देश के बेहतर शासन के लिए लोक सेवा तंत्र के सुधार का है। लोक सेवाओं के उच्च स्तरों पर 'अभिप्रेरणा' का मुद्दा सबसे गंभीर है जिसे सुलझाए जाने की ज़रूरत है। मंत्रियों के सुझाव पर बहुत ही अल्प सूचना पर स्थानांतरणों की बारम्बारता के चलते अब लोक सेवाओं में नौकरी बचाए रखने के लिए यह आम धारणा है कि बेहतर है कि मंत्रियों की इच्छाओं को पूरा किया जाए, चाहे वे अनुचित हों। यह आवश्यक है कि लोक सेवकों के किसी ख़ास पद पर तीन या पांच वर्षों के स्थानांतरणों से पूर्व कुछ पारदर्शी और पुख़्ता नियम बनाए जाएं। कार्यकारी शाखा के भीतर जहां तक तैनातियों, स्थानांतरणों, पदोन्नतियों और अन्य प्रशासनिक मामलों का सवाल है, मंत्रियों और लोकसेवकों के बीच 'शक्ति का पृथक्करण' की ज़रूरत है। यहां तक कि नित्यक्रम के अधिकांश प्रशासनिक मामलों के संबंध में लोक सेवा अब पूरी तरह से मंत्रियों के भोग-विलास पर आश्रित है। इस प्रक्रिया को उलटने और स्व-विनियमन के लिए लोक सेवा में वृहत अधिकार प्रदान करने की ज़रूरत है। लोक सेवा का महासशक्तीकरण निस्संदेह, लोक सेवकों की विशाल ज़िम्मेदारी के साथ हाथ में हाथ थामे उनके कार्यों और नैतिक आचरण में आएगा। इस मुद्दे पर अध्याय 'भ्रष्टाचार की आपूर्ति और मांग' में विचार किया गया है।

यह कहते हुए ज़रा अफ़सोस होता है कि सांस्कृतिक धरोहर और राजनीतिक इतिहास में समृद्ध भारत जैसा देश अब संसार के सबसे भ्रष्ट देशों में गिना जाता है। खेद है कि भ्रष्टाचार की व्यापक जन स्वीकृति भी भारत जीवन का अपरिहार्य पहलू है। यह व्यापक रूप से नहीं माना जाता, फिर भी यही भ्रष्टाचार निवेशों की धीमी उत्पादकता, राजस्व संबंधी निर्गम और बढ़ती हुई अपार ग़रीबी के कारणों में से एक मुख्य कारण है। घोर भ्रष्टाचार उच्च लागत वाली जन परियोजनाओं, अल्प अनुरक्षण व्यय और ख़राब गुणवत्ता वाले अनिवार्य लोक आधारभूत संरचना के

चयन से जुड़ा है जो क्रमशः सामान के उत्पादन की लागत और सेवाओं को सार्वजनिक और निजी दोनों व्यावसायिक उद्यमों द्वारा बढ़ा देता है।

अनुभवजन्य शोध का एक महत्वपूर्ण निष्कर्ष यह है कि अर्थव्यवस्था में लघु उद्यमों और रोज़गार विकास पर भ्रष्टाचार का प्रतिकूल प्रभाव अधिक स्पष्ट है। अतः सभी क्षेत्रों को समेटते हुए बीस अस्थायी अर्थव्यवस्थाओं में 3,000 उद्यमों के सर्वेक्षण में पाया गया कि भ्रष्टाचार और प्रतिस्पर्द्धा विरोधी आचरण को नई फ़र्मों द्वारा सबसे कठिन बाधाओं के तौर पर महसूस किया जाता था। छोटे उद्यमों में ऐसा आचरण लागत को बढ़ा देता था और लाभ को कम कर देता था क्योंकि उन्हें उसके लिए भुगतान करना होता था, जो उत्पादकता या उत्पादन में योगदान नहीं करते थे, लेकिन उद्यमों को बनाए रखने के लिए ज़रूरी थे। अनावश्यक परेशानी से बचने के उद्देश्य से, परिचालन लागत का एक महत्वपूर्ण भाग, एक-दूसरे के साथ सामंजस्य बैठाने में व्यस्त निरीक्षकों के समूह की इच्छाओं की पूर्ति के लिए देना पड़ता है।

उत्पादकता को सुधारने, उच्च-लागत परियोजनाओं को आरंभ करने हेतु प्रोत्साहन को कम करने और ग़रीबी कम करने हेतु भ्रष्टाचार की गुंजाइश को कम करने के लिए एक चौमुखी रणनीति की अति महत्वपूर्ण आवश्यकता है। एक प्रभावकारी रणनीति को सांस्थानिक सुधार और साथ ही भ्रष्टाचार की 'मांग और आपूर्ति' को कम करने पर केंद्रित करने की ज़रूरत पड़ेगी। सांस्थानिक पक्ष में भ्रष्टाचार का मुक़ाबला करने के लिए केंद्र और राज्यों में कई जांच और अभियोजन एजेंसियां हैं। हालांकि बड़ी संख्या में मामले किसी न किसी समय जांच के अधीन हैं, फिर भी क़सूरवार पर मुक़द्दमा चलाने और सज़ा देने में इसकी सफलता खल रही है। वास्तव में, एजेंसियों की बहुलता और जिस आसानी से जांचें उन्हें बिना पूरा करने की आवश्यकता के साथ शुरू की जा सकती हैं, भ्रष्टाचार विरोधी उपायों के प्रभावहीन होने के कई कारणों में से एक है। भ्रष्टाचार विरोधी रणनीति का एक महत्वपूर्ण घटक है, जांच में सम्मिलित

एजेंसियों और ऐसे मामलों की संख्या में कमी जिनकी इन एजेंसियों से जांच की अपेक्षा है। जांच के लिए चंद बड़े मामले ही भेजे जाने चाहिए और सम्मिलित एजेंसियों के पास नब्बे दिनों के भीतर कोई बड़ी शिकायत मिलने पर अभियोजन शुरू करने के लिए निधियों और तकनीकी सुविज्ञता की पर्याप्त सुलभता होनी चाहिए। बहुसंख्य मामलों की बिना किसी परिणाम के जांच करने की बजाय उद्देश्य होना चाहिए कि चंद मामलों में रोकथाम और अनुकरणीय सज़ा प्रदान की जाए।

प्रशासनिक ढांचे में ऊपर से लेकर नीचे तक भ्रष्टाचार की विपुल 'आपूर्ति' है। भ्रष्टाचार की आपूर्ति को कम करने की दृष्टि से यह ज़रूरी है कि सरकारी नौकरों और अन्य लोक अधिकारियों को संविधान और कई न्यायिक निर्णयों के तहत प्रदान की गई सुरक्षा को कम किया जाए। ऐसे कई संवैधानिक प्रावधानों में से जिन दो को फ़ौरन संशोधित किया जाना चाहिए, वे हैंः भारतीय संविधान का अनुच्छेद 311 और शासकीय गोपनीयता अधिनियम (1923)। इससे पहले कि ऐसे अधिकारियों की श्रेणी को कम किया जाए, सेवा से निकाला जाए या जेल भेजा जाए, विस्तृत और जटिल क़ानूनी अपेक्षाओं के कारण अनुच्छेद 311 और परवर्ती न्यायिक निर्णय असल में भ्रष्ट लोक सेवकों को असीमित सुरक्षा प्रदान करते हैं। लोक सेवकों को प्रदान की गई सुरक्षा के स्तर को कम करने की दृष्टि से यह ज़रूरी है कि भ्रष्टाचार के सभी मामले अनुच्छेद 311 की सीमा से बाहर निकाल लिए जाएं। कम से कम इतना तो करना ही चाहिए। जहां तक अप्रचलित शासकीय गोपनीय अधिनियम का सवाल है, अब उपयुक्त समय है कि इसे पूरी तरह वापस ले लिया जाए। अधिनियम सरकार और उसके अधिकारियों को प्रशासनिक फ़ाइलों समेत किसी भी दस्तावेज़ को गोपनीय अथवा अति गोपनीय घोषित करने की शक्ति प्रदान करता है। गत वर्षों में राजनीति अस्थिरता के साथ गोपनीयता के बावजूद भ्रष्ट व्यवहार का प्रोत्साहन ख़ूब बढ़ा है। हालांकि भ्रष्टाचार की आपूर्ति अब भी बड़ी मात्रा में हो सकती है तो भी उसे सरकारी गोपनीयता

की आड़ में छुपाने की ज़रूरत नहीं है। अब जहां तक राष्ट्रीय सुरक्षा और आतंकवाद विरोधी गतिविधियों का संबंध है तो पहले से ही अन्य कई वैधानिक अधिनियम के तहत पर्याप्त वैधानिक सुरक्षा उपलब्ध है। उदाहरण के लिए 2002 में, तब की सरकार ने आतंकवाद निवारण अधिनियम बनाया था जिसने सरकारी अधिकारियों को पर्याप्त सबूत उपलब्ध कराए या किसी भी विशेष दस्तावेज़ को दिखाए बिना व्यावहारिक रूप से असीमित विवेकाधिकार प्रदान किए थे। 2004 में यह अधिनियम ग़ैरक़ानूनी गतिविधि (निवारण) संशोधन अधिनियम के द्वारा बदल दिया गया जो उसी तरह सरकारी मुलाज़िमों को अतिरिक्त सुरक्षा प्रदान करता है (अन्य स्थायी क़ानूनों के अलावा जो पुलिस अधिकारियों, सेना तथा अन्य लोक सेवकों को उनके कर्तव्य पालन के लिए विशेष शक्तियां प्रदान करते हैं)।

'आपूर्ति' का अन्य महत्वपूर्ण क्षेत्र है, राजनीतिक पार्टियों के राज्य निधियन का, जिसके लिए तुरंत वैधानिक कार्यवाही करने की ज़रूरत है। इस मामले पर अक्सर चर्चा हुई लेकिन कोई उपयुक्त और राजनीतिक रूप से स्वीकार्य आम सहमति सामने नहीं आई। यह जानते हुए कि विभिन्न आकार वाली बहुसंख्य पार्टियों के बीच बजट संबंधी निधि के बंटवारे का न्यायसंगत नियम तात्विक रूप से मुश्किल है, पर यह अब भी संभव है कि उचित और न्यायसंगत नियम बने। इसे लागू करने के लिए कुछ सुझाव पुस्तक में दिए गए हैं। इस दिशा में बढ़ने के लिए ज़रूरी है, आवश्यक राजनीतिक संकल्प को खोजना।

भ्रष्टाचार की मांग के घटक 'फुटकर' और 'थोक' में हैं। फुटकर घटक में मांग व्यक्तियों द्वारा की जाती है जिन्हें जीवन के सामान्य कार्यकलाप के लिए कई तरह की मंजूरियों की ज़रूरत होती है। थोक घटक में मांग स्वार्थ परायण निगमों और व्यवसायों द्वारा अपने लाभ के लिए प्रतिबंधात्मक कामों या क़ीमत नियंत्रण के लिए की जाती है। अर्थव्यवस्था के उदारीकरण की वजह से अंधाधुंध भ्रष्टाचार की मांग कम

हुई है, लेकिन कई स्तरों पर ज़रूरी बहुत सी अनुज्ञाओं और ऐसी अनुज्ञाएं प्रदान करने में शामिल बहुसंख्यक मंत्रालयों और एजेंसियों की वजह से यह अब काफ़ी ऊंची है।

भ्रष्टाचार की मांग को नियंत्रित करने के उद्देश्य से सबसे पहली प्राथमिकता है—आम जनता को प्रदान किए जाने वाले लाइसेंस, पंजीकरण और अनुज्ञाओं की प्रणाली को 'बाह्य साधन आधारित' और विकेंद्रीकृत किया जाए। साधारण और नेमी मामलों में ऐसे बाह्य साधनों का हालिया उदाहरण जिसने छोटे-मोटे भ्रष्टाचार और विलंब को काफ़ी हद तक कम किया, वह है: आयकर विभाग द्वारा स्थायी एकाउंट नंबर जारी करने की ज़िम्मेदारी 'भारतीय यूनिट ट्रस्ट' को सौंपना। विभिन्न स्वायत्तशासी एजेंसियों में ऐसे बाह्य साधन जनसाधारण की ज़रूरतों के प्रति उल्लेखनीय ज़िम्मेदारी और जवाबदेही का कारण बन सकते हैं और इस तरह भ्रष्टाचार को कम करने में सहायक हो सकते हैं। उसी तरह, भ्रष्टाचार की मांग के थोक घटक को कम करने के लिए ज़रूरी है प्रशासनिक प्रक्रियाओं को सरल बनाया जाए और विनियामक और क़ानूनी अपेक्षाओं के अनुपालन के अनुसार निगमितों और कारोबार द्वारा स्व-प्रमाणन (पर्याप्त सुरक्षा के साथ) पर निर्भर रहा जाए। पिछले चंद सालों में विदेशी मुद्रा लेन-देन और प्रत्येक मामले की मंज़ूरियों की अपेक्षा के समापन में प्रक्रियात्मक सरलीकरण की शुरुआत ने ऐसे कामों में वस्तुतः भ्रष्टाचार को समाप्त किया है। कुछ वर्षों पहले यह एक ऐसा क्षेत्र था, जहां भ्रष्टाचार असीमित था। विदेशी विनियम में ग़ैर क़ानूनी बाज़ार भी वस्तुतः समाप्त हो गया है।

भ्रष्टाचार की मांग और आपूर्ति में कमी लाने के अपने सुझावों को मैंने समस्त आवश्यक क्षेत्रों की जगह सिर्फ़ मुख्य क्षेत्रों (जैसे चुनावों में राजनीतिक निधियन प्रदान करने, प्रशासनिक एवं मंत्रिमंडलीय फ़ैसलों को कम करने और टैक्स प्रणाली को सरल करने) तक ही सीमित रखा है। विशेषकर, प्रशासन ज़िम्मेदारी से काम करे, इसके लिए हमें ज़रूरत

है क़ानूनी सुधारों की, जो जनता के हित पर बारीकी से ध्यान दें न कि उन लोक सेवकों के हित पर। कार्य के लिए जवाबदेह बनाने के लिए स्वच्छ तंत्र अनिवार्य है और सरकारी या सार्वजनिक क्षेत्र एजेंसियों (क़ानून एवं व्यवस्था को बनाए रखने में व्यस्त सशस्त्र बलों और एजेंसियों को छोड़कर) में काम कर रहे व्यक्तियों की सभी प्रकार की विशेष सुरक्षा हटाई जाए।

देश में शासन तंत्र को सुधारने और भ्रष्टाचार को कम करने के लिए बहुत कुछ करने की ज़रूरत है। अगर हम प्रशासनिक जटिलताओं और राजनीतिक स्वेच्छाचारिता को कम करने में कामयाब हुए तो शेष सब कुछ अपेक्षाकृत आसानी से पूरा हो जाएगा।

राजनीति का सुधार

उपसंहार से पहले अंतिम अध्याय राजनीतिक सुधार की तात्कालिक आवश्यकता पर है। समय के साथ-साथ अनुभवों और बदलती परिस्थितियों की दृष्टि से देश में संवैधानिक और विधायी सुधारों की ज़रूरत महसूस की जाती रही है। फ़रवरी 2000 में न्यायमूर्ति वेंकटचलैया की अध्यक्षता में बने संवैधानिक सुधार आयोग ने मार्च 2002 में अपनी रिपोर्ट प्रस्तुत की। पूरी संभावना है कि इसे ताक़ पर रख दिया जाएगा क्योंकि इसकी बहुत सी सिफ़ारिशों पर राजनीतिक मतैक्य असंभव है।

राजनीतिक सुधारों के लिए मेरे ख़ास सुझाव अपेक्षाकृत साधारण हैं लेकिन इन्हें क्रियान्वित करना किसी भी तरह आसान नहीं है। इस परिच्छेद का विस्तार केवल उन उपायों तक सीमित है जो अर्थव्यवस्था की कार्यप्रणाली को अधिक कार्यकुशल बनाएंगे और जन सेवाओं के वितरण के लिए राजनीतिक नेतृत्व की महती ज़िम्मेदारी को सुनिश्चित करेंगे। अर्थव्यवस्था में सरकार की राजनीतिक भूमिका को और कम करना भविष्य की महत्वपूर्ण प्राथमिकता है। नीतिगत मामलों पर अंतिम निर्णय हालांकि राजनीतिक विशेषज्ञों द्वारा ही किए जाएं, लेकिन नीति पर लिए गए निर्णय और

उनके क्रियान्वयन में एक स्पष्ट अंतर होना चाहिए। एक बार जब निर्णय ले लिए जाएं तो उनका क्रियान्वयन राजनीतिक हस्तक्षेप के बिना, लेकिन यथोचित ज़िम्मेदारी के साथ व्यावसायिक प्रशासकों पर छोड़ दिया जाए। ऐसे ज़िम्मेदारी भरे काम के वर्गीकरण करने के लिए ज़रूरी है कि जटिल सरकारी प्रबंधन से बचा जाए और प्रक्रियात्मक अड़चनों को दूर किया जाए। चंद बड़े मामलों को छोड़कर जिनमें अर्थव्यवस्था व्याप्त उलझनें है, राजनीतिक या प्रशासनिक स्वेच्छाचारिता को समाप्त कर दिया जाना चाहिए। उसी तरह पारदर्शिता के हित में राजनीतिक विशेषज्ञों द्वारा प्रायिक आधार पर लिए गए वित्तीय निर्णयों को पूरी तरह उजागर किया जाए।

जन सेवाओं को सुधारने के लिए बड़ी राजनीतिक पार्टियों के नेताओं और सरकारी कर्मचारियों की ट्रेड यूनियन के बीच एक संयुक्त क़रार हेतु संबद्ध राजनीतिक नियोग एक ज़रूरत है। जन सेवा वितरण में व्यस्त सरकारी कर्मचारियों का सहयोग अनिवार्य है और जब तक प्रमुख ट्रेड यूनियन के नेता सरकारी कर्मचारियों को उनके कार्य के लिए ज़िम्मेदार ठहराने के लिए अपना पूर्ण समर्थन न दें, यह सहयोग सुलभ होना संभव नहीं है। नागरिक समाज संगठनों की सहायता से सरकारी और लोक सेवकों को आम नागरिकों की ज़रूरतों के प्रति अधिक अनुकूल बनाने के लिए अब एक राजनीतिक अभियान ज़रूरी है। यहां एक सशक्त मुद्दा ग़रीबी विरोधी और अन्य कार्यक्रमों में शामिल मंत्रालयों और सरकारी संगठनों को कम करने का भी है। वर्ष 2004 में कुछ राज्य सरकारों में लगभग सौ मंत्री और केंद्र सरकार में छियासठ मंत्री थे। मंत्रालयों के आकार को कम करने के लिए विधायकों की संख्या में 15 प्रतिशत की कमी करने का हाल ही में किया गया विधायी संशोधन एक स्वागत योग्य क़दम है, लेकिन फिर भी केंद्र और अधिकतर राज्यों में यह सीमा काफ़ी ज़्यादा है।

एक प्रमुख क्षेत्र जहां राजनीतिक सुधार अत्यावश्यक है, वह सरकार के आर्थिक एजेंडे का निर्धारण करने में मुट्ठी भर संसद सदस्यों या राज्य

विधायकों वाली छोटी पार्टियों की भूमिका से संबंधित है। पांच प्रतिशत से भी कम देशव्यापी मतों और यहां तक कि बहुत कम संख्या के संसद सदस्यों वाली कुछ पार्टियां किन्हीं ख़ास परिस्थितियों में सरकार में असंगत प्रभाव का प्रयोग करती हैं और अपने एजेंडे के अनुसार काम करती हैं। जो भी संविधान में सोचा गया और जिसके ठीक होने की उम्मीद थी, यह उसके विपरीत है। एक उपाय जिस पर विचार करने की ज़रूरत है, वह यह कि एक विधायी प्रावधान लागू किया जाए कि कोई भी पार्टी जिसके 10 प्रतिशत से कम सदस्य लोकसभा में हों, तब तक सरकार का हिस्सा नहीं हो सकती जब तक केंद्र में उसे पार्टी के तौर पर अलग पहचान न मिले और अगले चुनावों तक गठबंधन में मुख्य पार्टी के साथ सहयोगी या एक संबद्ध सदस्य की तरह शामिल न हो। यदि ऐसी पार्टियां अपनी अलग पहचान बनाए रखने को तरजीह देना चाहती हैं तो वे सरकार को बाहर से समर्थन दे सकती हैं। उसी प्रकार यह भी निर्धारित किया जाए कि गठबंधन सरकार में साझा कार्यक्रम वाली अपने चुनाव पूर्व सहयोगियों के साथ बड़ी पार्टी की लोकसभा में सीटों की न्यूनतम संख्या होनी ही चाहिए ताकि उसके पास चुनाव अभियान के दौरान घोषित किए गए कार्यक्रम को क्रियान्वित करने का समुचित मौक़ा हो।

चंद राजनेताओं के हाथों में शक्ति के केंद्रीकरण का बढ़ता चलन और बड़ी-छोटी पार्टियों में आंतरिक लोकतंत्र का अभाव राज्यसभा की चुनाव प्रक्रिया में सबसे अधिक स्पष्ट होता है। राज्य विधानसभा के सदस्यों को उनकी पार्टी द्वारा नामित उम्मीदवारों को आंख मूंदकर वोट करना पड़ता है, उनके पास कोई विकल्प नहीं होता है। हाल ही के विधायी संशोधन ने पार्टी नेताओं की शक्ति को और बढ़ाया है, जिसके द्वारा राज्यसभा के चुनावों के दौरान विधायकों द्वारा खुले मतदान की ज़रूरत है।

भारत जैसे प्रतिनिधिक लोकतंत्र में सर्वाधिक अनिवार्य है कि संसद की भूमिका और दोनों सदनों के कार्यकलाप को व्यवस्थित ढंग से चलाने

में राज्यसभा अध्यक्ष और लोकसभा अध्यक्ष के अधिकार को सशक्त बनाया जाए। भारत की लोकतांत्रिक कार्यप्रणाली में संसद की संकुचित भूमिका साफ़ तौर पर 26 अगस्त 2004 को प्रदर्शित हुई थी, जब परंपरागत और सुव्यवस्थित प्रक्रिया नियमों के प्रतिकूल संसद ने प्रश्नकाल को रद्द करने का निर्णय लिया और चंद मिनटों में बिना किसी चर्चा के 4,75,000 करोड़ रुपए से अधिक व्यय का निहित बजट और वित्तीय प्रस्ताव पारित कर दिया। यह एक संवेदनशील मगर अप्रासंगिक मुद्दे पर विवाद की वजह से संसदीय कार्य की अव्यवस्था के कई दिनों बाद सत्तारूढ़ पार्टियों और विपक्ष के नेताओं के बीच गुप्त समझौते का परिणाम था। अध्यक्ष या सभापति के पास निर्णय का पक्ष लेने के सिवाय कोई चारा नहीं था।

26 अगस्त 2004 की घटनाओं ने भारत की लोकतांत्रिक संस्थानों की कार्यप्रणाली में एक नया चलन स्थापित किया। अब ज़रूरी है कि इस तरह की स्थिति की पुनरावृत्ति से बचने के लिए तुरंत वैधानिक उपाय किए जाएं। क़ानून द्वारा यह ख़ास प्रावधान किया जाए कि संसद के सदन सप्ताह में दो बार से अधिक स्थगित न किए जाएं, जब तक पिछले सत्र के स्थगित कार्य सहित सूचीबद्ध कार्य पूरे न हो जाएं। संसदीय कार्य के मर्यादित आचार-व्यवहार को सुनिश्चित करने के लिए अनिवार्य है कि दोनों सदनों के नेता और विपक्ष के नेता दो व्यक्तियों को 'सचेतक' के तौर पर नामित करें, जिन्हें यह सुनिश्चित करने की ज़िम्मेदारी सौंपी जाए कि उनके सदस्य सदन की कार्यवाही को निर्धारित सीमा से परे बाधित न करें। किसी आपातकाल को छोड़कर कार्यवाही के नियमों के ख़ास या आकस्मिक निलंबन से बचना चाहिए।

मुझे कोई भ्रांति नहीं है कि यह और अन्य कुछ बदलाव जो राजनीतिक तंत्र को अधिक ज़िम्मेदार और लोकतांत्रिक प्रक्रिया को मज़बूत बनाने के लिए सुझाए गए हैं, उन्हें बड़ी पार्टियों या उनके नेताओं का समर्थन प्राप्त होगा। फिर भी मुझे विश्वास है कि यह न्यूनतम कार्यक्रम है जिसे

संसद और उसके बाहर विचार और बहस की ज़रूरत है।

निश्चयात्मक अवलोकन

भारत की स्वातंत्र्योत्तर आर्थिक नीतियों और उनके नतीजों को देखने का मेरा पहला व्यापक प्रयास 1991 के मध्य में प्रकाशित एक पुस्तक में किया गया था, जब भारत गहरे आर्थिक संकट में फंसा हुआ था। यह पुस्तक मई-जून 1991 के आम चुनावों और नई सरकार द्वारा संकट से निपटने हेतु नीतियों की घोषणा से पहले प्रेस में गई थी। भारत पर मेरी आख़री पुस्तक इसी बीच (1992 और 1996) कुछ अन्य पुस्तकों के साथ छपी थी।

1990 के मध्य तक भारत ने सफलतापूर्वक आर्थिक सुधारों के कार्यक्रम का श्रीगणेश किया और 1956 के बाद पहली बार अपनी भुगतान स्थिति में संतुलन में प्रतिभूति प्राप्त की। मैं इस परिचायक अध्याय को समाप्त करूं, इससे पहले 'भारत के आर्थिक संकट' में रेखांकित और बाद की पुस्तकों में अद्यतन की गई भारत की आर्थिक स्थिति को दीर्घकालीन परिप्रेक्ष्य में देखना संभवतः उपयोगी है।

ज्यों ही मैं पीछे 1991 में और तब से अब तक भारत तथा उसके बाहर के घटनाक्रमों को देखता हूं तो भारत की आर्थिक नीतियों के विकास के बारे में दो तथ्य आश्चर्यजनक हैं। पहला यह कि भारत 1990 के दशक के दौरान संकटों की पुनरावृत्ति से बचने में सक्षम था, जब कई समृद्ध और तेज़ी से विकसित हो रहे तथा अन्य देश सबसे बदतर वित्तीय संकट झेल रहे थे, इन देशों के समूह में मैक्सिको (1992) और, अर्जेंटीना (1995 और 2001), ब्राज़ील (1998), रूस (1998), और निस्संदेह पूर्वी एशिया के देश (1997) और जापान शामिल थे। भारत अपनी अपेक्षाकृत कमज़ोर अर्थव्यवस्था के बावजूद 1990 में वित्तीय संकट से बचने में सक्षम रहा। मेरी दृष्टि से, उसका कारण था—उसकी 'वैचारिक निश्चितता' में फंसे बिना और कई प्रतिष्ठित विशेषज्ञों और अंतरराष्ट्रीय

संस्थानों की हिमायत से बदलाव करते हुए (जैसे विश्वव्यापी अस्थिर विनिमय दर नियतों की स्थितियों के तहत पूंजीगत लेखा परिवर्तनीयता) सावधानी और व्यावहारिकता के साथ सुधारों का उत्तरदायित्व वहन करने की क्षमता। भारत ने जल्द ही समझ लिया कि हालांकि तकनीक में विश्व व्यापक वित्तीय बाज़ारों और अग्रिमों के एकीकरण ने पर्याप्त नए अवसर प्रदान किए, वहीं विकासशील देश बड़ी असुरक्षा और बाहरी आघातों की ओर उन्मुख थे। अकेले सशक्त मूल-सिद्धांत आंकड़ों से पूरी प्रतिरक्षा नहीं प्रदान कर सकेंगे। यहां शुरुआती रोधात्मक कार्यवाही थी, सुरक्षा चक्रों के निर्माण की और कुछ सुरक्षा तंत्रों को उपयोगी बनाने की ज़रूरत थी। इसलिए भारत ने बाह्य संकटों के प्रति अपनी असुरक्षा को कम करने के लिए कई उपाय किए। ये नीतियां बहुत ही सफल साबित हुईं और दशक के अंत तक भारत विकासशील विश्व में एक सशक्त बाह्य क्षेत्रों वाले देश के रूप में उभरा।

1990 में भारत की आर्थिक नीतियों के विकास के बारे में दूसरा आश्चर्यजनक तथ्य है कि अपने समष्टि अर्थशास्त्र के शानदार रिकॉर्ड के बावजूद भारत सांस्थानिक और प्रशासनिक सुधारों के क्षेत्र में पर्याप्त प्रगति करने में अक्षम था, जो उच्च विकास को क़ायम रखने के लिए अत्यावश्यक थे। 'भारत के आर्थिक संकट' में मैंने भारत की अभिवृद्धि और विकास तेज़ करने के लिए धारणीय आधार पर कार्यवाही के दस-दिशा बिंदु कार्यक्रम का प्रस्ताव किया था। इस कार्यक्रम में शामिल नीति प्रस्ताव थे: विदेशी और घरेलू प्रतिस्पर्द्धा में सुधार करना (उदाहरण के लिए तत्कालीन प्रचलित औद्योगिक लाइसेंस व्यवस्था की समाप्ति के द्वारा), उत्पादन और व्यापार से प्रत्यक्ष नियंत्रणों को हटाना, सार्वजनिक क्षेत्र उद्यमों पर 'सख़्त बजट' नियंत्रण लागू करना (ताकि सार्वजनिक क्षेत्र उद्यमों के घाटों को सरकारी वित्त द्वारा पूरा न किया जाए), वित्तीय घाटों को कम करना और वास्तविक विनिमय दर नीति अपनाकर भुगतान व्यावहार्यता के संतुलन को सुधारना तथा प्रोत्साहन संरचना को निर्यातों के पक्ष में

बदलना। वित्तीय घाटे के अपवाद के बावजूद यह कहना संभवतः तर्कसंगत है कि बीते दशकों में इन सभी क्षेत्रों में हुए सुधारों की प्रगति उल्लेखनीय रही है और परिणाम उम्मीद से बेहतर रहे हैं।

इन नीति उपायों के साथ प्रस्तावित कार्यकलाप के कार्यक्रम ने निर्णयन-कार्य प्रक्रिया को सचिवालयों और मंत्रालयों से स्थानीय संस्थानों और उद्यमों की ओर विकेंद्रीकृत करने की आवश्यकता, राज्य के विस्तार को कम करने, प्रशासनिक व्यवस्था को ज़्यादा उपयोगी बनाने तथा 1990 के अंत तक पूर्ण साक्षरता हासिल करने की महत्वपूर्ण आवश्यकता पर भी ज़ोर दिया। इन क्षेत्रों में प्रगति नहीं हुई। हालांकि कई वर्षों बाद हमारे सामने लगातार एक मुख्य काम राज्य की भूमिका और शासन ढांचे में सुधारों के सशक्त कार्यक्रम शुरू करने की आवश्यकता का है।

बीसवीं सदी के अंत के आसपास भारत की क्षमता के बारे में दो दिलचस्प भविष्यवाणियां की गई थीं। पहली संयुक्त राज्य में व्यवसाय प्रबंधन के प्रोफ़ेसर (रोज़नवेग 1998) द्वारा की गई थी। उन्होंने अनुमान लगाया था कि 2025 तक भारत विश्व में अमेरिका और चीन के बाद तीसरी बड़ी अर्थव्यवस्था होगा। दूसरा पूर्वानुमान एक प्रतिष्ठित भारतीय अर्थशास्त्री (पारिख 1999) द्वारा किया गया था। अनुमान यह था कि भारत विश्व में तेज़ी से विकसित हो रहे देशों में से एक देश के रूप में 2047 तक 30,000 अमेरिकी डॉलर या उससे उच्च प्रति व्यक्ति आय तक पहुंचेगा। उस समय ये अनुमान असामान्य थे, लेकिन विकास दर में उछाल के साथ भारत की क्षमता के बारे में ऐसे अनुमान सामान्य हो गए (उदाहरण के लिए देखें रॉड्रिक और सुब्रह्मण्यम 2004)।

भारत की आर्थिक प्रत्याशाओं के बारे मं विश्वास संतोषजनक है। इसमें संदेह नहीं कि निकट भविष्य में भारत के पास उच्च विकास हासिल करने और ग़रीबी के बदतर स्वरूपों को मिटाने के अवसर हैं। इस समय, स्वयं को यह याद दिलाना उपयोगी है कि ऐसा पहली बार नहीं है कि जब भारत की आर्थिक प्रत्याशा पर अति सकारात्मक विचार हुआ हो।

स्वतंत्रता के तुरंत बाद, 1950 की शुरुआत में, भारत ने लोकतांत्रिक
ढांचे के भीतर विकास नियोजन की प्रक्रिया को शुरू करने के लिए
विश्वव्यापी प्रशंसा पाई। उसी प्रकार, 1970 के शुरू (बांग्लादेश युद्ध के
बाद) और 1980 के मध्य में (बचतों ओर निवेश के पुनरुत्थान के साथ)
विश्वास था कि भारत ने नए विकास पथ पर पदार्पण किया है। फिर
भी, ये नए अवसर लंबे समय तक नहीं रहे और कुछ समय बाद अर्थव्यवस्था
दीर्घकालिक संकटों में फंस गई। संदेह नहीं कि मूलभूत सिद्धांत अब
मज़बूत है, जैसा कि बाद के अध्यायों में विस्तारपूर्वक प्रतिपादित किया
गया है, लेकिन भारत ने राजनीति, अर्थशास्त्र और शासन के क्षेत्र में
कई नई और पुरानी चुनौतियों का सामना किया। इन चुनौतियों का सामना
केवल तभी किया जा सकता है, जब हम सही नीतियों को समझने की
पर्याप्त राजनीतिक इच्छा उत्पन्न कर सकें और अतीत के समस्त बोझों
से पीछा छुड़ा सकें। मुझे हार्दिक आशा है कि भारत की सहभागिता
पूर्ण और लोकतांत्रिक व्यवस्था सुनिश्चित करेगी कि भारत की अर्थव्यवस्था
को मज़बूत तथा इसकी राजनीति को ज़्यादा जनसाधारण के अनुकूल
बनाने के लिए दोष-निवारक कार्यवाही फिर कभी की बजाय जल्दी ही
की जाएगी।

एक

लोकतंत्र की विजय यात्रा एवं पीड़ा

भारतीय लोकतंत्र का दृश्य कुछ-कुछ मनोविगलित है। हममें से अधिकतर लोग लोकतंत्र की सराहना करते हैं, उसका आनंद लेते हैं और लोकतंत्र द्वारा संस्थाओं में अपना प्रतिनिधि चुनने के अधिकार का प्रयोग करते हैं, लेकिन साथ ही साथ इस बात के लिए सतर्क भी रहते हैं कि जिन प्रतिनिधियों को हम चुनते हैं, वे इस विशाल नागरिक तंत्र के साथ विश्वासघात न करें। हम अपनी नागरिक संस्थाओं के कामकाज पर भी पैनी नज़र रखते हैं। यहां कुछ कारक हैं जो हमारे लोकतंत्र के पक्ष एवं विपक्ष के पहलुओं को उजागर करते हैं। आइए, पहले हम लोकतंत्र के सकारात्मक पहलुओं को लेते हैं।

आज़ादी के पुरस्कार

निर्विवाद रूप से यह स्पष्ट है कि भारतीय लोकतंत्र में कुछ बहुत ही सकारात्मक पहलू हैं। भारतीय नागरिक धर्म, जाति, पंथ, आय तथा जीवन-स्तर के भेदभाव के बिना मूलभूत आज़ादी को अधिकारों की तरह से इस्तेमाल करते हैं। हमारी सामाजिक संस्थाओं, विधानसभाओं तथा संसद के चुनाव पूर्ण रूप से स्वतंत्र एवं निष्पक्ष होते हैं। सरकार को समय-समय पर जनता से अधिदेश प्राप्त करना होता है और यदि वह

उनके विरोध में होता है तो पुरानी सरकार शांतिपूर्वक अपना स्थान उस नई सरकार को दे देती है, जिसकी कार्यविधि उससे अलग हो सकती है। भारतीय जनता की यह शक्ति 2004 के आम चुनावों में प्रदर्शित हुई जब तमाम मतों तथा चुनाव पूर्वानुमानों के विपरीत सरकार सत्ताच्युत हो गई तथा कई पार्टियों की मिली-जुली सरकार सत्ता में आ गई।

यहां आश्चर्यजनक रूप से प्रभावी चुनाव प्रचार, अत्यधिक चुनाव ख़र्च तथा सरकार के समर्थन के बावजूद सत्तारूढ़ गठबंधन के एक तिहाई से ज़्यादा मंत्री चुनाव हार गए। बड़ी संख्या में नए व्यक्ति चुनाव जीत गए जिनमें से अधिकतर ऐसे थे जिन्हें राजनीति का कोई अनुभव नहीं था या वे व्यक्ति जो पिछला चुनाव हार गए थे। इसके अलावा कई व्यक्ति विधानसभाओं अथवा विधान परिषदों से पहली बार संसद पहुंचे थे। इन चुनावों में क्षेत्रीय संतुलन भी कुछ ख़ास था। कुछ राज्य विशेषतः दक्षिण के राज्य जिनकी संसद में भागीदारी बहुत कम होती थी, वे अचानक संसद में महत्वपूर्ण हो गए तथा उनकी भूमिका सरकार बनाने के समीकरणों में महत्वपूर्ण हो गई। सबसे बड़ा उलट-फेर रहा प्रधानमंत्री का चुनाव। एक विशिष्ट अर्थशास्त्री सुधारक एवं प्रतिष्ठित व्यक्ति को मिली-जुली सरकार चलाने के लिए चुना गया तथा इस सरकार को वामदलों ने बाहर से समर्थन दिया था। ये सारी प्रक्रिया तथा उसके परिणाम जिनके फलस्वरूप 2004 में नई सरकार सत्ता में आई, वे सब लोकतंत्र की विजय यात्रा के द्योतक हैं।

यहां इस सामयिक तथा शांतिपूर्ण सत्ता परिवर्तन के महत्व की गहराई को जानने के लिए यह याद रखना ज़रूरी है कि आज़ादी के समय संपूर्ण विश्व भारत के अखंड लोकतंत्र के भविष्य को संदेहास्पद दृष्टि से देखता था। उस समय भारत में 'एक नई सरकार सत्तारूढ़ हुई थी, अभी-अभी अपक्व बंटवारा हुआ था, धुंधले राजनीतिक समीकरणों के साथ-साथ जातीय हिंसा का दौर फैला हुआ था' (सेन 1999)। इन सब सशक्त भाषायी, क्षेत्रीय तथा धार्मिक विविधताओं को ध्यान में रखते हुए इस बात की

प्रबल आशंका जताई जा रही थी कि भारत जल्द ही फिर से विभाजित हो जाएगा तथा एक बार फिर से राजतंत्र स्थापित हो जाएगा। लेकिन इसके ठीक विपरीत भारत में न केवल लोकतंत्र की जड़ें मज़बूत हुईं बल्कि भारत सशक्त तथा तेज़ी से विकसित होते राष्ट्र के रूप में उभरा तथा उसने जातीय, क्षेत्रीय तथा आर्थिक विविधताओं के बंधन से ख़ुद को बांधे रखा। उस समय सभी घटकों में गहरे मतभेद थे परंतु उन सभी मतभेदों को संविधान की परिधि में हल कर लिया गया। सरकारों को चुनाव तथा संसदीय प्रक्रियाओं द्वारा अधिकार प्राप्त हुए तथा अंतिम निर्णय का अधिकार जनता के पास रहा। अंततः भारत एक दिशाहीन, असंभव तथा भद्दे मनमुटावों की जोड़-तोड़ को सहता हुआ लोकतंत्र के बल पर एक सशक्त राजनीतिक इकाई के रूप में उभरा और ये सब निश्चित तौर पर लोकतंत्र का ही नतीजा था। (सेन 1999)

भारतीय लोकतंत्र की विजय यात्रा अब सारा विश्व स्वीकार करता है। एक प्रसिद्ध अमेरिकी राजनीतिक शास्त्री के शब्दों में:

> एक प्राचीन और एक खरब से अधिक आबादी की अनेकता में एकता वाली सभ्यता के रूप में, अपने पड़ोसियों को नुक़सान पहुंचाए बिना लोकतांत्रिक ढांचे में रहते हुए निरंतर विकास करने के लिए भारत की प्रशंसा करनी चाहिए। भारत ने लोकतांत्रिक शासन प्रणाली को क़ायम रखते और शांति बनाए रखते हुए महानता अर्जित की है। भारत ने अपने स्वतंत्र नागरिकों के जीवन स्तर को सुधारते हुए महानता हासिल की है।

इसके बावजूद आज भी राजनीतिक विद्वानों तथा आर्थिक समीक्षकों के बीच लोकतंत्र से जनता को होने वाले लाभ को लेकर अनेक विवाद तथा आशंकाएं विद्यमान हैं। भारत में, जो आज विश्व के निर्धनतम देशों में से एक है, आर्थिक प्रगति की रफ़्तार विश्व के कई तानाशाह देशों जैसे दक्षिण कोरिया, सिंगापुर तथा कई मामलों में चीन के मुक़ाबले धीमी रही है। यह तर्क दिया जाता है कि हालांकि लोकतंत्र एक बेहतरीन व्यवस्था

है लेकिन असल में लोकतांत्रिक कार्यप्रणाली ने भारत में कई समस्याओं को जन्म दिया है जबकि उनके हल बहुत कम मिले हैं।

यह तथ्य नकारा नहीं जा सकता कि आर्थिक प्रगति की रफ़्तार अपेक्षा से धीमी रही है। इसके साथ ही उन चिंताओं, विवादों तथा झगड़ों को भी नज़रअंदाज़ नहीं किया जा सकता जो भारतीय राजनीतिक परिदृश्य पर छाए हुए हैं। लेकिन असल में विचारणीय प्रश्न यह नहीं है कि लोकतंत्र से वांछित परिणाम प्राप्त हुए हैं या नहीं, बल्कि यह है कि क्या एक अपेक्षाकृत तानाशाह शासन इससे बेहतर परिणाम दे सकता था। इसके बारे में इतिहास का फ़ैसला साफ़ तथा सर्वसम्मत है, ख़ासकर उन देशों के लिए जिनमें भारत की तरह विविधता है और जिन्होंने भारत की तरह आज़ादी के लिए लंबा संघर्ष किया है। जैसा कि अमर्त्य सेन ने तर्क दिया है कि लोकतंत्र के लाभों को आधारभूत मूल्यों पर नहीं तौला जा सकता। भारत के लोगों के लिए आज़ादी तथा नागरिक अधिकारों का अपना महत्व है। उन लोगों की आज़ादी के महत्व की तुलना सीधे या परोक्ष रूप से आर्थिक प्रगति में इसके योगदान या अन्य सामाजिक-आर्थिक उपलब्धियों से नहीं की जा सकती। भारतीय लोकतंत्र को इस आधार पर नाकाम ठहराना ग़लत होगा कि कुछ देशों के तानाशाह शासनों के समान तेज़ विकास दर से यह विकास नहीं कर सका।

शोध द्वारा भी यह तथ्य स्थापित हो चुका है कि किसी राष्ट्र की आर्थिक समृद्धि का उस राष्ट्र के तानाशाह शासन अथवा सीमित राजनीतिक तथा मौलिक अधिकारों से कोई संबंध नहीं है। कुछ राष्ट्रों जैसे ज़िम्बाव्वे जिसने आर्थिक विकास की दर के तेज़ी से गिरने को झेला है, इस बात को प्रमाणित करता है। कई तानाशाह शासनों ने ग़रीबी तथा विनाश को उतनी ही तीव्रता से महसूस किया है, जितना कई लोकतांत्रिक शासन वाले राष्ट्रों ने किया है। अतः विभिन्न देशों के बीच वृहत तुलनात्मक अध्ययन करने पर यह बात सामने आई है कि लोकतंत्र में धीमी विकास दर होने की बात प्रामाणिक नहीं है (प्रेज़वस्की 1995, बार्रो,1996)। चूंकि

राजनीतिक आज़ादी का अपना महत्व है इसलिए लोकतंत्र में धीमी विकास दर होने से कोई फ़र्क़ नहीं पड़ता।

यह बात भी विचार करने योग्य है कि जो परिस्थितियां तथा नीतियां कुछ दक्षिण-पूर्वी एशियाई राष्ट्रों की 1970-1980 के दौरान आर्थिक उन्नति में कारक सिद्ध हुई हैं, वे सभी वास्तव में उन राष्ट्रों में स्थापित शासन व्यवस्था से संबंधित नहीं थीं। वे विशिष्ट रूप से लोकतांत्रिक देशों में परिवर्तित की जा सकती हैं, जैसा कि 1990 के दशक के दौरान भारत में। उच्च विकास के लिए संबंधित नीतियों (जैसे कि स्पर्द्धा का उदारीकरण, साक्षरता, स्वास्थ्य औद्योगिक उदारीकरण और निर्यातोन्मुखी नीतियां) का अनुसरण उतने ही प्रभावी रूप से अलोकतांत्रिक देशों में भी किया जा सकता है जैसे कि लोकतांत्रिक देशों में, यदि वहां की सरकारें ऐसा चाहें तो। अतः 1990 के दौरान बाहरी रूप से योग्य तथा सशक्त व्यापार संतुलन की स्थिति को प्राप्त करने के लिए भारत द्वारा बनाई गई नीतियां पूर्वी एशिया में अत्यधिक सफल रहीं और 1997 के संकट के समय के बाद भी भारत अपनी उच्च विकास दर को धीमी सुधार प्रक्रिया के बावजूद बनाए रख सका। पूर्वी एशियाई देश भी आर्थिक संकट के बाद पहले से अधिक उदार और लोकतांत्रिक हो गए हैं। शासन पद्धति में परिवर्तन ने उन देशों की विकास दर और बाहरी योग्यता को किसी भी तरह नुक़सान नहीं पहुंचाया।

लोकतांत्रिक शासन पद्धति तथा अभिव्यक्ति की स्वतंत्रता के अधिकार का सबसे महत्वपूर्ण फ़ायदा यह है कि यदि ग़लत नीतियों को लागू किया जाता है तो जनता के दबाव व खुली बहस के कारण उन्हें सुधारना ज़रूरी तथा आसान हो जाता है। अयोग्य नीतियों को सुधारने की प्रक्रिया कुछ समय के लिए टाली ज़रूर जा सकती है पर उन्हें बिल्कुल नज़रअंदाज़ नहीं किया जा सकता। ठीक उसी प्रकार से लोकतांत्रिक रूप से चुनी गई सरकार के लिए आम जनता को सूखे या बाढ़ के द्वारा होने वाली परेशानियों को नज़रअंदाज़ करना मुश्किल है। जो कि भारत जैसे

विकासशील देश में बहुत आम है, और जहां जनसंख्या का एक बड़ा हिस्सा खेती पर आश्रित है। सूखे जैसी प्राकृतिक आपदा से निपटने के लिए लोकतंत्र की भूमिका को बहुत महत्व दिया गया है। अतः यह विचार करने योग्य है कि आज़ादी के बाद सर्वव्यापी भुखमरी तथा कुपोषण के बावजूद भारत में कभी भी पूर्ण रूप से सूखा नहीं पड़ा। जबकि दूसरी तरफ़ चीन में इतिहास का सबसे भंयकर सूखा 1958-1961 के दौरान पड़ा, जब ग़लत सरकारी नीतियों के कारण भंयकर परिणाम हुए। वहां की सरकार ने व्यापक रूप से फैली हुई भंयकर भुखमरी के बावजूद तीन साल तक अपनी नीतियों को जारी रखा जिसके फलस्वरूप लगभग तीस लाख लोगों की मृत्यु भोजन की कमी के कारण हो गई। लेकिन यदि वहां प्रेस की आज़ादी होती तो ऐसा कुछ ना होता। अतः लोकतंत्र के फ़ायदे उसके द्वारा अर्जित सफलताओं और उससे भी अधिक महत्वपूर्ण उसके द्वारा संचित धरोहर के रूप में स्पष्ट रूप से परिभाषित होते हैं। उसी प्रकार से चाहे लोकतंत्र उच्च विकास दर की प्राप्ति के लिए ज़रूरी न हो लेकिन वह अन्य शासन पद्धतियों के मुक़ाबले उच्च विकास दर उत्पन्न करने में सक्षम है।

इन्हीं सब कारणों से पूरे विश्व में मौक़ा मिलने पर लोग निस्संदेह रूप से लोकतांत्रिक शासन पद्धति को अलोकतांत्रिक शासन पद्धति पर वरीयता देते हैं। ठीक उसी समय इस बात पर ज़ोर दिया जाना चाहिए कि राजनीतिक आज़ादी तथा स्वतंत्रताएं केवल अनुमोदक लाभ हैं और उनका प्रभाव इस बात पर निर्भर करता है कि उन्हें किस तरह इस्तेमाल किया जाता है। ये बात भारत में लोकतांत्रिक संस्थाओं के कार्य अनुभव के संदर्भ में और भी महत्वपूर्ण हो जाती हैं। एक बार फिर से मेरे पास अमर्त्य सेन के द्वारा की गई टिप्पणी को उद्धृत करने से बेहतर कोई उपाय नहीं है, जिन्होंने निरंतर सावधानी के द्वारा लोकतंत्र के फ़ायदे और नागरिकों द्वारा उसका बेहतर उपयोग करने के कर्तव्यों की जानकारी को और अधिक गहन बनाया है। सेन कहते हैं, 'जिस प्रकार कुनैन

की गोली मलेरिया का उपचार है, उसी प्रकार लोकतंत्र समाज में फैली हुई विकृतियों के लिए स्वचालित उपाय प्रदान नहीं करता। वांछित परिणामों को प्राप्त करने के लिए लोकतंत्र द्वारा प्रदान किए गए अवसरों को सकारात्मक सोच के साथ स्वीकार करना चाहिए।'

लोकतंत्र की उपलब्धियां केवल उसके लिए अपनाए और उपयोग किए गए नियमों तथा कार्यप्रणालियों पर ही निर्भर नहीं करतीं बल्कि इस बात पर भी निर्भर करती हैं कि सरकार ने व्यापक दबाव की स्थिति में उपलब्ध अवसरों का इस्तेमाल किस तरह किया। प्रजातांत्रिक संस्थानों का लोकतांत्रिक कार्यप्रणाली में निस्संदेह रूप से विशेष स्थान है। लेकिन उन्हें केवल एक यांत्रिक विधि के रूप में नहीं देखा जाना चाहिए। उनका सफल प्रयोग सामाजिक मूल्यों, प्राथमिकताओं और शासन में जवाबदेही के परिप्रेक्ष्य में राजनीतिक पार्टियों तथा संगठित विपक्षी दलों का स्थान विशेष रूप से महत्वपूर्ण है।

आगे आने वाले खंड में हम भारत के प्रमुख प्रजातांत्रिक संस्थानों की दोषपूर्ण कार्यप्रणाली तथा वांछित परिणाम न दे पाने के कारणों की विस्तृत रूप से समीक्षा करेंगे। उदाहरण के लिए, भारत के सूखे से निपटने के प्रयासों की तुलना किसी भी प्रकार से उसके निरंतर फैली हुई भुखमरी से निपटने के प्रयासों या दृढ़ता से जमी हुई अशिक्षा के प्रयासों से नहीं की जा सकती। जहां पर एक तरफ़ भंयकर सूखे अथवा बाढ़ की स्थिति में ग़रीबों की दशा का आसानी से राजनीतिकरण किया जाता है, दूसरी तरफ़ वहीं पर उनकी अन्य परेशानियां या तंगियां उतनी अधिक राजनीतिक उत्तेजना नहीं जगा पातीं। शोधन कार्य केवल तभी संभव है जब आम नागरिकों की राजनीति में ज़्यादा प्रभावी भागीदारी रहेगी। संक्षेप में, लोकतंत्र का पूर्ण रूप से प्रयोग। दुर्भाग्यवश सभी विपक्षी दलों ने इतने महत्वपूर्ण सामाजिक महत्व के प्रसंग के लिए वाद-विवाद शुरू करने में उदासीनता दिखाई है। जिस प्रकार लोकतंत्र के प्रभावों को जानना आवश्यक है, ठीक उसी प्रकार उन कारकों का संरक्षण भी उतना ही प्रामाणिक है

जो प्रजातांत्रिक पद्धति की पहुंच तथा दूरी को निर्धारित करते हैं।

लोकतांत्रिक रूप से चुनी गई सरकार भारत के लिए हमेशा सबसे उत्तम विकल्प रहेगा चाहे आज के समय में उसकी कुछ कमियों को दूर करने का प्रयास ना किया जाए। यहां तक कि कुछ राज्यों में जहां पर निम्न शासन तथा ख़राब कार्यपद्धति रही है, वहां भी लोकतांत्रिक रूप से चुनी गई सरकार लंबे अरसे में अलोकतांत्रिक सरकार के मुक़ाबले एक बेहतर विकल्प रही है। भारत के आपातकाल (1975-77) के दौरान के अनुभव और विस्तृत रूप से सत्तारूढ़ लोगों द्वारा सत्ता के दुरुपयोग के मामले में इस बात के प्रभाव रहे हैं। लेकिन फिर भी लोकतांत्रिक व्यवस्था को और भी बेहतर तथा प्रभावी बनाना संभव है, बशर्ते हम ऐसा करने का निश्चय कर लें। हमें निश्चित रूप से हमारे लोकतंत्र पर गर्व होना चाहिए लेकिन इसमें संतुष्ट होने की कोई गुंजाइश नहीं है। आगे इस पुस्तक में, मैं उन राजनीतिक सुधार प्रक्रियाओं की चर्चा करूंगा जिनकी तुरंत आवश्यकता है।

भारतीय लोकतंत्र की कार्यप्रणाली

यह कहना शायद न्याययुक्त होगा कि पहले पंद्रह साल या स्वतंत्रता के बाद (1962 तक) भारतीय लोकतंत्र के कार्य संपादन के प्रति लोग बहुत उत्साहित थे और उन्होंने इसमें अपना भरपूर समर्थन भी दिया। ये सब कुछ हद तक जवाहरलाल नेहरू के करिश्माई व्यक्तित्व के कारण था। उनकी नेतृत्व क्षमता और प्रजातांत्रिक जीवन शैली के प्रति अटल निष्ठा आज़ादी की लड़ाई के दौरान ही नहीं, बल्कि आज़ादी के बाद भारत की संघीय सरकार, संसद और विभिन्न राजनीतिक पार्टियों की कार्यप्रणाली में भी परिलक्षित हुई। स्वतंत्र भारत का संविधान, संविधान सभा में व्यापक बहस के बाद 26 नवंबर 1949 को अपनाया गया। संविधान सभा में सभी राजनीतिक पार्टियों के बड़े राजनेता बिना किसी राजनीतिक मतभेद के सम्मिलित थे। उस भारतीय संविधान ने संघ तथा सर्वधर्म सम्मान

को अपनाते हुए भारत की लोकतांत्रिक रूप से चुनी हुई संसद तथा विभिन्न विधानसभाओं को जन्म दिया। भारतीय संविधान ने महत्वपूर्ण प्रजातांत्रिक अधिकारों को अपने नागरिकों के लिए बिना किसी धर्म, जाति तथा वर्ण के भेदभाव के मौलिक अधिकारों के रूप में लागू करवाया। लोग ज़्यादातर वही पसंद करते थे, जो उन्होंने देखा लेकिन पहली बार ऐसा हुआ कि वे जो चाहते थे, वही कहने तथा करने के लिए स्वतंत्र हुए। दो शताब्दियों की स्थिरता, आर्थिक पिछड़ापन, भंयकर ग़रीबी तथा व्यापक रूप से फैली हुई अशिक्षा के बाद भारत की प्रगति तथा औद्योगिकीकरण भारतीय राष्ट्रीय सरकार की प्राथमिकता बन गए।

पहली पंचवर्षीय योजना 1951 में लागू की गई। उसके बाद 1956 तथा 1961 में क्रमशः दूसरी तथा तीसरी पंचवर्षीय योजना लागू की गई। दूसरी पंचवर्षीय योजना सभी शैक्षणिक विद्वानों, सामाजिक कार्यकर्ताओं तथा विश्व के प्रमुख अर्थशास्त्रियों के साथ व्यापक विचार-विमर्श के बाद बनाई गई। यह विश्व में अपने क़िस्म की पहली विकास योजना थी। यह योजना एक कठोर विश्लेषणात्मक ढांचे पर आधारित थी, जिसकी चर्चा पूरे विश्व में की गई तथा कई विकासशील देशों में इसको लेकर प्रतिस्पर्द्धा थी। केंद्र की ज़िम्मेदारी राष्ट्र के महत्वपूर्ण साधन और बचत का सही बंटवारा करना था। एक प्रसिद्ध सांख्यिकी शास्त्री पी.सी. मेहलानोबीस के कथन के आधार पर बड़े पैमाने पर भारी तथा अन्य उद्योग (जिनमें तीन स्टील प्लांट शामिल थे) कई औद्योगिक देशों के भारी विरोध के बावजूद स्थापित किए गए। औपनिवेशिक समय के दौरान प्राथमिक वस्तुओं के व्यापार से होने वाली राष्ट्रीय आय के लगातार नुक़सान की समस्या से निपटने के लिए आयात को कम करने के ठोस क़दम उठाए गए।

1950 के दशक के दौरान योजनाओं के परिणाम बहुत ही फ़ायदेमंद माने गए। उस समय भारत के प्रमुख सार्वजनिक उपक्रमों में वृहत विस्तार हुआ। उन्हें पं. नेहरू ने आधुनिक भारत के मंदिर कहा। उन सार्वजनिक

उपक्रमों में पूंजीगत वस्तुओं के उत्पादन में विस्तार के कारण औद्योगिक विकास की दर 1951-1961 के दौरान 7 प्रतिशत के महत्वपूर्ण स्तर तक पहुंच गई। लेकिन उद्योग में निवेश के लिए बड़े पैमाने पर किए गए पूंजीगत वस्तु के आयात के कारण, बढ़ते हुए व्यापार घाटे की वजह से 1956 में भारत के बाहरी व्यापार के क्षेत्र में भुगतान संतुलन की स्थिति बेहद ख़राब हो गई। उस समय भारत के विकास कार्यक्रमों को विश्वव्यापी समर्थन की वजह से 1958 में विश्व बैंक के नेतृत्व में भारत तथा अन्य औद्योगिक राष्ट्रों को अधिकारी तथा बहुमुखी मदद प्रदान करने के लिए एक सहायता कोष स्थापित किया गया। इस क़दम ने भारत के व्यापार घाटे को पूरा करने में तुरंत मदद प्रदान की। इस वजह से भारत अपनी दूसरी पंचवर्षीय योजना को पूरी करके तीसरी पंचवर्षीय योजना के प्रारूप को तैयार करने में जुट सका। भारत के बाहरी व्यापार घाटे की समस्या के कारण कुछ हद तक लोगों में निराशा भी व्याप्त थी। फिर भी यह एक आम धारणा थी कि तेज़ आर्थिक विकास तथा औद्योगिक प्रगति करने के लिए ये सब ज़रूरी है। राशि के रूप में विश्वव्यापी समर्थन भी आम जनता को सुकून तथा भारत की विकास योजनाओं के सही होने को सुनिश्चित करने में सहायक सिद्ध हुए।

1950 में केंद्र योजना में अभिन्न अंग के रूप में एक सख़्त औद्योगिक अनुमति प्रणाली लागू की गई। आयात के ऊपर प्रतिबंध जो कि द्वितीय विश्व युद्ध के समय से ही लागू थे, उन्हें और विस्तृत तथा समग्र बनाया गया ताकि पहले से ही दुर्लभ विदेशी मुद्रा को योजना के अनुरूप ज़्यादा महत्वपूर्ण कार्यों में लगाया जा सके। सभी आर्थिक गतिविधियों और मामलों पर व्यापक नियंत्रण के फलस्वरूप शासकीय भ्रष्टाचार उभरने लगा, ख़ासकर शासन के निचले स्तर पर होने से यह भ्रष्टाचार मंत्रालयों द्वारा औद्योगिक अनुमति पत्र तथा अन्य अनुमतियां प्रदान करने में भी साफ़ रूप से झलकने लगा। आय के स्रोत बढ़ाने के उद्देश्य से ऊंची की गईं व्यक्तिगत तथा सामाजिक आयकर की दरों की वजह से कर चोरी और भी अधिक

अनियंत्रित हो गई। 1960 के शुरू में एक ग़ैर क़ानूनी तथा समृद्ध विदेशी मुद्रा बाज़ार हवाला विकसित हो गया था। इन सब चिंता योग्य घटनाक्रमों के बावजूद शायद यह कहना न्यायोचित होगा कि आम जनता द्वारा चुनी गई सरकार से छुटकारा पाया जा सकता है। आज़ादी की लड़ाई में शामिल कई निर्दलीय नेता अब भी सरकार के अंग थे और उन्हें व्यापक समर्थन प्राप्त था। इसके अलावा कुछ बड़े घोटालों में बड़े नेताओं तथा राजनीतिक भ्रष्टाचार की ख़बरें भी आईं। उदाहरण के तौर पर मुद्रा घोटाला, जिसमें भारतीय जीवन बीमा निगम का पैसा मुंधरा ग्रुप की कंपनियों में लगाया गया। इन सबके बावजूद सामाजिक जीवन में भ्रष्टाचार की जड़ें इतनी गहरी नहीं हैं। कई मंत्री जिन पर भ्रष्टाचार के गंभीर आरोप लगे थे, उन्होंने चार्जशीट दाख़िल होने से पहले ही अपने पद से इस्तीफ़ा दे दिया और तब तक दोबारा चुनाव में भाग नहीं लिया, जब तक कि वे निर्दोष साबित नहीं हुए। इसके फलस्वरूप आम जनता के मन में सरकार के उच्चतम विभागों में भ्रष्टाचार के न होने की तथा मंत्रियों की जवाबदेही के प्रति विश्वास गहरा हो गया।

1962 के चीन द्वारा आक्रमण तथा भारत सरकार द्वारा सीमा विवाद को हल करने के तौर-तरीक़ों के कारण, विशेषकर प्रधानमंत्री पंडित नेहरू द्वारा लोगों के मन में लोकतंत्र की कार्यप्रणाली के प्रति और भी भ्रांतियां उत्पन्न कर दी गईं। योजना विकास में भी अनेक कमियां उजागर होने लगीं और तीसरी पंचवर्षीय योजना के परिणाम साधनों की कमी, बढ़ती हुई शासकीय दख़लअंदाज़ी तथा दोषपूर्ण योजना प्रबंधन की वजह से स्थापित किए गए लक्ष्यों से बहुत दूर थे। 1960 के दशक के शुरुआती वर्षों में विदेशी सहायता स्थिर थी और दूसरी तरफ़ वित्तीय भुगतान संतुलन की स्थिति तेज़ी से क़ाबू के बाहर होती जा रही थी। 1965 में भारत ने अपने इतिहास का सबसे भंयकर सूखा झेला और देश के कई भाग भुखमरी तथा कुपोषण से प्रभावित हुए। भारत को सूखे से बचने के लिए अमेरिका के सामने मदद के लिए हाथ फैलाने पड़े। उस समय

सोवियत संघ (जिसके साथ भारत के अच्छे मैत्री संबंध थे) और अमेरिका के बीच शत्रुतापूर्ण रिश्ते थे। अमेरिकी सरकार ने इस स्थिति से भरपूर लाभ उठाने की कोशिश की। इसके अगले ही वर्ष 1966 में रुपए के मूल्य में भारी गिरावट आई और उस वक़्त ऐसा माना गया कि यह फ़ैसला अंतरराष्ट्रीय वित्तीय संस्थाओं के दबाव में भारत पर थोपा गया जो कि अमेरिका के नियंत्रण में थीं। इसके तथा अन्य कारकों के फलस्वरूप 1960 के अंत तक आम जनता के मन में सरकार की कार्यशैली के प्रति व्यापक रोष फैल गया।

1962 के बाद के समय में भी विदेशी मुद्रा तथा आय के अन्य स्रोतों में कमी की वजह से अनियंत्रित प्रशासनिक भ्रष्टाचार तथा औद्योगिक एवं राष्ट्रीय विकास दर में भारी गिरावट देखी गई। विदेशी मुद्रा क़र्ज़ तथा विभिन्न प्रकार की आर्थिक सहायताओं की मांग में स्रोतों से अधिक वृद्धि दर्ज की गई। कंपनियां तथा व्यवसायियों ने सीमित विदेशी मुद्रा तथा क़र्ज़ को पाने के लिए ज़्यादा से ज़्यादा भ्रष्ट तरीक़ों को अपनाना शुरू कर दिया। चुनावों के बढ़ते ख़र्च तथा केंद्र और राज्यों में नए नेताओं के उभरने से भ्रष्टाचार चुनावी प्रक्रिया का अभिन्न हिस्सा बन गया।

इन सब विपरीत घटनाक्रमों के बावजूद कांग्रेस पार्टी द्वारा शासित केंद्र सरकार की स्थिरता को किसी प्रकार का भी ख़तरा नहीं था। विपक्ष पूरी तरह से विभाजित था और कोई बेहतर विकल्प भी मौजूद नहीं था। लेकिन फिर भी 1967 के आम चुनावों में कांग्रेस का बहुमत घट गया। 1962 में 361 सदस्यों के मुक़ाबले 1967 में 283 सदस्यों का ही बहुमत रह गया। 1971 के चुनावों में कमज़ोर आर्थिक विकास दर तथा भुगतान संतुलन की ख़राब स्थिति के कारण कांग्रेस एक बार फिर से लोकसभा में 352 सदस्यों के साथ मज़बूत स्थिति में आ गई। कांग्रेस पार्टी की इस बढ़ती हुई लोकप्रियता का कारण सरकार द्वारा लाई गई लोकभावन नीतियां तथा बांग्लादेश की आज़ादी की लड़ाई में भारत का रुख़ था।

लोकतंत्र को 1975 में उस वक़्त गहरा झटका लगा जब सरकार ने
देश में आपातकाल लागू कर दिया। जनता के मौलिक अधिकार बर्ख़ास्त
कर दिए गए और संसद समेत सभी प्रशासनिक संस्थान सरकार के अधीन
हो गए। भाग्यवश सरकार ने 1977 में फिर से आम चुनाव करवाने
का निर्णय लिया। आपातकाल के अनुभव और आम जनता के आक्रोश
ने विपक्षी पार्टियों की चमक बढ़ा दी जिसकी वजह से आज़ादी के बाद
पहली बार कांग्रेस के हाथों से सत्ता छिन गई। जनता पार्टी द्वारा शासित
नई सरकार ने मौलिक अधिकारों को बहाल करने के साथ-साथ संसद
तथा अन्य प्रशासनिक संस्थानों की कार्यप्रणाली फिर से बहाल की। लेकिन
आंतरिक कलह की वजह से नई सरकार ज़्यादा दिन तक नहीं टिक
सकी और कांग्रेस भारी बहुमत से 1980 में फिर से सत्ता में आ गई।

1980 का दशक आमतौर पर भारतीय लोकतंत्र के लिए अच्छा साबित
हुआ। कांग्रेस पार्टी के तानाशाह तथा अलोकतांत्रिक मानसिकता के घटकों
को 1977 के आम चुनावों में करारा झटका लगा। आपातकाल की नाकामी
ने भारत में लोकतंत्र की मज़बूती पर एक ज़ोरदार मुहर लगा दी। वहीं
दूसरी तरफ़ विभिन्न क्षेत्रीय तथा अल्पसंख्यक राजनीतिक पार्टियों की
मिली-जुली सरकार ज़्यादा लंबे समय तक नहीं चल सकी और इस वजह
से यह धारणा मज़बूत होने लगी कि केवल कांग्रेस पार्टी ही केंद्र में
एक उचित तथा मज़बूत सरकार प्रदान कर सकती है। 1980 में कांग्रेस
शासित केंद्र सरकार ने ज़्यादा लोकतांत्रिक तरीक़े से काम किया और
इसी शासनकाल के दौरान सरकारी नियंत्रण को कम करते हुए ज़्यादा
उदारवादी नीतियां अपनाने की शुरुआत की गई। औद्योगिक अनुमति,
विदेशी मुद्रा, क़र्ज़ तथा वित्तीय बाज़ार पर से नियंत्रण कम कर दिया
गया। सरकार भी विदेशी मुद्रा निवेश के मुद्दे पर पहले से उदार हो
गई और इसके साथ ही सार्वजनिक क्षेत्रों की कंपनियों का अन्य क्षेत्रों
में विस्तार की नीति भी ढीली कर दी गई। इन सभी शुरुआती क़दमों
की वजह से विकास दर में भारी उछाल आया और देश की आर्थिक

स्थिति और सुदृढ़ हुई। 1980 के दूसरे भाग में भी लगभग दो दशकों बाद पहली बार भारत की वित्तीय व्यवस्था में भुगतान संतुलन की स्थिति भारत के पक्ष में हो गई और इस वजह से भारत ने अंतरराष्ट्रीय भुगतान आसानी से कर दिया। लेकिन इसके बाद 1987 में बोफ़ोर्स तोप घोटाला जो कि रक्षा ख़रीद के सौदे से संबंधित था, के उजागर होने से सरकार के उच्चतम स्तर तक भ्रष्टाचार में लिप्त होने के मामले सामने आए और इस कारण से कांग्रेस को 1989 में मिली-जुली सरकार के हाथों सत्ता गंवानी पड़ी।

1989 से 2004 तक के पंद्रह वर्ष के समय में राज्यों तथा केंद्र दोनों जगह पर राजनीतिक अनिश्चितता का माहौल रहा जिसके परिणामस्वरूप विभिन्न राजनीतिक पार्टियों की कार्यशैली और आत्मविश्वास में कमी आई। 1989 के बाद से देश छह बार आम चुनावों से गुज़रा तथा कई पार्टियों की मिली-जुली सरकार ने इस देश पर शासन किया। इस दौरान देश पर सात प्रधानमंत्रियों ने शासन किया जिनमें से पांच का शासनकाल कुछ दिनों से लेकर एक साल तक का रहा। अभी हाल ही में हुए 2004 के आम चुनावों के बाद जिस मिली-जुली सरकार ने सत्ता की बागडोर संभाली, वह कई वामदलों के समर्थन पर टिकी है। चुनावों के बाद सर्वसम्मति से एक साझा न्यूनतम कार्यक्रम तैयार किया गया।

1989 में मिली-जुली सरकार के अस्तित्व में आने के बाद से मंत्रिमंडल का विस्तार बहुत बड़े पैमाने पर किया जाने लगा। पहले कुछ अपवादों को छोड़कर राज्य तथा केंद्र सरकार में मंत्रिमंडल का गठन बहुमत प्राप्त करने वाली पार्टियों के सदस्यों में से चुनकर किया जाता था। अभी हाल के वर्षों में मंत्रिमंडल का आकार बहुत बड़ा होने लगा है, जिसमें विभिन्न दलों के सदस्य सरकार को अलग-अलग दिशाओं में खींचते रहते हैं। संविधान द्वारा दिखाए गए आपसी ज़िम्मेदारी के विषय कमज़ोर पड़ने लगे जिसकी वजह से सरकारी तंत्र का ढांचा विकृत होने लगा है।

सैद्धांतिक रूप में, संसद अब भी सर्वोच्च है तथा मंत्रिमंडल निश्चित

रूप से उसके प्रति जवाबदेह है। लेकिन असल में मंत्रिमंडल संसद के प्रति जवाबदेही में लापरवाह होता है और ऐसा अक्सर तब तक होता है, जब तक सरकार के पास उसकी पार्टी अथवा सहयोगी पार्टियों का बहुमत रहता है, सत्तारूढ़ दल के नेता की शक्ति सर्वोच्च तथा असंदिग्ध होती है और संसद में जो होता है, वह कार्यकारिणी द्वारा किए गए कार्यों के गुण-दोषों के अनुरूप न होकर अक्सर विभिन्न दलों के राजनैतिक हितों के अनुरूप होता है।

जैसे-जैसे सरकार बनाने के लिए गठबंधन में राजनीतिक दलों की संख्या बढ़ती गई, तैसे-तैसे सरकार के विभिन्न कार्य क्षेत्रों का राजनीतिकरण होता चला गया। संविधान के अंतर्गत सामाजिक न्याय, समानता और प्रजातंत्र के सिद्धांत को मज़बूत करने के उद्देश्य से बनाए गए विभिन्न संस्थानों की जवाबदेही तथा स्वायत्तता पहले से कम हो गई। अतः सरकार के शासन विभाग में जहां प्रशासनिक सेवाओं में प्रवेश अब भी राजनीतिक दबाव से अछूता है, वहीं प्रशासन की कार्यप्रणाली का पूरी तरह से राजनीतिकरण हो चुका है। विभिन्न ग़ैर सरकारी संस्थाओं में प्रवेश के लिए भी, मंत्रियों तथा राजनीतिक नेताओं के द्वारा नौकरी दिलवाने की क्षमता तथा प्रवेश के लिए उपयुक्त न होते हुए भी नए प्रोजेक्ट शुरू करवाने की क्षमता के कारण राजनीतिकरण हो रहा है। प्रशासनिक सेवाओं की वजह मुख्य रूप से राज्य तथा केंद्र सरकारों का जल्दी-जल्दी बदलना भी रहा है। साथ ही विभिन्न राजनीतिक दलों द्वारा अपनी पार्टी को आर्थिक तथा राजनीतिक लाभ पहुंचाने के लिए अपनी शक्ति का उपयोग भी इसका एक बड़ा कारण है।

न्यायालय अभी भी पूर्ण रूप से स्वतंत्र हैं और न्याय करने की उनकी शक्तियां अपार हैं। लेकिन न्याय व्यवस्था के बढ़ने से न्यायालय हर साल दायर होने वाले सैकड़ों, हज़ारों केसों के नीचे दबा हुआ महसूस करने लगे हैं। आज अदालतों में कई केस दस से बीस सालों से लंबित पड़े हैं, और कई बार अदालतें पुराने लंबित मामलों को सुलझाने में पचास

वर्ष तक लेती हैं, तब भी जब वहां कोई नया मामला दर्ज नहीं होता। इसके ऊपर झूठे मामलों को निपटाने के लिए की गई देरी ताबूत में कील का काम करती है। कोई भी व्यक्ति चाहे वो आपराधिक अथवा भ्रष्टाचार निरोधी क़ानूनों का दोषी हो, वह केवल उच्च स्तर पर एक मामला दर्ज कराके अपने लिए पर्याप्त समय तथा आज़ादी प्राप्त कर लेता है। राजनीतिक व्यवस्था के पास भी संसाधनों तथा कर्मचारियों की कमी के द्वारा न्यायिक व्यवस्था को कमज़ोर करने का अधिकार है।

ये सभी बातें आज़ादी के बाद से भारतीय लोकतांत्रिक व्यवस्था की कार्यशैली की विश्लेषणात्मक टिप्पणियां हैं। कुल मिलाकर भारतीय लोकतांत्रिक व्यवस्था के कार्यस्वरूप के चार अलग-अलग पक्ष प्रतीत होते हैं। 1962 तक के पहले पंद्रह वर्षों में प्रजातांत्रिक तथा राजनीतिक संस्थानों को मज़बूत करने तथा उच्च आर्थिक प्रगति प्राप्त करने के उद्देश्य से उठाए गए क़दम आमतौर पर सफल रहे। इसके बाद 1979 तक के दूसरे चरण में राजनीतिक परिदृश्य अस्थिर था। इस चरण में लोकतांत्रिक व्यवस्था के बर्ख़ास्त करने तथा उसके फिर से मज़बूत होने की घटनाएं देखी गईं। केवल कुछ वर्षों के अपवाद को छोड़ दें तो ज़्यादातर वर्षों में आर्थिक विकास दर 3 से 3.5 प्रतिशत के न्यूनतम स्तर पर रही और इसके साथ भुगतान संतुलन की स्थिति कई बार क़ाबू से बाहर होती प्रतीत हुई। 1989 तक के तीसरे चरण में आमतौर पर भारत की आर्थिक और लोकतांत्रिक व्यवस्था को मज़बूती प्रदान हुई। इसके बाद 1989 से शुरू हुए चौथे चरण में अलग-अलग विचारधारा वाले विभिन्न राजनीतिक दलों के द्वारा गठित गठबंधन सरकारों का एकदम नया दौर शुरू हुआ। वह चरण राजनीतिक अस्थिरता तथा अनिश्चितता के लिए ज़्यादा जाना जाता है, और इस वजह से भारत के प्रजातांत्रिक संस्थानों की कार्यशैली पर व्यापक असर हुआ।

इस पाठ के आगे आने वाले खंडों में हम भारत के तीन प्रमुख लोकतांत्रिक संस्थानों क्रमशः संसद, स्थायी प्रशासनिक और न्यायिक

व्यवस्था के चौथे चरण में कार्यशैली का और क़रीब से अध्ययन करेंगे। ये सभी परिवर्तन भारतीय समाज, राजनीति तथा आर्थिक कार्यशैली के ऊपर व्यापक प्रभाव डालने के लिए पर्याप्त थे। इन सभी घटनाक्रमों और आम जनता के ऊपर पड़ने वाले उनके प्रभावों की विवेचना राजनीतिक प्रेक्षक, विद्वानों तथा आलोचकों द्वारा की जानी चाहिए। भारत के हाल ही में घटित राजनीतिक घटनाक्रमों के भारतीय आर्थिक विकास पर पड़ने वाले प्रभावों के ऊपर विचार दूसरे अध्याय में किया जाएगा।

संसद की सिमटती हुई भूमिका

भानु प्रताप मेहता (2003) ने संकेत किया था, 'ज़्यादातर लोकतंत्रों में राजनीतिक शिक्षा का शुरुआती काम राजनीतिक दलों के भीतर ही किया गया है। जितना अधिक मुक्त तथा लोकतांत्रिक उन दलों का ढांचा होगा, उतने ही उनके राजनीतिज्ञ मुद्दों पर बेहतर रूप से शिक्षित होंगे। जवाबदेही और विचारशीलता की अधिक प्रभावी व्यवस्थाओं के लिए ज़रूरी है ऐसे कार्यस्थलों की अधिकता, जहां राजनीतिज्ञों को उत्तरदायी ठहराया जाए और पार्टियां इस प्रक्रिया का हिस्सा हों। दुर्भाग्य से भारत में जहां पिछले पंद्रह सालों से राजनीतिक दलों की संख्या तेज़ी से बढ़ी है, वहीं सत्ता का विकेंद्रीकरण भी उनके नेताओं के हाथों में हुआ है। अधिकांश पार्टियों में अब स्वेच्छाचारिता, लापरवाही, वैचारिक संकल्प और भ्रष्टाचार के प्रति संयम का अभाव एक आम बात हो गई है।

1989 के बाद जल्दी-जल्दी छह चुनावों के होने तथा सरकारों के कार्यकाल के कम होने की संभावना के कई अवांछित परिणाम सामने आए। विचारधारा और कार्यक्रम अपेक्षाकृत कम महत्वपूर्ण हो गए और कोई भी पार्टी (चाहे वह किसी भी तरह की हो) किसी भी पार्टी से संभव राजनीतिक या चुनावी लाभ प्राप्त करने के लिए जुड़ने को इच्छुक रहती है। कुछ पार्टियां अस्थायी चुनावी लाभ प्राप्त करने के लिए कई बार विभाजित हुईं और कुछ सरकार बनाने के मद्देनज़र एक पक्ष से

दूसरे पक्ष में जा मिलीं। पार्टियों में चुनाव लड़ने वाले उम्मीदवारों की संख्या बढ़ गई और अधिकांश पार्टियों को कार्यक्रमों और विचारधारा के आधार पर पहचानना मुश्किल हो गया। 2004 के चुनावों में तक़रीबन पचपन पार्टियों ने कई प्रकार के पार्टी गठबंधनों के साथ हिस्सा लिया। इसमें संदेह है कि चुनाव आयोग यह बताने में सक्षम रहा होगा कि कौन सी पार्टी या पार्टियों का गठबंधन किस तरह के कार्यक्रम या भारत के भविष्य के लिए किस तरह की दृष्टि लिए हुए है। हालांकि देश के विभिन्न भागों में विभिन्न पार्टियों के पास निस्संदेह कई क्षेत्रीय और राष्ट्रीय मुद्दे मौजूद थे, फिर भी पार्टी के द्वारा ऐसे मुद्दे चुनने के पीछे क्या ख़ास आधार या कारण था, जिन्हें समर्थन की ज़रूरत थी और ऐसे जिन्हें समर्थन की ज़रूरत नहीं थी, यह पहचान करना असंभव था।

राजनीतिक अस्थिरता का एक महत्वपूर्ण परिणाम चंद व्यक्तियों द्वारा छोटी पार्टियों का प्रभुत्व और अधिकांश पार्टियों में पार्टी के भीतरी लोकतंत्र का पूर्ण अभाव रहा है। कुछ पार्टियों में, चाहे वह बड़ी हो या छोटी, एक ही नेता होता है जो फ़ैसला करता है कि कौन चुनावों के लिए पार्टी का उम्मीदवार होगा, कौन दूसरी पार्टी द्वारा चलाई जा रही सरकार का सदस्य होगा और किसे संसद के उच्च सदन में भेजा जाएगा। अधिकांश छोटी पार्टियों का सामाजिक आधार संकुचित है, लेकिन उनके बड़े नेता अपेक्षाकृत अपनी कम वोट संख्या को अन्य पार्टी, ख़ासकर कम सीटों वाली के पक्ष में मोड़ देने की क्षमता के कारण पर्याप्त राजनीतिक शक्ति का आनंद उठाते हैं।

पार्टियों के निरंतर विभाजन और छोटी पार्टी गठनों के बीच सत्तारूढ़ सरकार को कमज़ोर करने की प्रवृत्ति संवैधानिक विशेषज्ञों के साथ-साथ बड़ी राजनीतिक पार्टियों के लिए भी चिंता का विषय रही है। चिंता का एक संबंधित क्षेत्र संसद के उच्च सदन यानी राज्यसभा या राज्य परिषद के लिए राज्य विधानमंडल द्वारा अप्रत्यक्ष चुनाव की प्रक्रिया रही है। चूंकि विधायकों द्वारा गुप्त मतदान होता था, कुछ मामलों में राज्यसभा

में पार्टी विशेष के विधायक अपनी पार्टी के नामित उम्मीदवार के अलावा दूसरे को वोट देते थे। गठबंधन में पार्टी विभाजन के द्वारा सरकार की अस्थिरता की रोकथाम के उद्देश्य हेतु और राज्यसभा चुनाव के दौरान प्रति मतदान को रोकने के लिए संसद द्वारा दो महत्वपूर्ण विधायी परिवर्तनों को अपनाया गया। पहला संशोधन यह है कि कोई भी निर्वाचित सदस्य (या सदस्यों का समूह) जो अपनी पार्टी छोड़ने का निर्णय लेता है, उसे नया चुनाव लड़ना होगा। यह संशोधन कमोबेश यह सुनिश्चित करता है कि चुनावों के दौरान असंतुष्ट सदस्यों द्वारा पार्टी को भंग नहीं किया जा सकेगा। दूसरे संशोधन (राज्यसभा चुनाव के लिए) ने विधानसभा के सदस्यों द्वारा गुप्त मतदान को खुले मतदान की प्रक्रिया में बदल दिया। यह संशोधन प्रति-मतदान को रोकने और जो सदस्य अपनी पार्टी के उम्मीदवार को वोट नहीं करते हैं, उन्हें पार्टी से 'अनुशासनहीनता' के कारण बाहर निकालने के लिए बनाया गया। उम्मीदवार की राज्यसभा चुनाव के लिए अधिवास अनिवार्यता को भी हटा दिया गया। राज्यसभा सदस्य के लिए अब यह ज़रूरी नहीं था कि जो राज्य उसे चुनता है, वह उसका निवासी हो।

इसके विरोध के बावजूद भी ये संशोधन असाधारण रूप से सार्थक रहे क्योंकि ये पार्टी के सदस्यों के बीच अस्थिरता और भ्रष्टाचार को कम करने के लिए किए गए थे। लेकिन यथार्थ में इसका नतीजा पार्टी नेताओं की शक्तियों को उनके सदस्यों पर बढ़ाना रहा। बहुपार्टी सम्मति के साथ अपनाया गया समाधान वास्तव में किसी बीमारी से भी ज़्यादा बदतर है। पार्टी के नेता के निर्णयों के ख़िलाफ़ उसके सदस्यों के पास कोई रोक या नियंत्रण नहीं है। पार्टी नेता सभी सदस्यों पर गठबंधन छोड़ने का दबाव डालकर अस्थायित्व उत्पन्न करने के लिए स्वतंत्र होता है, चाहे सदस्यों का बहुमत निर्णय से व्यक्तिगत स्तर पर सहमत न भी हो। इसी प्रकार राज्यसभा के लिए नामांकन पार्टी नेता और केवल उन चंद लोगों का ही अधिकार बन गया है, जिन्हें पार्टी नेता का विश्वास

प्राप्त है। वे चुनिंदा सदस्य जिसको चाहे चुनकर राज्यसभा के लिए भेज सकते हैं, चाहे वह भ्रष्टाचार का आरोपी ही क्यों न हो। राज्यसभा के नामांकन के लिए घूसख़ोरी या पार्टी के निधियन के लेन-देन पर भी रोक नहीं है। वास्तव में नया संशोधन नामांकन प्रक्रिया में संस्थागत भ्रष्टाचार को बढ़ावा दे सकता है।

हालांकि संसद के सत्र जल्दी-जल्दी होते हैं और मंत्रालयों के कामकाज की जानकारी वाले काग़ज़ात बड़ी मात्रा में इसके सामने रखे जाते हैं, फिर भी सरकार को उसके काम के लिए ज़िम्मेदार ठहराने की संसद की भूमिका बड़े पैमाने पर उत्साहहीन है। संसदीय बहसें पूरी तरह दलबंद हो गई हैं। विपक्षी पार्टी द्वारा बेतहाशा शोर-शराबा और बार-बार सदन से उठकर चले जाना तथा मंत्रियों द्वारा भ्रष्टाचार के आरोप-प्रत्यारोप और बदसलूकी आम हो गए हैं। फिर भी, शोर-शराबे के बाद होता है—एक और स्थगन। सरकारी कामकाज या विधायी प्रस्ताव, जिन्हें संसदीय अनुमोदन की ज़रूरत होती है, उन्हें सामान्यतः बिना पर्याप्त बहस के, दिन का कार्यकाल ख़त्म होने के समय चंद मिनटों में ही अनुमोदित कर दिया जाता है, जब सत्तारूढ़ पार्टियों के सदस्यों समेत बस चंद सदस्य ही सदन में मौजूद होते हैं।

एक समय था, जब संसद सदन में मंत्रियों द्वारा दिया गया आश्वासन उनके लिए विश्वसनीयता की प्रतिध्वनि थी। अन्य वादों के विपरीत दोनों सदनों में किए गए वादे केवल विशेषाधिकार प्राप्त कार्यवाहियों के भंग हो जाने के भय से पूरे होने की आशा की जाती थी। लेकिन अब ऐसा नहीं है। संसद में आश्वासन अब दूसरे वादों की तरह बिना स्पष्टीकरण दिए कतरा के निकल जाने के लिए होते हैं। 2004 में राज्यसभा में 1337 और लोकसभा में 1630 आश्वासन दिए गए। उनमें से कुछ तो एक दशक पुराने थे, जो अब भी लंबित थे। मंत्रियों की बड़ी तादाद के कारण कोई भी पहले के मंत्रियों द्वारा दिए गए आश्वासनों की ज़िम्मेदारी नहीं लेता है।

भारतीय संसद की अव्यावहारिकता के सबूत अगस्त 2004 की इसकी
कार्यवाहियों में प्रचुर मात्रा में मिलते हैं। 2004 में कई सरकारों के सत्ता
में आने के बाद, संसद का नियमित बजट सत्र जुलाई के शुरू में बुलाया
गया। 2004-05 का बजट पेश किया गया, और पुरानी रीति के अनुसार
एक सामान्य बहस के बाद संसद ने अपनी स्थायी समिति को विभिन्न
मंत्रियों के कार्यक्रमों की गहन चर्चा के योग्य बनाने के लिए दो सप्ताह
का अल्पावकाश लिया। इन कमेटियों जिनमें सभी राजनीतिक पार्टियां
शामिल थीं, ने अपना सौंपा हुआ काम पूरा किया और दोनों सदनों में
विचारार्थ अपनी रिपोर्ट प्रस्तुत की। तब संसद को विशेष तौर पर बजट
प्रस्तावों पर चर्चा करने के लिए पुनः शुरू किया गया और उचित संशोधनों
के साथ वित्त प्रस्ताव को पारित किया गया (दीर्घकाल से लंबित कुछ
अन्य महत्वपूर्ण और विधायी मामलों के साथ)। हालांकि कुछ ग़ैर बजटीय
प्रस्तावों पर दो-एक दिन की बहस के बाद, विपक्ष द्वारा अति संवेदनशील,
एकदम अप्रासंगिक मुद्दों पर सरकार की स्थिति के प्रति असंतोष के कारण
संसद की कार्यवाहियां बुरी तरह अस्त-व्यस्त हो गई थीं। कई दिनों तक
संसद का कोई भी सदन किसी भी कार्य संचालन में समर्थ नहीं था
और तभी बिना किसी चर्चा के मुख्य पार्टियों के नेताओं ने आपस में
यह निर्णय लिया कि संसद को एक सप्ताह पूर्व समाप्त कर दिया जाए,
चाहे वह बजट प्रावधान हो, वित्त प्रस्ताव हो या स्थायी कमेटी की रिपोर्ट।
पार्टी नेताओं के बीच यह भी सहमति हुई कि बजट दोनों सदनों की
बैठक में दो-तीन मिनट के भीतर ध्वनि मत के साथ सर्वसम्मति से पारित
होगा। संसदीय कामकाज के पुराने नियमों के विपरीत, बड़ी पार्टियों ने
यह भी तय किया कि प्रश्नकाल के साथ ही अन्य सूचीबद्ध कार्यों के
बिना काम चलाया जाएगा। 26 अगस्त 2004 को दोनों सदनों ने वही
किया जो चंद पार्टी नेताओं ने तय किया—कई संसद सदस्यों और साधारण
जनता को घोर निराश किया। कुछ निर्दलीय सदस्यों ने इसका विरोध
किया मगर कुछ हासिल नहीं हुआ। आम बजट पारित होने के लिए

सर्वाधिक बुनियादी संवैधानिक अनिवार्यता को नकारने के लिए पार्टियों के बीच हुआ समझौता, भारत के संसदीय लोकतंत्र कार्यप्रणाली की एक दुखद कहानी है।

संविधान की कार्यप्रणाली की समीक्षा करने के लिए हाल ही के वर्षों में राष्ट्रीय आयोग द्वारा संसद और राज्य विधानसभाओं के कामकाज को भी विस्तार से परखा गया। आयोग की टिप्पणी ध्यान देने योग्य है:

> संसद और राज्य विधानसभा जिस तरीक़े से काम कर रही हैं, यदि उसके प्रति एक बेचैनी का भाव है तो यह संभवतः बीते वर्षों में उनके द्वारा किए काम की मात्रा और गुणवत्ता दोनों में गिरावट की वजह से है। कई सालों से जिन दिनों में विधायी और अन्य कामकाज को संपादित करने के लिए सदन लगे, उनमें बहुत न्यूनता आई है। यहां तक कि वे चंद दिन जिनमें सदनों की बैठकें हुईं, विरोधियों को डराने के लिए ताक़त का प्रयोग, शोरगुल और बहस रोकने तथा चर्चा को बार-बार स्थगन में तब्दील करने सहित अनेक अशोभनीय घटनाओं से भरे रहे। संसद का पतन, बहसों का गिरता हुआ स्तर, नैतिक मूल्यों का ह्रास और जनता की सर्वोच्च रक्षक की गरिमा के प्रति चिंता बढ़ रही है।

संसद की कार्यप्रणाली को सुधारने, निष्ठावान और कट्टरपंथी आवेगों से मुक्त मंत्रालयों और विभागों की अनुदान के लिए मांगों पर विचार करने के लिए 17 विभागीय स्थायी कमेटियां बनाकर 1993 में एक महत्वपूर्ण पहल की गई थी। दुर्भाग्य से इन स्थायी कमेटियों का काम औपचारिकता बनकर रह गया। बहुत सी रिपोर्टें प्रस्तुत की गईं, मंत्रालयों के कामकाज की कमियों पर चर्चा की गई और बहुत भारी संख्या में सिफ़ारिशें कर दी गईं। लेकिन व्यावहारिक रूप से 'आवश्यक कार्रवाई विचाराधीन है' वाली रिपोर्ट छोड़कर सरकार द्वारा कोई कार्रवाई नहीं की गई। बढ़ती हुई राजनीतिक अस्थिरता के साथ, जल्दी ही नई सरकार या मंत्री सत्ता

में आते और नए अध्यक्ष की अधीनता में नई स्थायी कमेटियां पुनर्गठित होतीं। किसी भी सूरत में कमेटी की सदस्यता लंबी-चौड़ी होती (विभिन्न पार्टियों से जुड़े लगभग 45 सदस्य)। पुनः राष्ट्रीय आयोग को उद्धृत करेंगे, 'ऐसी आकस्मिकताएं (एवमेव) कमेटियों द्वारा किए गए काम की गुणवत्ता पर बुरा असर डालती हैं जिनकी रिपोर्ट उनके पर्यवेक्षण के अधीन मंत्रालयों के काम के आलोचनात्मक विश्लेषण के अभाव से ग्रस्त होती हैं। कार्यपालक की जवाबदेही को लागू करने के लिए अनिवार्य संसदीय निरीक्षण यदि एक अर्थहीन नित्यक्रम में बदलते हैं तो वे बाद से बदतर होते हैं।'

कुल मिलाकर यह कोई ताज्जुब की बात नहीं है कि भारत की साधारण जनता का राजनीतिक व्यवस्था की कार्यप्रणाली से मोहभंग हुआ है। उनके पास अब भी मतदान करने या न करने की ताक़त है, लेकिन उनका मतदान उनके लिए क्या करता है, यह स्पष्ट नहीं है। राजनीतिक पार्टियां अब अपने नेताओं की आज्ञा से बंधी हैं, न कि जनता से, जो उन्हें बनाए रखती है।

नौकरशाही का राजनीतिकरण

भारत का प्रशासनिक ढांचा, एक सफल शासन प्रदान करने के उद्देश्य से दो भागों में बंटा है। प्रशासनिक ढांचे के शीर्ष पर प्रधानमंत्री के नेतृत्व के अधीन राजनीतिक पक्ष का प्रतीक कैबिनेट है। फिर उसके बाद स्थायी लोक सेवा है, जो मुक्त प्रतियोगी व्यवस्था के माध्यम से नियुक्त होता है। लोक सेवा में ज़ात, पंथ या मज़हब का ख़्याल किए बिना सभी योग्य भारतीय नागरिकों के लिए प्रवेश खुला हुआ है। लोक सेवा पदों का चयन केंद्र और राज्य सरकार में सभी स्तरों पर राजनीतिक हस्तक्षेप से पूरी तरह मुक्त होता है। राजनीतिक पक्ष और ग़ैर राजनीतिक लोक सेवा पक्ष के बीच के इस प्रशासनिक ढांचे से यह सुनिश्चित करने की अपेक्षा की जाती है कि चाहे जन सामान्य को प्रभावित करने वाले सभी नीति-निर्णय राजनीतिज्ञों द्वारा किए जाएं, किंतु इन नीतियों का

क्रियान्वयन एक स्वतंत्र, ग़ैर राजनीतिक लोक सेवा द्वारा किया जाए। नीति-निर्माण कार्य से क्रियान्वयन कार्य का पृथक्करण संविधान की एक मुख्य विशेषता है, क्योंकि इससे सभी नागरिकों से राजनीतिक या पार्टी संबंध का लिहाज़ किए बिना एक समान व्यवहार करने की अपेक्षा की जाती है।

प्रशासनिक नौकरशाही के कार्य अपरिहार्य रूप से राजनीतिक नेतृत्व के अधीन होते हैं। सरकार की प्राथमिकताएं और उसके कार्यक्रम चुने हुए राजनीतिज्ञों द्वारा तय किए जाते हैं और नौकरशाही से आशा की जाती है कि वह सुनिश्चित करे कि ये कार्यक्रम लागू क़ानूनों के और अनुमोदित प्रशासनिक प्रक्रिया के अनुसार क्रियान्वित हों। मंत्रियों और कैबिनेट द्वारा तय किए गए कार्यक्रमों को क्रियान्वित करते समय नौकरशाहों (अधिकारी वर्ग) से अपेक्षा की जाती है कि वे बिना डरे या बिना पक्षपात किए व्यवहार करें और सुनिश्चित करें कि कार्यक्रमों के लाभ अपने राजनीतिक संबंधों का ध्यान किए बिना सीधे जन सामान्य तक पहुंचें। हालांकि राजनीतिज्ञ लोक सेवकों द्वारा प्रदान किए गए परामर्श को अस्वीकार करने के लिए स्वतंत्र हैं, तो भी अधिकारी वर्ग के परामर्शी कार्यों से अपेक्षा की जाती है कि वे राजनीतिज्ञों के निजी हितों और सत्ता पर क़ाबिज़ पार्टी पर पड़ने वाले उनके प्रभाव का लिहाज़ किए बिना कार्य करें।

भारत में, कई वर्षों से धीरे-धीरे लेकिन निश्चित रूप से नौकरशाही के स्वतंत्र कार्यकलाप में गंभीर रूप से गिरावट आई है। इस तरह संविधान की कार्यप्रणाली की समीक्षा में, राष्ट्रीय आयोग की रिपोर्ट के अनुसार, राजनीतिक प्रमुखों द्वारा अधिकारियों की नियुक्तियों, पदोन्नतियों और तबादलों के मनमाने और संदिग्ध तरीक़े भी इसके स्वतंत्र नैतिक आधार के क्षरण का कारण हैं। इसने तबादलों की असुविधा से बचने और राजनीतिक स्वामियों का कृपा पात्र बनकर लाभ प्राप्त करने के लिए सेवाओं में राजनीतिज्ञों के साथ मिली-भगत करने की प्रवृत्ति को मज़बूत

किया। वे क़ानून का पालन करने की बजाय राजनीतिज्ञों की आज्ञानुसार चलते हैं। हालात अधिक न बिगड़ जाएं इसलिए ज़रूरी है कि संविधान के तहत एक बेहतर व्यवस्था की जाए।

भारत में नौकरशाही का राजनीतिकरण मुख्य रूप से अपार जनता की भलाई के बहाने अपने निजी या दलगत हितों को साधने वाली अल्पकालिक सरकारों का परिणाम है। जो भी सरकार सत्ता में आती है, वह ऐसे आज्ञाकारी नौकरशाहों को नियुक्त करती है, जिनसे यह अपेक्षा की जाती है कि वे उनकी इच्छाओं को योग्य या वैध होने का लिहाज़ किए बिना पूरा करें। यदि अधिकारी पूरा नहीं करता है तो उसका किसी अन्य स्थान और पद पर तबादला हो जाने की संभावना होती है। एक अध्ययन के अनुसार, मात्र एक साल में उत्तर प्रदेश राज्य में (जब वहां दो पार्टियों—बीजेपी और बीएसपी के नेतृत्व वाली छह महीने की अदला-बदली वाली गठबंधन सरकार थी) भारतीय प्रशासनिक सेवा (आईएएस) और भारतीय लोक सेवा (आईपीएस) के विशिष्ट सदस्यों को मिलाकर 1000 तबादले किए गए। एक सरकार के तहत प्रतिदिन 7 की औसत से तबादले हुए। छह महीने की समाप्ति के बाद सत्ता में आई दूसरी सरकार की अगुआई में तबादले प्रतिदिन 16 की औसत से बढ़ गए। इस तरह आधे से अधिक प्रशासनिक अधिकारियों का समूह 12 महीने की सरकार में स्थानांतरित हो गया।

लगातार होने वाले तबादलों का हानिकारक प्रभाव उच्च लोक सेवकों की मनोदशा और क्षमता पर बहुत भारी पड़ा। इस कारण प्रशासनिक गुणवत्ता में भी प्रमुख रूप से कमी आई। लोक सेवा लगातार कमज़ोर हुई क्योंकि नए नियुक्त हुए लोक सेवकों के पास अपने काम को ठीक ढंग से करने के लिए कम से कम आवश्यक जानकारी प्राप्त करने का भी समय नहीं था। उच्चाधिकारियों की असमर्थता निष्क्रिय विरोध और मातहतों द्वारा विलंब का कारण बनी। तबादलों से बचने और भ्रष्ट अधिकारियों से लाभकारी तैनाती पाने, दोनों के लिए भ्रष्टाचार अपरिहार्य

हो गया।

राजनीतिकरण की प्रक्रिया आगे विभिन्न स्तरों पर सरकारी कर्मचारियों के ट्रेड यूनियन संगठनों द्वारा प्रोत्साहित की गई। लोक सेवकों की संख्या क्लर्क या निम्न श्रेणी (तृतीय और चतुर्थ श्रेणी) में बहुत अधिक है। उनकी ट्रेड यूनियनें बड़ी राजनीतिक पार्टियों की केंद्रीय ट्रेड यूनियनों से जुड़ी हुई हैं और कौन सी पार्टी या पार्टियां सत्ता में हैं, इसकी परवाह किए बिना ज़बरदस्त प्रभाव रखती हैं। सभी पार्टियां प्रकट रूप से श्रम-समर्थक हैं और कर्मचारी यूनियन के समर्थन के लिए प्रतिस्पर्द्धा करती हैं, यहां तक कि सरकारी कर्मचारियों की अनुचित मांगों को जनता के ख़र्च पर अनुकूल प्रतिक्रिया मिलने की संभावना रहती है। यह व्यंग्यपूर्ण है कि अर्थव्यवस्था की शुरुआत तथा अधिक प्रतियोगी निजी क्षेत्र कार्य बाज़ार के कारण अब सरकार और सार्वजनिक क्षेत्र उद्यमों में अधिकांश हड़तालें श्रमिक यूनियन द्वारा होती हैं। सरकारी और सार्वजनिक क्षेत्र लिपिकीय और निम्न श्रेणी के कर्मचारियों का वेतनमान निजी क्षेत्रों में काम करने वाले कर्मचारियों से दो से ढाई गुना ज़्यादा है। कर्मचारियों और उनके राजनीतिक नेताओं द्वारा सार्वजनिक क्षेत्र में नौकरियों के सृजन और ज़्यादा वेतन की मांगें समय के साथ सहज रूप से व्यापक हुई हैं। इसमें मुआवज़ा भी है। लोक सेवक संघ वेतन सेवा की सुरक्षा, छुट्टी, कार्य के घंटे और नौकरियों के सृजन के द्वारा जो मांग रखते हैं, राजनीतिक नेता उन्हें वे प्रदान करते हैं। अपनी बारी में, राजनीतिक नेता राजनीतिक सत्ता के तौर पर और पक्षपात के रूप में जो चाहते हैं, लोक सेवक उन्हें वह प्रदान करते हैं। परेशानियों की फ़िक्र जनता करती है।

दुर्भाग्य से ये लोक सेवा, सरकार और जनता के बीच पनपते रिश्तों के सच्चे हालात हैं। लोकतंत्र की विजय यात्रा और जनता की सत्ता का प्रमाण है कि हर बार चुनाव होते हैं। चुनावों के दौरान, सरकार के सत्ता में आने के बाद राजनीतिक नेतृत्व लोक सेवा के नियंत्रण में होता है, जनता के हित और मानक केवल उनके अतिक्रमण में ही विद्यमान

रहते हैं। लोक सेवा में सुधार और कार्यपालक शाखा के भीतर राजनीतिक और दफ़्तरशाही पक्षों को पृथक करने के लिए कुछ सुझाव बाद के अध्याय में दिए गए हैं।

एक अति बोझिल न्यायपालिका

भारत एक संघीय राज्य व्यवस्था है लेकिन अन्य संघ शासनों के विपरीत (अमेरिकी संघ शासन सहित) यहां संघ और राज्य न्यायलयों की पृथक व्यवस्था नहीं है। न्यायलयों की एक व्यवस्था संघ और राज्य दोनों में क़ानूनों को लागू करने का काम करती है। भारतीय न्यायपालिका के पास कार्यकारिणी और विधायिका की शक्तियों के विस्तार और सीमाओं की संविधान के अधीन व्याख्या और परिभाषा करने की सर्वोच्च शक्ति है। न्यायिक सेवा में प्रवेश राजनीतिक प्रभाव से स्वतंत्र है। भारत के सर्वोच्च न्यायालय के साथ उच्च न्यायालय में शीर्ष स्तर की नियुक्तियां कार्यपालक शाखा द्वारा की जाती हैं, जबकि चयन न्यायपालिका की सिफ़ारिश पर किया जाता है। विभिन्न स्तरों पर न्यायिक नियुक्तियां सुव्यवस्थित सिद्धांतों के अनुसार राजनीतिक लिहाज़दारी के हवालों के बिना की गई हैं या नहीं, यह सुनिश्चित करने के लिए प्रक्रिया और परंपराओं के कड़े नियम स्थापित किए गए हैं।

न्यायपालिका के पास निर्णय (न्याय) की असीमित शक्तियां हैं और वह विधायिका द्वारा पारित किसी भी क़ानून को संविधान के अनुसार असंगत मानते हुए अमान्य ठहरा सकती है। इसके पास यह भी शक्ति है कि यह राजनीतिक सत्ताधारी या लोक सेवा की किसी भी कार्यपालिका की गतिविधि को ग़ैर क़ानूनी क़रार देकर उसे निष्प्रभावी कर सकती है। इस मामले में प्रत्येक नागरिक या ग़ैर नागरिक (प्रवासियों सहित) को राजनीतिक शक्ति प्राप्त संगठनों सहित कार्यपालिका की गतिविधियों के ख़िलाफ़ शिकायतों का निवारण करने के लिए न्यायालय जाने या अपील करने का अधिकार है।

साथ में, सामाजिक न्याय और नागरिकों द्वारा राजनीतिक सत्ता के हस्तक्षेप के बिना मौलिक अधिकारों का प्रयोग सुनिश्चित करने के लिए कई सिविल और अन्य संस्थान या क़ानून संविधान के अधीन बनाए गए हैं। सभी नागरिकों को समान पहुंच प्रदान करने और राजनीतिज्ञों या लोक सेवकों के भ्रष्ट आचरणों के ख़िलाफ़ सुरक्षा प्रदान करने के लिए इसमें कई राष्ट्रीय आयोग (जैसे मानवाधिकार आयोग या अल्पसंख्यक आयोग) और केंद्रीय सतर्कता आयोग शामिल हैं।

सैद्धांतिक तौर पर, न्यायिक निर्णय की अवहेलना न तो कार्यकारिणी और न ही संसद कर सकती है। वे अपील कर सकते हैं या न्यायालय के निर्णय की समीक्षा का निवेदन कर सकते हैं, लेकिन आख़िरकार उन्हें अंतिम न्यायिक निर्देशों का पालन करना होता है। फिर भी, जैसा कि अक्सर भारत में होता है, लोक संस्थानों से जैसी उम्मीद होती है, वे वैसा काम नहीं करते। एक महत्वपूर्ण और सकारात्मक सांस्थानिक लक्षण व्यवहार में आसानी से असुविधा में बदल सकते हैं। इस तरह, विभिन्न स्तरों पर अपील के साथ आसान और समान पहुंच के साथ न्यायिक व्यवस्था को ऐसा माना जाता है कि वह लोगों के मौलिक और अन्य अधिकारों की पूरी सुरक्षा सुनिश्चित करती है। फिर भी व्यवहार में, विभिन्न न्यायिक स्तरों पर अपील करने का ज़्यादा से ज़्यादा लाभ न्यायिक प्रक्रिया में देरी करने के लिए विभिन्न अपराधों में आरोपित राजनीतिज्ञों सहित बेईमान व्यक्तियों द्वारा उठा लिया जाता है। यहां तक कि एक खुले और सुस्पष्ट क़ानूनी उल्लंघन को निपटने में भी दस से पंद्रह साल का विलंब होना एकदम आम बात है। लाभोन्मुखी दायित्व या इक़रारनामे से बचने के लिए सबसे आसान तरीक़ा है कि कोर्ट में मामला दायर कर दिया जाए। परिणामस्वरूप सभी न्यायालय, विशेषकर उच्च न्यायालय अब लंबित मामलों के बोझ तले दबे हुए हैं और जनता के अधिकारों की रक्षा के लिए न्यायिक व्यवस्था की क्षमता गंभीर रूप से क्षीण हो गई है।

उसी प्रकार कार्यकारिणी और विधायिका से न्यायपालिका की स्वतंत्रता से न्यायपालिका के राजनीतिक दबाव से पृथक होने की अपेक्षा की जाती है। फिर भी, न्यायिक व्यवस्था के काम करने के लिए बजट, वेतन के साथ कई अन्य आधारभूत सुविधाएं कार्यकारिणी द्वारा अनुमोदित होती हैं। यहां अब महत्वपूर्ण रिक्तियों को भरने में बड़ी बाधाएं हैं और अधिकांश अदालतों में कर्मचारियों की कमी है तथा सेवाएं अपर्याप्त हैं। स्वतंत्रता पूर्व औपनिवेशिक परंपरा के अनुसार अदालतें सामान्यतः साल में कई महीने छुट्टी पर होती हैं और मामलों का निपटान कष्टकारी ढंग से धीमा होता है। दस साल, यहां तक कि दस साल से भी ज़्यादा पहले के आम नागरिकों को प्रभावित करने वाले मामले जैसे भाड़ा नियंत्रण, उत्तराधिकार विवाद या परिवार भरण-पोषण के रोज़मर्रा के मामले अब भी लंबित पड़े हैं। स्टाफ़ की कमी और अपर्याप्त मूलभूत सुविधाओं सहित बड़ी संख्या में लंबित मामलों के सम्मिलित प्रभाव ने न्यायिक व्यवस्था को शीघ्र न्याय प्रदान करने में निष्फल बनाया है।

न्याय व्यवस्था को प्रभावित करने वाली समस्याओं, विशेषकर न्याय में होने वाली देरी के सवाल की विधि आयोग, विशेष कमेटियों, मुख्य न्यायाधीशों के सम्मेलनों द्वारा समय-समय पर पड़ताल की गई है। स्थिति सुधारने के लिए कई सिफ़ारिशें भी की गईं, मगर कोई प्रभावकारी कार्यवाही अब तक नहीं की गई है और विलंब लगातार बढ़ते जा रहे हैं।

कुल मिलाकर संभवतः यह कहना उचित होगा कि स्वतंत्रता के समय से भारत की लोकतांत्रिक कार्यप्रणाली में कई बार उतार-चढ़ाव आया, लेकिन हाल ही का समय विशेषकर नाज़ुक रहा। चुनावों की बारम्बारता में बढ़ोतरी और अस्थायी सरकारों के आने से कई अनैच्छिक परिणाम हुए। कार्यकाल कम होने की प्रत्याशा के कारण सरकारें अपने काम के प्रति ग़ैर ज़िम्मेदार हो गईं, गठबंधन सरकार में छोटी पार्टी और उनके नेताओं की शक्तियां भरपूर बढ़ीं और आंतरिक पार्टी लोकतंत्र असल में ग़ायब हो गया। कई पार्टियों की गठबंधन सरकार के सत्ता में बने

रहने के लिए राजनीतिक भ्रष्टाचार ने आवश्यक शर्त के रूप में नई वैधता हासिल कर ली। नौकरशाही अत्यंत राजनीतिकृत हो गई, ख़ासकर उन राज्यों में, जहां प्रांतीय या जाति आधारित पार्टियां प्रबल हैं। सरकार और मंत्रालयों के काम की ज़िम्मेदारी को सुनिश्चित करने की संसद की भूमिका भी समय के साथ कम होती गई। न्यायिक प्रणाली जो अन्य प्रकार से राजनीतिक हस्तक्षेप से मुक्त थी, अति बोझिल और कम प्रभावी हो गई।

संसार में न्यूनतम प्रति व्यक्ति आय वाले देशों में से एक भारत ने पिछले कुछ दशकों में जैसी राजनीतिक व्यवस्था विकसित की है, उसके पास ग़रीब को देने के लिए समय-समय पर वोट देने की संतुष्टि के सिवाय ज़्यादा कुछ नहीं है। अपना वोट देने की आज़ादी निस्संदेह प्रत्येक नागरिक के लिए महत्वपूर्ण और क़ीमती है लेकिन यह पर्याप्त नहीं है। भारत की लोकतांत्रिक प्रणाली में अर्थशास्त्र और राजनीति के बीच गतिरोध बढ़ रहा है। अगला अध्याय इसी कारक के साथ अन्य कारकों पर भी विचार करता है जो संभवतः 1990 के सुधारों के बावजूद भविष्य में भारत के आर्थिक कार्यकलाप पर विपरीत प्रभाव डालने वाले हैं।

दो

अक्रियता का अर्थशास्त्र

एक नज़र में इस अध्याय का शीर्षक अजीब लग सकता है। हाल ही के वर्षों में भारत अपने उत्कृष्ट आर्थिक कार्यकलाप के लिए अर्थशास्त्रियों, विशेषज्ञ टीकाकारों और अंतरराष्ट्रीय एजेंसियों द्वारा सराहा गया। यह तेज़ी से विकास करती अर्थव्यवस्थाओं में से एक है और ऐसी सहमति बन रही है कि अगर भारत सही नीतियों पर चलता रहा है तो 2020 या 2025 तक यह विश्व में तीसरी सबसे बड़ी अर्थव्यवस्था होगा। भारत की विकास क्षमता के बारे में यह आशावाद आगे और मज़बूत हुआ, जब 1997 में कई विकासशील देशों पर विपरीत प्रभाव डालने वाले पूर्व एशियाई संकट के संक्रमण से बचने में भारत सफल रहा। आज भारत की भुगतानों के संतुलन की स्थिति स्वातंत्र्य पूर्व इतिहास के किसी भी समय की स्थिति से मज़बूत है और 2004 के अंत में इसके पास विश्व में सर्वोच्च स्तरीय विदेशी मुद्रा विनिमय आरक्षतियां 130 अरब डॉलर है।

ये सब निश्चित रूप से सत्य है। फिर भी एक प्रतिष्ठित भारतीय अर्थशास्त्री कहते हैं, 'भारत न सिर्फ़ क्रिकेट में ही अपने अवसर गंवाने के लिए कुख्यात है बल्कि अर्थव्यवस्था में भी उसका जोड़ीदार है।' इस तरह उदाहरण के लिए 1956 में भारत के अग्रणी अर्थशास्त्रियों के बीच

काफ़ी बहस के बाद बड़ी धूमधाम से दूसरी पंचवर्षीय योजना शुरू की गई थी। ऐसा समझा गया कि यह अर्थव्यवस्था का कायाकल्प करेगी, भारत को आत्मनिर्भर बनाएगी और 1981 तक पच्चीस वर्षों में ग़रीबी मिट जाएगी। किंतु बड़ी जल्दी ही भारत एक बड़े मुद्रा संकट में फंस गया और अगले बीस वर्षों तक निम्न विकास दर और ग़रीबी के दुष्चक्र में फंसा रहा। उसी तरह 1980 में विदेशी मुद्रा निधि बढ़नी शुरू हुई, बचत दर पहली बार 20 प्रतिशत को पार कर गई और अर्थव्यवस्था में निरंतर खाद्यन्न आधिक्य रहने लगा, बहुत लोगों ने सोचा कि भारत की आर्थिक उड़ान का समय आ गया है। किंतु दशक की समाप्ति से पहले ही अर्थव्यवस्था दो बार पटरी से उतर गई और 1990-91 में फिर भुगतानों के संतुलन के अन्य संकट में फंस गई। 1991 में जो नई सरकार सत्ता में आई, उसने आर्थिक सुधारों का एक प्रभावशाली कार्यक्रम शुरू किया, जिसके परिणाम निकले। औद्योगिक लाइसेंस व्यवस्था समाप्त कर दी गई, विदेशी मुद्रा विनिमय नियंत्रण उदार हो गया, आयात शुल्क कम कर दिए गए, और बढ़ता हुआ राजस्व घाटा कम हो गया। 1993-94 से 1996-97 के दौरान चार वर्षों में विकास दर बढ़कर 7 प्रतिशत सालाना हो गई और एक बार फिर भारत के आर्थिक भविष्य को लेकर आशावाद पनपा। फिर जल्दी ही अर्थव्यवस्था की गति धीमी हो गई और सहस्राब्दि के पहले तीन वर्षों (2000-01 से 2002-03) में औसत विकास दर 2002-03 में पड़े भीषण सूखे के कारण अंशतः 5 प्रतिशत से कम थी। 2003-04 में दृश्य एक बार फिर नाटकीय ढंग से बदला और विकास दर 8 प्रतिशत तक बढ़ने की उम्मीद जताई गई, जो संसार में चीन के बाद दूसरी सबसे ऊंची विकास दर थी, चीन की विकास दर 10 प्रतिशत के क़रीब मानी जाती है।

यह पूछा जाना स्वाभाविक है कि क्या सचमुच भारत के आर्थिक परिदृश्य में परिवर्तन हुआ है या अर्थव्यवस्था के लगातार सकारात्मक से नकारात्मक दृष्टिकोण की ओर झुकने की संभावना है? स्वाभाविक

है कि इस सवाल का कोई सर्वसम्मत या स्पष्ट जवाब (ख़ासकर अर्थशास्त्रियों के पास) नहीं है। मेरा अपना विचार है कि भारत की वैश्विक आर्थिक स्थिति की बेहतरी के लिए वास्तव में यह मौलिक परिवर्तन है और इसकी विकास दर को गति देने के लिए वास्तव में असीमित अवसर हैं। विकास में ज्ञान आधारित सेवाओं की बदलती हुई भूमिका को ध्यान में रखते हुए अन्यत्र विस्तार से तर्क प्रस्तुत किए हैं कि राष्ट्र के उत्थान के संसाधन पचास या तीस साल पहले की अपेक्षा आज व्यापक तौर पर भिन्न हैं।

भारत जैसे चंद ही सुदृढ़ विकासशील देश हैं, जिन्होंने उत्पादन तकनीकों, अंतरराष्ट्रीय व्यापार, पूंजीगत गमनागमन और कुशल मानव शक्ति के परिनियोजन में आए असाधारण बदलावों का लाभ उठाया है। भारत की दृष्टि से उत्पादन तकनीक में महत्वपूर्ण बदलाव हैं—अर्थव्यवस्था के हर क्षेत्र में विनिर्माण सहित उत्पादन और उत्पादकता के परिमाण में सूचना प्रौद्योगिकी और सॉफ़्टवेयर का महत्व। भारत के पास भारत औद्योगिक और उपभोक्ता उत्पादों और सेवाओं की व्यापक क़िस्मों का उत्पादन और निर्माण करने का ज्ञान और दक्षता है। भारत के पक्ष में एक अन्य तथ्य है, उसकी अंतरराष्ट्रीय पूंजीगत गतिशीलता और वैश्विक वित्त बाज़ारों का एकीकरण। घरेलू बचतें लगातार विकास के लिए महत्वपूर्ण हैं। फिर भी, घरेलू पूंजी की कमी बहुत देर तक बाध्यकारी विवशता नहीं है। पूंजी की बढ़ती हुई गतिशीलता ने सुनिश्चित किया है कि वैश्विक संसाधन उन्हीं देशों की ओर भरपूर होंगे जो उच्च विकास और उच्च प्रतिफल को बनाए रखेंगे। अब भारत के लिए यह संभव है कि वह उच्च विकास, उच्च विदेशी पूंजी, अंतर्प्रवाह तथा उच्च घरेलू आय और बचतों के क्षेत्रों में हिस्सा ले, जो आगे के विकास का कारण हो सकती हैं।

इसमें संदेह नहीं कि भारत की नए अवसरों का लाभ उठाने की असीमित क्षमता को देश के भविष्य के प्रति नज़रिए और इसकी आर्थिक रणनीति में बदलाव की ज़रूरत पड़ेगी। इस दिशा में निस्संदेह कुछ बदलाव

किए गए हैं, ख़ासकर 1990 में, लेकिन अभी बहुत कुछ करना बाक़ी है। वर्तमान स्थिति और जर्जर राजनीतिक परिदृश्य को ध्यान में रखते हुए, जैसा कि बीते दशकों में उभरा है, यह अब भी स्पष्ट नहीं है कि निकट भविष्य में आर्थिक कार्यकलाप मुख्य रूप से 1980 के बाद की विकास दर प्रवृत्ति से आगे बढ़ पाएगी। पिछले तीन दशकों में जो कुछ भी हासिल किया गया था (4 प्रतिशत वार्षिक से कम), उसके मुक़ाबले हालिया बरसों में निश्चित रूप से अर्थव्यवस्था के क्रियाकलाप बेहतर रहे हैं, लेकिन यह भारत की क्षमता से काफ़ी कम है। यदि भारत अभी उपलब्ध अवसरों को पकड़ने के लिए तैयार है तो विकास की प्रचलित दर कम से कम 2 प्रतिशत ऊंची हो सकती है (अर्थात 8 प्रतिशत वार्षिक या ज़्यादा)। फिर भी, यहां तीन महत्वपूर्ण कारक हैं जो इसकी समस्त आर्थिक क्षमता को मुखरित होने में बाधा या विलंब पैदा कर सकते हैं:

- हमारी अर्थव्यवस्था के नज़रिए और रणनीति में अतीत का मृतभार।
- 'आनुपातिक गठबंधनों' की सत्ता के कारण राजस्व संबंधी अशक्तीकरण।
- जनसाधारण के जीवन में अर्थशास्त्र और राजनीति के बीच बढ़ता 'गतिरोध'।

इस अध्याय में आगे इन कारकों के भारत के आर्थिक दृष्टिकोण पर पड़ने वाले संभावित प्रभावों का मूल्यांकन करने का प्रयास किया गया है।

अतीत का मृतभार

1947 में स्वतंत्रता के बाद भारत के लिए सुनियंत्रित राज्यप्रधान विकास रणनीति चुनने के कारण जगज़ाहिर हैं। उस समय देश के हालात तंग थे। पिछली आधी सदी में बमुश्किल कोई विकास हुआ, और कृषि और उद्योग दोनों ही संरचनात्मक विकारों से ग्रस्त थे। अन्य अविकसित देशों की तरह भारत व्यापार में दीर्घकालिक गिरावट और प्रति व्यक्ति आय

में मंदता के कारण सस्ते बुनियादी उत्पादों का निर्यातक और औद्योगिकीय उत्पादों का आयातकर्ता था। इस सदी के पूर्वार्ध में राष्ट्रीय आय की वृद्धि दर प्रति वर्ष 1 प्रतिशत थी जो इस समय की जनसंख्या वृद्धि की दर के बराबर थी। इसलिए सही मायनों में स्वतंत्रता के समय एक औसत भारतीय की स्थिति वैसी ही ख़राब थी जैसी युगसंधि के समय किसी भी स्त्री या पुरुष की थी। स्वतंत्रता के बाद राष्ट्रवादी बुद्धिजीवियों, राजनीतिक नेताओं और उद्योगपतियों के बीच इस पृष्ठभूमि के प्रति आर्थिक रणनीति की निश्चित दिशाओं के विषय में एक सर्वसहमति थी (चंद्र 1992)। सरकार के लिंए आवश्यक रौबदार स्थिति हासिल करने और श्रेष्ठता से नेतृत्व के लिंए बहुत ही कम समय में पश्चिम की राजनीतिक और औद्योगिक शक्तियों के प्रतिद्वंद्वी केंद्र के रूप में उभरने के लिए पूर्व के सोवियत यूनियन की आश्चर्यजनक सफलता का सहयोग मिला। उस समय भारत ने आर्थिक क्षेत्र में नए-नए आज़ाद हुए तीसरी दुनिया के देशों की आकांक्षाओं को अभिव्यक्ति देते हुए मार्गदर्शक की भूमिका निभाई। सोवियत संघ के उदाहरण का अनुसरण करते हुए सार्वजनिक क्षेत्र की महत्वपूर्ण भूमिका, विदेशी निवेश की मनाही, भारी उद्योगों के विकास और संसाधनों के केंद्रीकृत आबंटन की आवश्यकता जैसे राजनीतिक मुद्दों पर स्पष्ट सहमति थी।

हालांकि औपनिवेशिक नियम की पृष्ठभूमि के ख़िलाफ़ विकास की केंद्रस्थ निदेशित रणनीति को ग्रहण करने के स्वाभाविक कारण थे, जल्दी ही यह स्पष्ट हो गया कि इस नीति के वास्तविक परिणाम अपेक्षाओं से काफ़ी नीचे थे। उच्च वृद्धि दर, उच्च लोक बचतें और उच्च स्तरीय आत्मनिर्भरता प्रकट होने की बजाय भारत वास्तव में बढ़ते हुए सार्वजनिक घाटे और समय-समय पर भुगतानों के संतुलन के संकट के साथ विकासशील विश्व में सबसे निम्न विकास दर दिखा रहा था। एक गणना के अनुसार 1950 से 1990 के चालीस सालों में से तीस साल में भारत की घटती-बढ़ती तीव्रता वाले भुगतानों के संतुलन के संकट की समस्या थी। पीछे देखने

पर यह विश्वास करना कठिन लगता है कि 1950 के चार दशकों बाद तक भारत की औसत विकास दर 4 प्रतिशत वार्षिक से कम रही और प्रति व्यक्ति आय की वृद्धि 2 प्रतिशत प्रतिवर्ष से कम थी। यह वह समय था जब उप-सहारा अफ्रीका और अन्य कम विकसित देशों सहित विकासशील विश्व ने 5.2 प्रतिशत प्रति वर्ष की विकास दर दर्शाई।

फिर भी सर्वाधिक चौंकाने वाली असफलता वृद्धि या भुगतानों के संतुलन की अस्थिर स्थिति के रूप में नहीं थी। हालांकि ये तर्क युक्तियुक्त नहीं है, पर अब भी यह दावा किया जा सकता है कि मंद विकास भारत के नियंत्रण से परे कई कारकों की वजह से था, जैसे सीमांत युद्ध, भीषण सूखा, समय-समय पर लगने वाले तेल आघात और आख़िर में अप्रीतिकर वैश्विक माहौल। भुगतानों के संतुलन की कठिनाइयों का श्रेय बुनियादी उत्पादकों के विश्वव्यापी संकटों और भारत जैसे ग़रीब विकासशील देशों के भारी उद्योग में औद्योगिकीकृत और आत्मनिर्भर बनने के संघर्ष को दिया जा सकता है (जो धनी औद्योगिकीकृत देशों का पहले से ही एकाधिकार था)। सबसे स्पष्ट असफलता जिसके लिए कोई बहाना नहीं है, और ज़िम्मेदारियां जो स्पष्ट तथा निर्विवाद रूप से हमारे दरवाज़े पर खड़ी हैं, वे हैं, लोक बचतों में कमी और निवेश के लिए संसाधनों को उत्पन्न करने या जन सेवाओं की व्यवस्था करने में असमर्थता।

ये याद किया जाएगा कि स्वातंत्र्योत्तर विकास रणनीति को चुनने में एक मुख्य धारणा थी—लोक बचतों की वृद्धि, जिसे निवेश के उच्च से उच्च स्तरों पर इस्तेमाल किया जा सके। फिर भी ऐसा हुआ नहीं और सार्वजनिक क्षेत्र सामाजिक भलाई के लिए बचतों के जनक बनने की बजाय समाज की बचतों के उपभोक्ता बन बैठे। भूमिकाओं का यह उलट-फेर 1970 के शुरू तक प्रकट हो गया था और 1980 की शुरुआत तक यह प्रक्रिया अपने चरम पर पहुंच चुकी थी। तब तक सरकार अपने राजस्व ख़र्चों को पूरा करने बल्कि सार्वजनिक क्षेत्र के घाटों और निवेशों की वित्त व्यवस्था करने के लिए ऋण लेना शुरू कर चुकी थी। 1960

से 1975 के दौरान कुल सार्वजनिक क्षेत्र ऋण (सरकारी ऋणों सहित) औसतन सकल घरेलू उत्पाद का 4.4 प्रतिशत था। 1980-81 में यह बढ़कर सकल घरेलू उत्पाद का 6 प्रतिशत और आगे 1989-90 तक 9 प्रतिशत हो गया।

इस प्रकार, सार्वजनिक क्षेत्र जिनकी लगभग हर औद्योगिक क्षेत्र में प्रभावशाली मौजूदगी थी, ख़ासकर भारी उद्योग में, धीरे-धीरे समग्र रूप से समाज के स्रोतों के क्षय का ख़ालिस मार्ग बन गए। यह ध्यान देना दिलचस्प है कि केंद्र सरकार का कुल आंतरिक लोक ऋण 1990 के मध्य तक चौंका देने वाले 5,00,000 करोड़ रुपए तक जा पहुंचा और इसमें से लगभग एक तिहाई के लिए सार्वजनिक क्षेत्र में विद्यमान परिसंपत्तियां ज़िम्मेदार थीं। उस समय लोक ऋण पर निहित भुगतानों की रक़म क़रीब 40,000 करोड़ रुपए थी जिसकी भरपाई नए निवल ऋणों से की गई तथा क़रीब 70 प्रतिशत केंद्र के राजस्व घाटे के रूप में प्रस्तुत किया गया। असल में, निहित भुगतानों का एक तिहाई सार्वजनिक क्षेत्र में सरकार के भूतकालीन निवेश के कारण था। 1990 की समाप्ति तक केंद्र का आंतरिक ऋण 9,70,000 करोड़ रुपए हो गया यानी लगभग दोगुना। यह तीव्र वृद्धि कुछ हद तक ऋणों को चुकाने के लिए ऊंची से ऊंची रक़मों को उधार लेने की आवश्यकता के लिए उत्तरदायी थी।

राष्ट्रीय बचतों में सार्वजनिक क्षेत्रों के योगदान (जो पिछले तीन दशकों से नकारात्मक रहा है) पर नज़र डालने पर बड़ा आश्चर्य होगा कि भविष्य की रणनीति पर आर्थिक और राजनीतिक बहसें अब भी 1947 के पहले के औपनिवेशिक अनुभव और विशेष हितों पर आधारित हैं। कौन सी पार्टी या पार्टी गठबंधन सत्ता में है, इसका लिहाज़ किए बिना राजनीतिक नेता (चंद अपवादों के साथ) बचत बढ़ाने वाले सार्वजनिक क्षेत्रों में अपना विश्वास जताते हैं। समय-समय पर विनिवेश लक्ष्य, ख़ासकर घाटे वाले क्षेत्रों में घोषित किए जा सकते हैं लेकिन इसके विपरीत उन्हें पूरा नहीं किया जाता। घाटे में जा रहे सार्वजनिक क्षेत्रों के प्रभारी मंत्री

ऐसे प्रयासों के निराशाजनक रिकॉर्डों से भली-भांति परिचित होने के बाद भी इनमें और निवेश करके इन्हें पुनर्जीवित करने की अपनी मंशा की घोषणा भी करते हैं (आचार्या 2004, पैनागेरिया 2004)।

मैं यह स्पष्ट कर दूं कि यहां मुद्दा सार्वजनिक क्षेत्र बनाम निजी क्षेत्र या राज्य-प्रधान विकास रणनीति की तुलना में बाज़ार प्रधान रणनीति के पक्ष में विचारधारापरक पसंद का नहीं है। न ही वैश्वीकरण के गुणों या इसके असंतोषों के बारे में है। मुद्दा केवल बढ़ते हुए वित्तीय घाटे के माहौल में राष्ट्रीय बचतों के सही इस्तेमाल का है। क्या इन बचतों को आगे उन सार्वजनिक क्षेत्र इकाइयों की वित्तीय सहायता के लिए इस्तेमाल करना संगत है, जो भारत के बहुसंख्य ग़रीबों के हित और सेवा के लिए नहीं हैं? जब सार्वजनिक क्षेत्र में निवेश की गई पहले की ऋण राशियां ही पर्याप्त प्रतिफल नहीं दे रही थीं तो विपुल तथा बढ़ते हुए सरकारी ऋणों और निहित भुगतानों के आवश्यक बोझ को सरकारी बजट पर डालते रहना क्या उचित है? इसमें संदेह नहीं कि सार्वजनिक क्षेत्र के कर्मचारियों के वित्तीय हितों को सुरक्षा देने की ज़रूरत है, चाहे ये इकाइयां मुनाफ़ा न कमा रही हों। महत्वपूर्ण मुद्दा यह है कि क्या इन हितों को बचाने के लिए आर्थिक तौर पर सबसे सफल तरीक़ा निम्न प्रतिफल वाली और बढ़ते घाटों वाली इन इकाइयों की वित्तीय सहायता के लिए आगे और सरकारी ऋण लेना है? या क्या इन हितों की इन इकाइयों में फंसी हुई पूंजी (भूसंपत्ति सहित) के सुपरिणामदायक इस्तेमाल के माध्यम से रक्षा की जा सकती है?

यह दलील दी जा सकती है कि इस समय लोक उद्यमों के राजनीतिक/दफ़्तरशाही नियंत्रण को कम करके उनके बेहतर और अधिक व्यावसायिक प्रबंधन करने की ज़रूरत है। तीन दशकों से कई सरकारी कमेटियों ने इसी दिशा में कई सिफ़ारिशें की हैं जिन्हें 'सिद्धांत रूप में' सरकार द्वारा अपनाया गया है। कुछ मंत्रियों ने इन सिफ़ारिशों को कार्यान्वित करने का प्रयास किया और कुछ समय के लिए सफलता भी प्राप्त की।

फिर भी सरकार या मंत्रियों के बदलाव के कारण (जिनका कैबिनेट में फेरबदल के कारण सरकार की अपेक्षा कम कार्यकाल रहा) अनिश्चितता और निष्क्रियता संभावित रहती है। बेहतर यही होता है कि इस राजनीतिक वास्तविकता को विकल्पों पर विचार करके टालने की बजाय स्वीकार किया जाए। एक अन्य कारक जिस पर ध्यान देने की ज़रूरत है, वह यह कि कई सार्वजनिक क्षेत्र इकाइयों में उच्च उत्पादन लागत और निम्न मूल्य संवर्धन ज़रूरी नहीं कि प्रबंधन त्रुटियों के कारण है बल्कि पुरानी तकनीक, अनुपयुक्त स्थान निर्धारण, ग़ैर विक्रय, मिले-जुले उत्पाद और अन्य असंगत कारकों की वजह से है। सरकार अब भी शायद कुछ सार्वजनिक क्षेत्र की इकाइयों में रणनीतिक या इक्विटी कारणों (उदाहरण के लिए निश्चित इलाक़ों में विकास हेतु) से निवेश करते रहने को उपुयक्त समझती है। फिर भी, वे लोक उद्यम जो पर्याप्त लाभ नहीं दे रहे हैं, उनमें और निवेश करने की बजाय यही अधिक बेहतर होगा कि संरक्षण के लिए उन्हीं इकाइयों को चुना जाए जो रणनीतिक और सामाजिक उद्देश्यों को पूरा करती हैं।

हालांकि समान रूप से, अंतरराष्ट्रीय पूंजी गतिशीलता की दृष्टि से पूंजी की उपलब्धता अब कोई बाधा नहीं है, विदेशी प्रत्यक्ष निवेश को उदार करने का कोई भी नीति उपाय भारत में राजनीतिक विवादों को बुलावा देता है। निवेश को जिस संदेह से देखा जाता है, वह उन्नीसवीं और बीसवीं शताब्दी के प्रथम पूर्वार्ध के औपनिवेशिक अनुभव का सीधा परिणाम भी है। उस कालावधि के दौरान, प्रत्यक्ष विदेशी निवेश ने विदेशियों को स्वामित्व और प्रबंधन अधिकार प्रदान किए, जिन्होंने इन अधिकारों का निवेशगत अधिशेषों और संसाधनों को भारत से बाहर भेजने के लिए दुरुपयोग किया। इसी कारण स्वतंत्रता पूर्व काल के दौरान राष्ट्रीय राजनीतिक आंदोलन ने भारतीय उद्योग के विदेशी प्रभुत्व को देश की ग़रीबी का मुख्य कारण माना। यह मामला वास्तव में पचास या साठ साल पहले का है जबकि आज स्थिति पूरी तरह भिन्न है। भारतीय उद्योग

और मूलभूत संरचना अब पूरी तरह भारतीयों के स्वामित्व में है। इक्कीसवीं शताब्दी की शुरुआत में भारतीय उद्योग में पूंजी स्टॉक में प्रत्यक्ष विदेशी निवेश अंश संसार में सबसे कम है और अर्थव्यवस्था के आकार के संदर्भ में नगण्य है। उदाहरण के लिए 2003-04 में विदेशी प्रत्यक्ष निवेश राष्ट्रीय आय का केवल 0.7 प्रतिशत था। इस पर भी विदेशी निवेश के प्रति नीति विकास निर्धारण में वही पुराना नज़रिया निर्णायक भूमिका निभा रहा है।

अगले दशक (या कुछ ऐसी कालावधि के लिए) एक बेहतर मार्ग का विनिर्देश किया जाएगा, भारत विदेशी निवेश के संदर्भ में चीन की जैसी नीति का अनुकरण करेगा। दूसरे शब्दों में, विदेशी निवेशकर्ता के पास भारत या चीन (या दोनों) में निवेश करने के समान विकल्प होंगे। यदि विनिर्दिष्ट कालावधि के बाद, भारतीय बाज़ार विदेशी निवेश से भरा-पूरा पाया जाता और ये निवेश कुल पूंजी निर्माण का विस्तृत संतुलन (जो कि असंभाव्य था) का निर्माण करें तो नीति की पुनः समीक्षा की जा सकेगी। उपर्युक्त उपाय से जुड़ी सभी बातों को निस्संदेह यह सुनिश्चित करना होगा कि भारतीय बाज़ार प्रतियोगी और खुले हों और प्रभावशाली सुरक्षा के उच्च स्तरों के कारण एकाधिकारिक न हों।

नीति परिणामों के निर्धारण में नौकरशाही की प्रभुत्वशाली भूमिका में भूतकाल का प्रभाव भी लगातार दिख रहा है। भारत की योजना के साथ-साथ शुरुआती विकास साहित्य का आधार वाक्य था, महत्वाकांक्षी लोक निवेश लक्ष्यों को पूरा करने और अर्थव्यवस्था के विनियमन के लिए अपेक्षित प्रशासनिक प्रतिक्रिया प्रशासन के विभिन्न स्तरों पर पर्याप्त मात्रा में तैयार रहेगी—केंद्र से लेकर ग्राम स्तर तक। प्रशासन से विभिन्न कार्यों को जनहित में पूरे सामंजस्य के साथ निस्वार्थ भाव से करने की अपेक्षा की गई थी। काफ़ी हद तक अर्थव्यवस्था अब भी निजी हाथों में थी जबकि एक विशाल नौकरशाही को इसे विनियमित करने और नियंत्रित करने के लिए प्रशिक्षित किया था। इस प्रकार भारत की शुरुआती

योजनाओं के तहत एक फलती-फूलती नौकरशाही समाजवाद के लिए सहायक बनी। 1960 की शुरुआत तक, जब तीसरी पंचवर्षीय योजना लाई गई तो यह स्पष्ट हो गया था कि प्रशासनिक ज़िम्मेदारियों का विस्तार अपने आप में ही अकुशलता और विलंब का एक कारण है। तीसरी पंचवर्षीय योजना प्रलेख यह समझने के लिए पर्याप्त स्पष्ट थे कि 'जितना बड़ा बोझ प्रशासनिक संरचना पर डाला जाएगा, वह आकार में उतनी ही बड़ी होती जाएगी और वह आकार में जितनी बड़ी होती जाएगी, कामकाज में उतनी ही धीमी होती जाएगी। विलंब हुए और उनसे हर स्तर पर कामकाज प्रभावित हुआ तथा अपेक्षित नतीजे स्थगित होते गए।'

हालांकि समस्या को चार दशक से भी ज़्यादा पहले पहचान लिया गया था, तो भी 1990 में अर्थव्यवस्था के सार्थक उदारवाद के बावजूद नौकरशाही का पनपना अक्षुण्ण रहा और प्रशासनिक संरचना कम से कमतर क्रियाशील होती गई। कुल मिलाकर पुराना अधिकारी तंत्र और विनियामक ढांचा ज़्यादा बोझिल हो गया। नियमन, नियंत्रण या पहले से बताई गई एजेंसियों का निरीक्षण करने के लिए ज़्यादा से ज़्यादा एजेंसियां बनाई गईं। विश्व बैंक द्वारा किए गए व्यवसाय पर्यावरण सर्वे की रिपोर्ट बताती है कि लेटिन अमेरिकी देशों में प्रबंधक अपने समय का दो प्रतिशत सरकारी अधिकारियों से व्यवहार करने में बिताते हैं, और लगभग उसका दोगुना समय पश्चिमी यूरोप की संक्रमणकालीन अर्थव्यवस्थाओं को समझने में बिताते हैं। भारत में 1990 के आर्थिक सुधारों के बावजूद नौकरशाही के साथ तालमेल बैठाने में बिताए गए समय का औसत हिस्सा 16 प्रतिशत था।

संघीय एजेंसियों द्वारा विनियामक नियंत्रण और कई निरीक्षणों को अधिरोपित करने के अलावा राज्य और स्थानीय सरकारों द्वारा लागू किए गए प्रशासनिक नियमों और विनियमों का आधिक्य है। ये हर राज्य और हर ज़िले में पृथक हैं। छोटे और मध्यम दर्जे की फ़र्में ज़्यादा बुरी तरह प्रभावित हैं क्योंकि उनके पास प्रशासनिक बाधाओं को दूर करने के कम

विकसित राजनीतिक संपर्क हैं।

यहां निस्संदेह कई महत्वपूर्ण नीति क्षेत्र हैं जहां 1991 के पहले से मनचाहे और निर्णायक अवसर रहे हैं। इसमें औद्योगिकीय लाइसेंस व्यवस्था (कुछ अपवादों के साथ) का उन्मूलन, पूंजीगत निर्गमों पर नियंत्रणों का उन्मूलन, आयात लाइसेंस व्यवस्था का उदारीकरण, आयात शुल्क में पर्याप्त कमी और यथार्थवादी विनिमय दर नीति को अपनाया जाना शामिल है। निस्संदेह इन क्षेत्रों में आर्थिक सुधारों ने सकारात्मक परिणाम उत्पन्न किए हैं। अब विकास की औसत रुझान दर 6 प्रतिशत के क़रीब है, निगमित निजी क्षेत्र पुनरुत्थान का संकेत दे रहे हैं, घरेलू पूंजी बाज़ारों में पहुंच आसान हो गई है, और सबसे अच्छी बात यह कि भुगतानों का संतुलन और आरक्षितियों की स्थिति मज़बूत हुई है। अन्य अति महत्वपूर्ण क्षेत्रों जहां अतीत का मृतभार नीतिगत सुधारों में बाधा पहुंचा रहा है, उन पर ध्यान केंद्रित करने का उद्देश्य उन तथ्यों को उजागर करना है कि ग़रीबों को लाभान्वित करने वाले क्षेत्रों में (उदाहरण के लिए, जन कल्याण, ग्रामीण मूलभूत ढांचा, साक्षरता और स्वास्थ्य), विकास दर को बढ़ाना तथा उच्च लोक निवेश तब तक संभव नहीं है, जब तक पुरानी मानसिकता न बदले। दुर्भाग्य से उपर्युक्त विशेष क्षेत्रों के साथ कुछ अन्य निश्चित क्षेत्रों (जैसे श्रम सुधार) में किसी सकारात्मक कार्रवाई के संकेत बहुत मद्धिम हैं।

वितरणात्मक गठबंधनों की शक्ति

स्वतंत्रता के समय भारत के सामंतवादी अतीत, बड़े पैमाने पर ग़रीबी, धन और आय के वितरण में व्यापक असमानताओं तथा इसके विभाजित सामाजिक ढांचे ने ये संदेह पैदा किए कि क्या एक राष्ट्र के रूप में इसकी एकता और वयस्क मताधिकार के प्रति इसके लोकतांत्रिक प्रयोग लंबे समय तक बने रह पाएंगे। इनमें से कई संदेह विभाजन के दौरान हुई हिंसा और बाद में राज्यों के बीच राजभाषा और वित्तीय अंतरण

को लेकर मतभेदों के कारण और गहरा गए। फिर भी भारत के
सफलतापूर्वक तीन या चार आम चुनावों के दौर से गुज़रने और देश
की संघीय व्यवस्था राजनीतिक रूप में व्यावहारिक और सामान्य तौर पर
समूचे देश में स्वीकार्य होने के बाद भारत के लोकतांत्रिक प्रयोग ने विश्व
व्यापक प्रशंसा पाई।

कई आंतरिक विरोधाभासों के बावजूद भारत के एक लोकतंत्र के
रूप में विद्यमान रहने के कारणों की व्याख्या करने के लिए कई सिद्धांत
सामने आए हैं। पॉल ब्रास, मायरन बेइनर, फ्रेंसाइन फ्रेंकिल, लॉयड और
सूजन रूडोल्फ़, रजनी कोठारी जैसे विद्वानों के द्वारा पिछले चालीस सालों
में किए गए अध्ययन सामने आए हैं और कई अन्यों ने इस असाधारण
घटना के कारणों को समझने का प्रयास किया। उन्होंने वैकल्पिक व्याख्याएं
भी दीं कि क्यों कई टकरावों और जनता को पर्याप्त आर्थिक फ़ायदा
पहुंचाने में असफल होने के बावजूद भारत का लोकतंत्र बचा रहा। उनके
सर्वेक्षणों के उपयोगी निष्कर्ष एस.डी. शर्मा (2003) की पुस्तक में देखे
जा सकते हैं। विद्वानों द्वारा प्रस्तुत किए गए शोध निष्कर्ष तथा कई
अनुमान भारत के लोकतंत्र के स्वभाव और इसके विकास के निर्धारण
में लगी शक्तियों को समझने में निश्चित रूप से उपयोगी हैं। फिर भी
भारत जैसे सक्रिय लोकतंत्र में, जहां मतदाताओं की एक विशाल संख्या
ग़रीब है, यह समझना अब भी मुश्किल है कि क्यों उन नीतियों को
लगातार राजनीतिक समर्थन मिलता रहता है, जो उन्हें लाभ नहीं पहुंचातीं।

हालांकि यहां इस परिस्थिति के लिए कई वैकल्पिक व्याख्याएं हो सकती
हैं, संभवतः तथ्य को देखने पर सबसे युक्तियुक्त उत्तर पाया जाएगा,
जैसा कि लोक चयन सिद्धांत में ज़ोर दिया गया है कि अधिकांश लोकतंत्रों
में आर्थिक मुद्दों पर निर्णयन कार्य जन सामान्य के सामान्य हितों की
बजाय विशेष हितों द्वारा संचालित होते हैं। ये विशेष हित अन्य अधिक
परिपक्व अर्थव्यवस्थाओं की अपेक्षा भारत में ज़्यादा असमान रूप से घटित
होते हैं। यहां विशेष प्रांतीय हित न केवल राज्यों में बल्कि राज्य के

विभिन्न भागों में सत्ता पर क़ाबिज़ पार्टी की निर्वाचक संख्या पर निर्भर राज्यों के भीतर भी है। राजनीतिक स्तर पर आर्थिक नीति-निर्णयन आगे व्यावसायिक विभाजन (उदाहरण के लिए कृषि क्षेत्र बनाम ग़ैर कृषि क्षेत्र), उद्यम के आकार (उदाहरण के लिए बड़ा उद्योग बनाम लघु उद्योग), जाति, धर्म, ट्रेड यूनियनों की राजनीतिक सांठ-गांठ या सत्ता को नियंत्रित करने वाले वर्ग और अन्य फूट डालने वाले कारकों के समूह से आक्रांत है। परिणामस्वरूप मैंकर ऑलसन के प्रसिद्ध वाक्यांश 'वितरणात्मक गठबंधन' में सरकार विशेष के निर्णयों से अधिकांश आर्थिक लाभ एक ख़ास हित समूह को मिलने की संभावना रहती है। ये गठबंधन धन और आय के वितरण को अतिरिक्त उत्पादन में लगाकर, उसे शेष समाज के साथ बांटने की बजाय हमेशा अपने पक्ष में करने के लिए ज़्यादा रुचि लेते हैं।

सरकारी लोगों की विशेष वर्गों को सुपुर्दगी ने विभिन्न हितों के बीच सौदेबाज़ी और गतिरोध को भी बढ़ावा दिया है। परिणामस्वरूप समूचे राजनीतिक जमावड़े में दलालों की एक बड़ी संख्या उत्पन्न हुई है। इसके अलावा चूंकि अब चुनाव बहुत ख़र्चीले और बिना किसी निश्चित समय के बार-बार होने लगे हैं, और जिनके दौरान विभिन्न राज्यों से धन इकट्ठा किया जाता है, यहां राजनीतिक भ्रष्टाचार को बर्दाश्त करना निर्वाचन प्रक्रिया की एक अपरिहार्य विशेषता के तौर पर है।

इस प्रकार कई महत्वपूर्ण क्षेत्रों में हमारे गणराज्य के प्रवर्तकों द्वारा जो कुछ भी सोचा गया था, उसके और हमारे आयोजकों की दूरदर्शिता के विपरीत वास्तविक कार्य व्यवहार में राजनीतिक अर्थव्यवस्था संतुलन संकुचित और व्यर्थ निकला। वहां इतने लंबे समय तक कैसे विशेष हितों की कड़ी पकड़ बनी रही, जहां बहुसंख्यक लोगों ने आर्थिक सौदेबाज़ी की प्रक्रिया से पर्याप्त लाभ नहीं पाया? उत्तर खोजना मुश्किल नहीं है। साधारण सा तथ्य है कि ये तथाकथित बहुसंख्यक लोग पृथक वैयक्तिक उप समूहों में बंटे हुए हैं जो अपने आप में ही कई कारकों (जैसे जाति,

धर्म, स्थान या व्यवसाय) के द्वारा बंटे हुए हैं, जबकि विशेष हित समूह आर्थिक घालमेल में से अपने हिस्से को सुरक्षित रखने के लिए संगठित हैं। असल में इसीलिए हमारे समाज में तथाकथित 'धनी-मानी' 'निर्धनों' की अपेक्षा कहीं ज़्यादा ताक़तवर हैं। उदाहरण के लिए, समूचे देश में विशाल बेरोज़गार (निर्धन) बहुसंख्यक लोगों की बजाय नौकरीपेशा (धनी-मानी) व्यक्तियों की ट्रेड यूनियनें उनके आर्थिक हितों के संकट में पड़ने पर हड़ताल करने को तैयार रहती हैं।

इस बिंदु पर मैं यह स्पष्ट कर दूं कि राजनीतिक अर्थव्यवस्था नतीजों के निर्धारण में विशेष हितों की महत्वपूर्ण भूमिका उन्मुक्त बाज़ारों की आवश्यकता के बिना सरकारी नियमों और क़ानूनों वाली अर्थव्यवस्था की आवश्यकता के पक्ष में कोई दलील नहीं है। मामला यहां बाज़ार बनाम सरकार का नहीं है। भारतीय अर्थव्यवस्था की समस्या यह नहीं है कि इसका बाज़ार कम या ज़्यादा मुक्त है बल्कि यह है कि इसकी स्वतंत्रता ग़लत क्षेत्र में है। यह एक आम धारणा है कि भारत के अधिकांश भागों में सरकारी अनुज्ञप्तियां, विनियामक अनुमोदन या लाइसेंस क़ीमत देकर प्राप्त किए जा सकते हैं। इन क्षेत्रों में समस्या है अतिशय बाज़ारीकरण की। दूसरी तरफ़, अन्य क्षेत्रों में, जहां बाज़ार (उदाहरण के लिए श्रम बाज़ार या अंतरराष्ट्रीय व्यापार) ज़्यादा मुक्त होना चाहिए, भारत लाल फ़ीताशाही में फंसा हुआ है।

हमारे देश में आर्थिक नीति-परिणामों के निर्धारण पर हावी गठबंधनों की शक्ति पर विचार करते समय दो और चेतावनियां ज़रूरी हैं। मुद्दा यह नहीं है कि ये गठबंधन लोकनीति की दिशा निर्धारित करने में हमेशा विजेता के रूप में उभरते हैं या सभी राजनीतिज्ञ विशेष हितों को साधते हैं। यहां ईमानदार अपवाद हैं और निश्चित रूप से ऐसे ईमानदार नेता हैं जो जन सामान्य के हितों को तरजीह देते हैं, लेकिन संभवतः वे दस्तूर की बजाय अपवाद हैं। यह भी संभव है कि सफलतापूर्वक चल रही आर्थिक नीति में उन्हें पर्याप्त मुश्किलों का भी सामना करना पड़े, जो संगठित

समूहों के विशेष हितों पर प्रतिकूल प्रभाव डालती हैं। उसी तरह, यहां ऐसी परिस्थितियां (जैसे युद्ध, प्राकृतिक आपदाएं या धार्मिक संघर्ष) भी हैं, जब उद्देश्य का एकत्व जनमानस के सभी तबक़े के लोगों की भलाई के लिए सामने आता है।

यह विशेष हितों और प्रबल गठबंधनों की ही शक्ति है जो बताती है कि भारत में क्यों ऐसी नीतियों और कार्यक्रमों को सभी राजनीतिक पार्टियों के मध्य भारी समर्थन मिलता है जो केवल ग़रीबों के छोटे से अंश को लाभ पहुंचाती हैं। इस तरह उदाहरण के लिए, बाज़ार मज़दूरी दरों से दो या तीन गुना ज़्यादा अतिरिक्त सरकारी नौकरियों का सृजन, प्रशासनिक मंत्रालयों और सार्वजनिक उपक्रमों के प्रभारी मंत्रियों का पसंदीदा व्यवसाय है। समय के साथ सरकार के वेतन प्रस्ताव प्रसार ने अधिकांश राज्यों (और केंद्र को) को वित्तीय दृष्टि से जनसाधारण की एक बड़ी संख्या की सुविधाओं के सुधार और जनसेवाओं के लिए पूंजीगत व्यय को पूरा करने के लिए बहुत थोड़ी सी क्षमता के साथ अक्षम बनाकर छोड़ दिया। फिर भी, बड़ी मात्रा में राजकोष के ख़ाली होने के बावजूद राज्य की जनसंख्या के संदर्भ में सरकारी नौकरियों की संख्या अपेक्षाकृत कम है और सिर्फ़ राज्य विशेष के मुट्ठी भर लोगों को फ़ायदा पहुंचाती हैं। उनकी यूनियनें सरकार की व्यय प्राथमिकताओं का निर्धारण करने में भी काफ़ी शक्तिशाली हैं। जनता के विशेष तबक़े के लिए नौकरियों के आरक्षण की भावुकता भरी हिमायत के बारे में भी यही सच है। किसी ख़ास आरक्षित वर्ग से संबंध रखने वालों की काफ़ी कम जनसंख्या ही वास्तव में लाभान्वित होती है, लेकिन इसका लाभ न पाने वालों और ग़रीबों के लिए ऐसे आरक्षणों के लाभ को लेकर काफ़ी राजनीतिक शोर-शराबा होता है। मुद्दा यह नहीं है कि क्या आरक्षण मुनासिब है या नहीं। निस्संदेह उनके लिए यह एक अच्छा मुद्दा है, फिर भी चौंकाने वाली बात यह है कि प्रबल राजनीतिक गठबंधन समग्र उत्पादन, रोज़गार और जनता के व्यापक कल्याण को बढ़ाने की बजाय चंद उपलब्ध नौकरियों

के वितरण में ज़्यादा दिलचस्पी लेते दिखाई देते हैं।

तब इसमें आश्चर्य नहीं कि उन राज्यों में जहां बहुत बड़ा अनुपात ग़रीबों और बेरोज़गारों का हो, सरकारी कर्मचारियों के वेतन, उनकी पेंशन और पिछले ऋणों के ब्याज राजस्व आय का 85 प्रतिशत से भी ज़्यादा ख़र्च कर देते हैं। राज्यों के कुल राजस्व घाटे का संयुक्त राजस्व घाटे के रूप में अनुपात 1990 के पूर्वार्ध में 30 प्रतिशत से बढ़कर दशक की समाप्ति तक 60 प्रतिशत हो गया। संयुक्त राजस्व घाटे के रूप में, राज्यों के कुल घाटे का अनुपात 1990 के पूर्वार्ध में 30 प्रतिशत से एकाएक बढ़कर 60 प्रतिशत हो गया। राज्यों में राजस्व की तंगी का परिणाम यह हुआ कि कुल व्यय में पूंजीगत व्यय के अंश में तेज़ी से गिरावट आई। पूंजीगत व्यय, जो पहले ही कम था (1980 के अंत में राज्य बजट का केवल 20 प्रतिशत), आगे 1990 के अंत में घटकर 10 प्रतिशत से भी कम हो गया। ख़ासकर सड़कों और अन्य बुनियादी सुविधाओं पर किया जाने वाला पूंजीगत व्यय आमतौर पर लोगों को लाभ पहुंचाता है, जबकि राजस्व व्यय (जिसके सबसे बड़े घटक वेतन हैं) केवल चंद सरकारी नौकरी वाले भाग्यवानों को फ़ायदा पहुंचाता है। निस्संदेह जनता के पास अपने मताधिकार का प्रयोग करने की राजनीतिक शक्ति है लेकिन राज्य की व्यवस्था लगातार चंद उन लोगों के हित में काम करती है जिनके पास राजनीतिक ताक़त और ख़ास मतदातागण हैं।

अर्थव्यवस्था का एक महत्वपूर्ण क्षेत्र, जो राज्यों में हाल ही के वर्षों में वित्तीय घाटों से बुरी तरह प्रभावित रहा है, वह है कृषि। 1994-95 से कृषि उत्पादन में विकास दर 4 प्रतिशत से अधिक (1980-91 से) की तुलना में 1994-95 में 2 प्रतिशत से कम रही है। एक या दो सालों के अपवाद को छोड़कर मानसून सामान्यतः अच्छा रहा है। फिर भी, निम्न निवेश, घटिया अनुरक्षण और प्रशासनिक उदासीनता की वजह से औसत किसान के लिए सिंचाई और बिजली व्यवस्था ख़राब रहीं। इस परिस्थिति

का प्रमुख कारण पूंजी निवेश या अनुरक्षण के लिए स्थानीय पंचायतों सहित, ज़िला प्राधिकरणों के बावजूद वित्तीय संसाधनों का अभाव है। उच्च स्तरीय ग़रीबी और निजी तथा लोक निवेश पर निर्भर क्षेत्रों में आय-वृद्धि में बढ़ती हुई विषमता का प्रमुख कारण कृषि विकास दर में गिरावट है। ग़रीबों को लाभ न पहुंचाने वाली तथा लोक निवेश को न बढ़ाने वाली आर्थिक सहायता को कम करने की सार्वजनिक बहसें राजनीतिक पार्टियों या राजनीतिक नेताओं के बीच यदाकदा ही स्थान पाती हैं। हालांकि कृषि   प्रधान क्षेत्रों से संसद या राज्य विधानसभा में बड़ी तादाद में प्रतिनिधि चुनकर भेजे जाते हैं।

अर्थशास्त्र और राजनीति के बीच वियोजन

अपने हाल ही के लेख में प्रनव बर्धन ने भारत में अर्थशास्त्र और राजनीति के बीच बढ़ते हुए वियोजन की ओर ध्यान आकर्षित किया है। देश के सुदूर क्षेत्र में अब तक गौण रहे समुदायों में निरंतर बढ़ रही राजनीतिक जागरूकता के दायरों में स्पष्ट तौर पर लोकतंत्र का विस्तार हुआ है, जबकि राजनीतिक व्यवस्था ग़रीब और अभावग्रस्त निचले तबक़े के आर्थिक हितों के प्रति बराबर उदासीन होती गई है। राजनीतिज्ञ यदा-कदा ही परिस्थितिजन्य ग़रीबी या लोक वितरण व्यवस्था के क्षय के लिए मतदाताओं द्वारा दंडित किए जाते हैं। अब ऐसे चंद ही आश्वासन हैं कि एक सरकार (या नेता) द्वारा किए गए वादे आने वाली सरकार या खुद उसके द्वारा पूरे किए जाएं। एक राजनीतिक पार्टी यदि कुछ सुधार (उदाहरण के लिए सार्वजनिक उपक्रमों के निजीकरण में विनिवेश) शुरू करती है, तो बहुत संभव है कि जब वह सत्ता में न रहे तो उसका तुरंत विरोध शुरू हो जाए।

जब एक ख़ास मुद्दा ज़बरदस्त राष्ट्रीय महत्व हासिल करता हैः जैसे आपातकाल या बांग्लादेश के युद्ध में भारत की भूमिका जैसे चंद अवसरों को छोड़कर कोई भी ऐसा उत्कृष्ट उदाहरण नहीं है, जो यह दिखाता

है कि क्यों कोई ख़ास पार्टी या उम्मीदवार चुनाव हारता या जीतता है।
खुद के द्वारा चलाई जा रही नीतियों के आर्थिक परिणामों की परवाह
किए बिना आपातकाल के बाद 1977 के चुनावों के पश्चात कांग्रेस पार्टी
केंद्र और अधिकांश राज्यों में घटते-बढ़ते बहुमत के साथ सत्ता में लौटी।
1956 में भारत पहले सबसे बड़े विदेशी आधिकारिक सहायता पर निर्भर
होता चला गया। तब सरकार और योजना आयोग द्वारा इन वर्षों में
आर्थिक एजेंडे का जो मुख्य रूप पेश किया गया, वह था, 'आत्मनिर्भरता'
और ग़ैर आधिकारिक विदेशी पूंजीगत अंतर्प्रवाह पर नियंत्रण के लिए
किया गया आह्वान। निवेशों पर सरकारी नियंत्रण के माध्यम से ग़रीबी
उन्मूलन और बढ़ते हुए सार्वजनिक क्षेत्र भी आर्थिक एजेंडे के महत्वपूर्ण
हिस्से थे। 1971 के चुनावों के दौरान ग़रीबी विरोधी उद्देश्य ने 'ग़रीबी
हटाओ' नारे में ज़बरदस्त अभिव्यक्ति पाई। वह सरकार जो पिछले चौबीस
सालों से सत्ता में रही थी, ग़रीबी हटाने में सक्षम हुए बिना इस वादे
के आधार पर भारी बहुमत के साथ फिर से चुनाव जीती। इन समस्त
वर्षों के दौरान विकास कर रहे विश्व में भारत की विकास दर सबसे
कम और ग़रीबों की संख्या सबसे ज़्यादा थी।

    1980 के बाद जब जनता पार्टी की सरकार के तीन साल बाद कांग्रेस
पार्टी सत्ता में लौटी तो विकास दर में सुधार हुआ। फिर भी अर्थव्यवस्था
(यद्यपि उस समय अतिरिक्त विदेशी ऋणों और बढ़ते राजस्व के कारण
एक बाह्य संकट उत्पन्न हो रहा था) से नाममात्र के सरोकार होने के
कारणों से 1989 में वह पुनः चुनाव हार गई। कांग्रेस पार्टी 1991 में
सर्वाधिक बुरे आर्थिक संकटों के दौरान पुनः सत्ता में लौटी और आर्थिक
सुधार का एक कार्यक्रम शुरू किया, जिसका सर्वत्र स्वागत हुआ। संकट
जल्द ही टल गए और भारत बाह्य तौर पर मज़बूत हुआ। फिर भी पार्टी
1996 के चुनाव हार गई। राष्ट्रीय गणतांत्रिक गठबंधन (एनडीए) सरकार
जो 2004 में चुनाव हार गई थी, एक मत के अनुसार 2003-04 में
सशक्त बाह्य आरक्षितियों, धीमी मुद्रास्फीति और उच्च विकास दर के

कारण उसका भी एक अच्छा आर्थिक कीर्तिमान था।

इतिहास आर्थिक निष्पादन की अनुपस्थिति को चुनावी नतीजों के निर्धारण में एक कारक के रूप में प्रमाणित करता है। राज्य स्तर पर आर्थिक सोच-विचार भी कम महत्वपूर्ण प्रतीत होते हैं। दो बड़े राज्यों, उत्तर प्रदेश और बिहार में ऐसी विभिन्न पार्टियां बार-बार सत्ता में लौट रही हैं। जिनका आर्थिक निष्पादन या ग़रीबों के अनुकूल नीतियों का कोई रिकॉर्ड नहीं है। संसद के वैयक्तिक सदस्यों के विषय में 2004 के चुनावों में उम्मीदवारों द्वारा निर्वाचन आधार पर फ़ाइल की गई एक रिपोर्ट बताती है कि लगभग सौ से ज़्यादा सदस्यों (543 सदस्यों वाले सदन में) के ख़िलाफ़ आपराधिक आरोप थे। इनमें से अधिकांश सदस्यों पर अन्य विभिन्न अपराधों (जैसे हत्या, धोखाधड़ी या अपहरण) के अलावा आर्थिक भ्रष्टाचार के आरोप भी थे। चुनाव में भाग लेने वाली सभी पार्टियों में ऐसे उम्मीदवार थे, जिनके ख़िलाफ़ आरोप-पत्र दाख़िल थे और छोटी पार्टियों में जीतने वाले ऐसे उम्मीदवार जिनके ख़िलाफ़ आपराधिक आरोप थे, उनका प्रतिशत 40 या उससे ज़्यादा था। इनमें से अब छह केंद्रीय मंत्रिमंडल में मंत्री हैं। पिछली लोकसभा में भी ऐसे सदस्यों की संख्या अच्छी-ख़ासी थी जिनके ख़िलाफ़ आपराधिक मामले थे। इस प्रकार, आर्थिक प्रगति या सफलता अथवा ग़रीबी उन्मूलन में असफलता, पार्टी घोषणा-पत्र या चुनाव अभियानों में इन उद्देश्यों पर दी जाने वाली भारी तवज्जो के बावजूद चुनावी नतीजों पर इनका असर नगण्य है।

याद किया जा सकता है कि स्वतंत्रता संग्राम के दौरान समूचे देश की अभिलाषा थी कि संगठित कर देने वाली एक प्रमुख राजनीतिक ताक़त हो जो उन औपनिवेशिक आर्थिक नीतियों के प्रभाव को भेदकर निकल जाए, जिसने भारत को ग़रीब और निष्क्रिय बनाकर रखा था। स्वतंत्रता के बाद के क़रीब पंद्रह सालों में पंचवर्षीय योजनाओं ने निकट भविष्य में भारत की आर्थिक और औद्योगिक शक्ति बनने की ऊंची उम्मीदें जगाईं। पंडित जवाहरलाल नेहरू के राजनीतिक करिश्मे के अलावा भारत की

प्रथम महत्वाकांक्षी योजनाओं को शुरू करने की पहल और जनता के सभी तबक़ों में जो उम्मीदें उन्होंने जगाईं, वह स्वतंत्रता के बाद हुए पहले तीन आम चुनावों के दौरान कांग्रेस पार्टी के पक्ष में मतदाताओं का भारी जनादेश जाने का एक मुख्य कारण थी। फिर भी 1965 में भंयकर अकाल के बाद, बराबर यह साफ़ होता जा रहा था कि भारत की विकास रणनीति और आर्थिक नीतियां जिनका दावा कर रही थीं, उन नतीजों और लाभों की प्राप्ति नहीं हो रही है। जबकि चुनावी आडंबर ग़रीबी विरोधी कार्यक्रमों और आत्मनिर्भरता के अति महत्व का दावा कर रहे थे। इन उद्देश्यों को पूरा करने के सरकार के आर्थिक रिकॉर्ड समय के साथ महत्वहीन हो गए।

इस पृष्ठभूमि के बारे में एक सवाल है, जिसकी छानबीन किए जाने की आवश्यकता है: अगर 1965 के बाद अर्थव्यवस्था राष्ट्रीय जनमत को एकीकृत करने वाली राजनीतिक ताक़त नहीं रही थी, तो क्या चुनावी नतीजे तय करने में समान भूमिका निभाने वाला समान महत्व का कोई दूसरा राष्ट्रीय मुद्दा था? देश के सभी नागरिकों से संबंधित दो स्थायी राष्ट्रीय मुद्दे हैं: विदेश नीति और सुरक्षा। इन क्षेत्रों में यदि कोई असाधारण घटना होती है तब स्वाभाविक तौर पर सत्तारूढ़ सरकार पर अनुकूल या प्रतिकूल प्रभाव पड़ेगा। उदाहरण के लिए 1962 में चीनी आक्रमण के बाद निर्वाचक वर्ग पर कांग्रेस पार्टी की पकड़ पर प्रतिकूल प्रभाव पड़ा था। दूसरी ओर 1971 में बांग्लादेश में युद्ध के दौरान भारत के सफल हस्तक्षेप का पार्टी ने भरपूर लाभ उठाया। फिर भी ऐसे प्रसंग बहुत थोड़े और विरले ही हैं। जो भी हो, रक्षा या विदेश नीति से जुड़े मुद्दों पर विभिन्न पार्टियों के राजनीतिक रुख़ में कोई ज़्यादा अंतर नहीं है। इन क्षेत्रों में संकल्प का सामंजस्य है जो दलगत राजनीति का विरोध करती है।

अर्थव्यवस्था, विदेश नीति और रक्षा के अलावा अन्य राष्ट्रीय मुद्दे इतने महत्व के नहीं हैं कि वे समूचे देश में चुनावी नतीजों का निर्धारण

करने में महत्वपूर्ण भूमिका अदा कर सकें। इसलिए इसमें आश्चर्य नहीं कि धीरे-धीरे सांप्रदायिक, स्थानीय और प्रांतीय मुद्दों ने चुनावी नतीजों का निर्धारण करने में एक महत्वपूर्ण भूमिका निभानी शुरू कर दी है। ये प्रांतीय पार्टियों के बढ़ते हुए महत्व और कारण को दिखाता है कि देश भर में निर्वाचनीय फ़ैसले अलगाववादी और बिखरे हुए क्यों हैं। इसने चुनाव के दौरान चुनाव संबंधी एजेंडे और राजनीतिक पार्टियों व उनके नेताओं के रूप को भी बदल दिया है।

राष्ट्रीय संदर्भ में देखा जाए तो सांप्रदायिक और स्थानीय मुद्दे स्वाभाविक तौर पर ज़्यादा अलगाववादी हो गए हैं। यदि केंद्र में विभिन्न पार्टी या पार्टियों की सरकार होती है तो राज्य विशेष में विकास के अभाव और निरंतर बढ़ रही ग़रीबी के लिए कहा जाता है कि यह केंद्र के अपर्याप्त सहयोग की वजह से है। समान रूप से यहां आरक्षणों या मौजूदा नौकरियों के बंटवारे या ख़ास जाति या ख़ास वर्ग के लोगों, क्षेत्रों या व्यवसायों पर काफ़ी ज़ोर दिया जाता है। क्षेत्रीय पार्टियों का राज्य में अपने कामकाज के साथ-साथ उनके नेताओं के उत्तरदायित्व का स्वरूप भी बदल गया है। वे अपने किए वादों को पूरा कर पाने के लिए ग़रीबों के लिए रोज़गार या आय बढ़ाने के लिए उत्तरदायी नहीं हैं क्योंकि कुछ अन्य पार्टियों या शक्ति के किसी अन्य केंद्र को बढ़ रही ग़रीबी और प्रगति के अभाव के लिए दोष दिया जा सकता है।

केंद्र में विचारधाराओं और क्षेत्रीय संबद्धता में स्पष्ट मतभेद के कारण विविध सोच वाली गठबंधन सरकारों के प्रार्दुभाव की वजह से वास्तविक कार्य के प्रति ज़िम्मेदारी की प्रवृत्ति भी क्षीण हुई है। कार्यकाल कम होने की आशंका ने मंत्रियों के अंदर खुद के द्वारा अपनाई गई दीर्घकालीन प्रभाव वाली नीतियों के प्रति उदासीनता भर दी है। वित्त संबंधी उत्तरदायित्व आगे-आगे और क्षीण हो गए हैं। वित्तीय मामलों की असफलता को अक्सर पिछली सरकार के कार्यकलापों या गठबंधन राजनीति की अपरिहार्य विवशताओं के सिर मढ़ दिया जाता है। ग़रीबी हटाने या रोज़गार बढ़ाने

के बड़े-बड़े वादे किए जाते हैं लेकिन ऐसी अपेक्षा की जाती है कि इन नीतियों के परिणाम सामने आने से पहले नई सरकार सत्ता में आ चुकी होगी। आर्थिक निष्पादन के प्रति राजनीतिक उदासीनता और उत्तरदायित्व के अभाव के अलावा अधिकांश संस्थानों यथा न्यायालय, नौकरशाही और पुलिस की प्रभावहीनता बढ़ रही है। मेहता (2003) के अनुसार 'ये दुराग्रह अभिप्रेरित संरचनाओं' के कारण इतने उलझे हुए हैं कि जवाबदेही लगभग असंभव है। प्रशासनिक सुधार के अधिकांश प्रस्ताव विद्यमान संस्थानों में मात्र निरीक्षण का एक स्तर और जोड़ते हैं, बिना गंभीरता के यह सवाल किए कि राज्य में उनके संस्थानों की जवाबदेही को बढ़ाने के लिए क्यों इतने कम विश्वसनीय या अविश्वसनीय अधिनियम हैं।

निष्कर्ष यह है कि ऐसी कई प्रभावशाली ताक़तें हैं जो भविष्य में भारत के आर्थिक निष्पादन पर प्रतिकूल प्रभाव डाल सकती हैं। जब तक नीति-निर्धारण में महत्वपूर्ण परिवर्तन न किए जाएं तब तक वास्तविक परिणाम भारत की उच्च क्षमता के अनुरूप नहीं हो सकेंगे। राजनीतिक और अर्थशास्त्र के बीच नियोजन बढ़ रहा है। राज्य की नीतियां निर्धारित करने में विशेष हितों की शक्ति बढ़ी है, वित्तीय अशक्तिकरण बढ़ रहा है और सरकारें स्वयं के द्वारा शुरू की गई नीतियों के परिणामों के लिए बहुत कम ज़िम्मेदार हैं। जहां भारत के लोकतंत्र की ओजस्विता और विविधता सुख और आनंद का विषय है, वहीं इसके लोगों की बहुत बड़ी संख्या, ख़ासकर ग़रीबों को वास्तविक आर्थिक लाभ पहुंचाने में सफलता की कमी गहरी चिंता का विषय है। इक्कीसवीं सदी के आरंभ में विकास नियोजन के पचास सालों से भी अधिक समय बाद भारत बढ़ रहे शासन संकट का भी सामना कर रहा है। यही अगले अध्याय का विषय है।

तीन

शासन के संकट

भारत में शासन के संकट और जनसाधारण के कल्याण के प्रति शासन ढांचे की उदासीनता को किसी परिचय की ज़रूरत नहीं है। संविधान की कार्यप्रणाली की समीक्षा का उच्च स्तरीय राष्ट्रीय आयोग (अध्यक्ष न्यायमूर्ति एम.एन. वेंकटचलैया) का अवलोकन स्वतः ही बताता है:

> *संवैधानिक विश्वासघात मूलतः सरकारों की ओर से होता है और उनके शासन का तरीक़ा उसी जनमानस की उपेक्षा में निहित है जो सभी राजनीतिक प्राधिकार का परम स्रोत है। लोक सेवक और संस्थान इस बुनियादी अनिवार्यता के प्रति सचेत नहीं हैं कि वे जनता के सेवक हैं, जिसका अर्थ है, उनकी सेवा करना। संविधान में प्रतिष्ठित व्यक्ति की गरिमा एक अधूरा वचन बनकर रह गई है। इस प्रकार, सरकारों और शासन में विश्वास ख़त्म हो गया है। नागरिक अपनी सरकारों को बेक़ाबू हालातों से घिरा देख रहे हैं और संस्थानों के प्रति अपना विश्वास खो रहे हैं। समाज वर्तमान हालातों का सामना करने में असमर्थ है। (वेंकटचलैया आयोग 2002, पृ. 50)*

हाल ही में, भारत अपने आर्थिक निष्पादन के लिए सुर्ख़ियों में रहा है।

यह सॉफ़्टवेयर सेवाओं और अन्य उच्च तकनीकी निर्यातों के अग्रणी निर्यातक के रूप में उभरा है। इसी समय अपनी उच्च विकास क्षमता के बावजूद संसार के ग़रीबी रेखा से नीचे व्यक्तियों की बड़ी संख्या भी भारत में ही है। भारत में ग़रीबों की संख्या का आकलन, आकलन के लिए प्रयुक्त प्रणाली पर निर्भर करते हुए बदलता रहता है। फिर भी, सरकारी एजेंसियों द्वारा सबसे अधिक परंपरागत आकलन बताता है कि लगभग 30 करोड़ लोग ग़रीबी रेखा से नीचे हैं और भोजन तथा पोषण की कम से कम मात्रा भी नहीं जुटा पाते हैं। इसकी शहरी गंदी बस्तियों और ग्रामीण इलाक़ों की स्थिति संसार में बद से बदतर है और यहां तक कि अधिकांश आशावादी प्रेक्षक निकट भविष्य में इसमें कोई नाटकीय सुधार हो जाने की संभावना भी नहीं देखते।

कई सालों से, सरकार ने बड़ी संख्या में कार्यक्रम चलाए, जिनका उद्देश्य नौकरियों के सृजन के माध्यम से ग़रीबी को दूर करना, ग़रीबों की ऋण द्वारा आर्थिक सहायता का प्रावधान या काम के बदले मुफ़्त भोजन प्रदान करना है। इन कार्यक्रमों ने निस्संदेह ग़रीबों को लाभ पहुंचाया है और ग़रीबी के परिमाण को कम करने में सहायता की है, फिर भी सभी क्षेत्रों के अध्ययन के साथ अनौपचारिक अवलोकन संकेत करते हैं कि सरकारी निधि से चलाए जा रहे ग़रीबी विरोधी कार्यक्रमों में निधि की रिसाव दर काफ़ी ऊंची है। 1980 के उत्तरार्ध में तत्कालीन प्रधानमंत्री राजीव गांधी के अनुसार इन कार्यक्रमों से निधि का रिसाव काफ़ी ऊंचा लगभग 85 प्रातिशत था। तब से राजनीतिक भ्रष्टाचार और प्रशासकीय अकुशलता के चलते स्थिति सुधरने की बजाय और ख़राब हुई है।

यहां तक कि अति अनिवार्य जन सेवाओं जैसे पेयजल और स्वच्छता की सुलभता का शहरी-ग्रामीण विभाजन चौंकाने वाला है। अतः राष्ट्रीय नमूना सर्वेक्षण के अनुसार ग्रामीण इलाक़ों (शहरी इलाक़ों के 70 प्रतिशत व्यक्तियों की तुलना में) में मात्र 18.7 प्रतिशत लोगों तक नल का पानी सुलभ था, जो पेयजल का सबसे सुरक्षित और सहज स्रोत है।

सर्वेक्षण में यह भी पाया गया कि शहरी इलाक़ों में उच्च आय वाले परिवार और ऐसे परिवार जो ग़रीब नहीं है, सरकारी जल के एक बड़े हिस्से का इस्तेमाल करते हैं। इसी प्रकार मात्र 20 प्रतिशत ग्रामीण परिवारों को स्वास्थ्य व्यवस्था सुविधाएं (शहरी इलाक़ों में इस सुविधा का इस्तेमाल कर रहे 75 प्रतिशत परिवारों की तुलना में) उपलब्ध हैं।

व्यंग्यात्मक ढंग से, वार्षिक बजट में ग़रीबी-विरोधी कार्यक्रम के लिए आबंटित निधि (फ़ंड) का एक बड़ा हिस्सा भी अनुपयोगी रह जाता है या राज्य सरकारों और स्थानीय प्राधिकरणों द्वारा अन्य राजस्व व्यय को पूरा करने में लगा दिया जाता है। भारत के सर्वोच्च न्यायालय द्वारा (जनहित मुक़द्दमों का जवाब देने के लिए) गठित विशेष आयोग के अनुसार यहां तक कि महाराष्ट्र जिसका एक सुव्यवस्थित प्रशासन है, वह भी बच्चों को पोषक भोजन प्रदान करने के लिए केंद्र द्वारा प्रधानमंत्री ग्रामीण योजना के तहत आबंटित लगभग 78 प्रतिशत फ़ंड का सदुपयोग करने में असफल रहा। इसके बदले उसने राज्य के दायित्वों को पूरा करने के लिए कुछ बहुसंख्यक ग़रीब बच्चों के अभिभावकों से निधि की याचना की। कई अन्य राज्यों जैसे बिहार, झारखंड और उत्तरांचल में भी स्थिति ख़राब थी जिसकी समीक्षा विशेषज्ञ आयोग द्वारा की गई थी। उदाहरण के लिए, झारखंड में सरकार संपूर्ण बजट आबंटन में नाकाम रही थी 'क्योंकि वित्तीय मंज़ूरी समय पर नहीं हो सकी।'

यह भी उसी प्रकार चौंकाने वाली बात है कि ग़रीबी-विरोधी कार्यक्रमों पर अपेक्षाकृत छोटे बजट के कारण इन कार्यक्रमों के क्रियान्वयन के विभिन्न स्तरों पर लगभग 70-80 प्रतिशत तक व्यय सरकारी कर्मचारियों के वेतन से होता है। केंद्र सरकार के स्वामित्व वाले बैंकों और वित्त-व्यवस्थापक एजेंसियों द्वारा प्रदान किए जाने वाले वित्त पोषित ऋण की भी यह सच्चाई है। आर्थिक सहायता प्राप्त ऋण को किसानों तक पहुंचने से पहले राज्य, ज़िला और प्राथमिक सहकारी ऋण एजेंसियों से गुज़रना पड़ता है। केंद्रीय एजेंसी द्वारा शुरुआती 6 प्रतिशत ब्याज दर

पर प्रभार लगाने पर मध्यस्थता लागत 2 गुना से ज़्यादा हो जाती है और किसान को सौंपे जाने तक ऋण लागत 14 प्रतिशत या उससे ज़्यादा हो जाती है।

'जगमगाते भारत' में ग़रीब

'जगमगाते,' तेज़ी से विकसित हो रहे भारत और इसकी निरंतर बढ़ रही ग़रीबी के बीच द्विभाजन निस्संदेह एक पहेली है जिसने कई विकास अर्थशास्त्रियों के साथ-साथ सिद्धांतवादियों को चकरा दिया है। इस पहेली का उत्तर चंद अर्थशास्त्रियों और पुरानी विचारधारा के केंद्रीय नियोजकों द्वारा प्रस्तुत किए गए विचारों में नहीं मिलता। यहां अर्थव्यवस्था की विकास दर को बढ़ाने और उसकी ग़रीबी को कम करने के लक्ष्य के बीच अंतर्निहित संघर्ष मिलता है। जैसे ही यह घटित होता है, एक वैश्विक अनुभव है कि वे देश और प्रांत जो उपयुक्त कालावधि के समय उच्च और क़ायम विकास दर दर्ज कराते हैं, वे ग़रीबी को कम करने और अपनी जनता के स्वास्थ्य और पोषण को सुधारने में बेहतर परिणाम हासिल करते हैं। कुछ मामलों में ग़रीबी को कम करने या गानव विकास के स्तर को सुधारने में हुई प्रगति के सूचक निस्संदेह आंकी विकास दरों द्वारा दिए गए आश्वासनों से ज़्यादा ऊंचे प्रतीत होते हैं, जैसा कि केरल और श्रीलंका में हुआ। ऐसे मामले भी हैं, जहां उच्च विकास बदतर होते जा रहे ग़रीबी अनुपात से संबद्ध रहे हैं; उदाहरण के लिए 1970 में ब्राज़ील में, या जहां प्रति व्यक्ति उच्च आय, शिक्षा या अन्य सामाजिक सेवाओं में पर्याप्त प्रगति में परिणत नहीं हुई है। कुछ तेल समृद्ध देशों की यही स्थिति है। फिर भी ऐसे मामले ज़्यादा नहीं हैं और उनके अपने ही ख़ास कारण हैं। यह भी स्पष्ट हो रहा है कि केरल और श्रीलंका जिन्होंने निम्न विकास दर के बावजूद ग़रीबी उन्मूलन में प्रशंसनीय प्रगति की, उनको अब इस प्रक्रिया को क़ायम रखने में मुश्किल हो रही है। ग़रीबी विरोधी कार्यक्रमों पर प्रति व्यक्ति व्यय वित्तीय अभाव के कारण

कम हो गया है और निम्न औद्योगिकीय विकास के कारण बेरोज़गारी एक व्यापक समस्या बन गई है। ग़रीबी के मोर्चे पर आगे होने वाली प्रगति में यह एक प्रमुख रुकावट है।

यह स्पष्ट है कि निम्न आय वाले देशों में अपर्याप्त बुनियादी सुविधाओं और अपर्याप्त जन सेवाओं (जैसे प्राथमिक शिक्षा, जल, बिजली और यातायात) की कमी के कारण ग़रीबी उन्मूलन तभी संभव है जब सरकार के पास ग़रीबों को ऐसी सेवाएं प्रदान करने के लिए आवश्यक आधारभूत ढांचा निर्मित करने हेतु वित्तीय क्षमता हो। यह भी संभव है कि अर्थव्यवस्था की संवृद्धि दर जितनी ऊंची हो, सरकार के राजस्व की संवृद्धि और उसकी सामाजिक व्यय को आर्थिक सहायता देने की क्षमता भी उतनी ही अधिक हो। सरकार वास्तव में ऐसा करती है या नहीं करती है, यह स्वाभाविक तौर पर लोकनीति का विषय है (ड्रीज़ और सेन 1989)। फिर भी निम्न विकास दर ग़रीबों के अनुकूल नहीं होती है न ही ये सामाजिक या लोकनीतियों पर होने वाली बहस में सहायता करती है। ग़रीबों के पक्ष में या ज़्यादा रोज़गार अनुकूल विकास नीतियों के लिए अधिक सरकारी हस्तक्षेप के लिए सवाल करना तर्कसंगत होता है। लेकिन यह बहस करना असंगत होता है कि सरकार लंबे समय के लिए मंद या निम्न विकास वाली अर्थव्यवस्था में ज़्यादा ग़रीबों के हित में हो सकती है।

जैसा कि पिछले अध्याय में ज़िक्र किया गया है, निरंतर बढ़ रही ग़रीबी से संबद्ध भारत के उच्च विकास की पहेली का असली उत्तर जो है, उसे संभवतः हमारे आर्थिक जीवन में बढ़ रहे सार्वजनिक-निजी द्विभाजन के रूप में व्यक्त किया जा सकता है। हमारी दशा का आश्चर्यजनक तथ्य यह है कि आर्थिक बदलाव और सकारात्मक विकास तरंगें अधिकांशतः सार्वजनिक क्षेत्र के बाहर निजी निगमों (उदाहरण के लिए सॉफ़्टवेयर कंपनियों में), स्वायत्त संस्थानों (उदाहरण के लिए आई.आई.एम. या आई.आई.टी.) या भारत अथवा विदेश में अपने पेशे

में शिखर पर विराजमान व्यक्ति समूहों के स्तर पर उठ रही हैं। दूसरी
तरफ़, सरकारी या सार्वजनिक क्षेत्र में सभी स्तरों पर न केवल उत्पादन,
लाभ और लोक बचतों में बल्कि शिक्षा, स्वास्थ्य, जल तथा यातायात
के क्षेत्र में आवश्यक जन सुविधाओं की व्यवस्था में अच्छी-ख़ासी गिरावट
देखते हैं। वित्तीय गिरावट और अनिवार्य सेवाएं प्रदान करने में अक्षमता,
ये दो घटक सहज ही भीतर तक आपस में जुड़े हुए हैं। भारत में अधिकांश
जन संसाधन अब वेतनों के भुगतान या महत्वपूर्ण क्षेत्रों में जन या जन
समर्पित सेवाओं के विस्तार के लिए नाममात्र या बिल्कुल ही अनुपलब्ध
संसाधनों के कारण उधार लिए ब्याज को चुकाने के लिए उड़ा दिए जाते
हैं।

निजी और सार्वजनिक क्षेत्र के कुछ भागों (जैसे तेल कंपनियां, जहां
अपेक्षाकृत सरकार की मज़बूत एकाधिकारिक स्थिति है) को छोड़कर व्यापक
और सतत ग़रीबी को संसाधनों को कुशलतापूर्वक संचालित करने और
जन सेवाओं को बिना भारी रिसावों के पहुंचाने में मंत्रियों और लोक
सेवकों वाले प्रशासनिक ढांचे की अक्षमता के माध्यम से समझाया जा
सकता है। आइए संक्षेप में उन समस्याओं पर एक निगाह डालें जो हमारी
जन वितरण प्रणाली को विकृत करती हैं।

• हम न्यायसंगत रूप से गर्व कर सकते हैं कि हमारे देश में क़ानून
का शासन चलता है और यहां तक कि शक्तिशाली से शक्तिशाली व्यक्ति
भी क़ानून से ऊपर नहीं है। न्यायिक प्रक्रिया में होने वाले विलंब उल्लेखनीय
हो सकते हैं; लेकिन क़ानून के शासन के प्रति सम्मान यहां दूर-दूर तक
व्याप्त है। फिर भी ऐतिहासिक कारणों से यह भी एक सच्चाई है कि
हमारी क़ानून व्यवस्था तथाकथित 'लोक सेवक' के निजी हितों को पूरी
सुरक्षा प्रदान करती है, अक्सर उस जनता के ख़र्चे पर जिसके लिए माना
जाता है कि वह उसकी सेवा करेगा/करेगी। पूर्ण नौकरी सुरक्षा के अलावा,
लोक सेवकों का कोई भी समूह किसी भी सार्वजनिक क्षेत्र संगठन जैसे

अस्पताल, विश्वविद्यालय, स्कूल, बैंक, बस, पोस्ट ऑफ़िस, रेलवे, नगरपालिका, जनता (जिसके नाम पर वे सर्वोच्च पद पर नियुक्त हुए हैं) के ख़र्च और असुविधा का लिहाज़ किए बिना, ऊंचे वेतन, पदोन्नति और बोनस के लिए अपने आप हड़ताल पर जा सकता है। ड्यूटी को न किए जाने की लोक सेवक की ज़िम्मेदारी नाममात्र है या नहीं है। 2003 में सरकारी कर्मचारियों द्वारा हड़ताल किए जाने के ख़िलाफ़ सर्वोच्च न्यायालय द्वारा दिए गए निर्णय के बावजूद सरकार ने अब तक कोई दंडात्मक प्रावधान के आदेश नहीं दिए हैं।

• सरकार के प्राधिकरण—केंद्र और राज्य दोनों में अपने निर्णयों को लागू करने में समय के साथ-साथ क्षीण हो गए हैं। उदाहरण के लिए, अनाधिकृत औद्योगिक इकाइयों या अन्य ढांचों के पुनर्स्थापन के लिए सरकारें आदेश पारित कर सकती हैं, यदि वे किसी निजी हित (सामान्य हितों की लागत पर) में चलाई जा रही हों तो इसके क्रियान्वयन में देर हो सकती है। उसी प्रकार सरकारें फ़िज़ूलख़र्ची या उत्पादन घाटों को कम करने के लिए जनोपयोगी सेवाओं को पुनर्गठित करने का फ़ैसला कर सकती हैं, लेकिन अगर ये फ़ैसले इन संगठनों में कार्यरत लोक सेवकों के स्वार्थों पर प्रतिकूल प्रभाव डालते हैं तो ज़रूरी नहीं है कि इनका क्रियान्वयन हो।

• सरकारें सामाजिक सेवाएं (जैसे शिक्षा प्रसार) प्रदान करने के लिए विभिन्न स्तरों पर योजनाओं और कार्यक्रमों की घोषणा कर सकती हैं, लेकिन वित्त अभाव के कारणों से इनका क्रियान्वयन हो पाना असंभव होता है। उदाहरण के लिए, 1994 में दसवें वित्त आयोग ने शताब्दी के अंत तक उन चार राज्यों, जहां ग़रीबी और निरक्षरता का प्रसार देश में सबसे ज़्यादा है, वहां प्राथमिक शिक्षा पर व्यय के लिए 2.5 प्रतिशत की संवृद्धि दर का आकलन किया है। व्यय से अनुमानित यह विकास दर संबद्ध आयु वर्ग की जनसंख्या से कम थी और वयस्क निरक्षरों के लिए नए कार्यक्रमों को चलाने के लिए अपर्याप्त थी। कमीशन की रिपोर्ट

के दस साल के भीतर यह ध्यान देना दिलचस्प होगा कि इन चारों राज्यों में प्राथमिक शिक्षा पर किया गया व्यय, सरकारी अध्यापकों के वेतन के अलावा क्या वास्तव में व्यर्थ रहा है।

• सरकार और सार्वजनिक सेवा संगठनों में कामकाज को संचालित करने वाली प्रक्रियाएं और कार्यप्रणालियां समय के साथ अक्रियात्मक हो गई हैं। ऐसे कई विभाग हैं जो साधारण से निर्णय लेने में उलझे हुए हैं, और प्रशासनिक नियम बजाय परिणामों के आमतौर पर प्रक्रिया पर ध्यान केंद्रित करते हैं। यहां निर्णयन कार्य करने वाली शक्तियों का नाममात्र का विकेंद्रीकरण है, ख़ासकर वित्तीय शक्तियों का। इस तरह, हालांकि स्थानीय प्राधिकरणों को कुछ राज्यों में राष्ट्रीय कार्यक्रमों के क्रियान्वयन में महत्वपूर्ण अधिकार दिए गए हैं, लेकिन उनके वित्त अधिकार सीमित हैं। उदाहरण के लिए, स्थानीय प्राधिकरणों को स्वास्थ्य व्यय के लिए हस्तांतरण राज्य सरकार के बजट का औसतन 15 प्रतिशत से कम है।

• सार्वजनिक कार्यालयों और स्थानीय संस्थानों में बहुत सारे काम और ज़िम्मेदारियां साधनविहीन और अकुशल स्टाफ़ के कंधों पर होने से ज़रा सी भी दक्षतापूर्वक सेवाएं उपलब्ध करवाना लगभग असंभव होता है, ख़ासकर ग्रामीण इलाक़ों में। उदाहरण के लिए, अनेक कार्यों के लिए नियुक्त महिला स्वास्थ्य कार्यकर्ता पर लगभग सैंतालीस कार्यों को करने की ज़िम्मेदारी होती है, वह भी नियमित तौर पर!

लोकतांत्रिक ढांचे के भीतर शासन को बेहतर बनाने और जनता को बेहतर सेवाएं प्रदान करने के लिए अब ज़रूरी है कि मंत्रियों और लोक सेवकों, दोनों पर अधिक ज़िम्मेदारियां डाली जाएं। सुधारों के कुछ आवश्यक घटकों पर नीचे चर्चा की गई है।

सामूहिक ज़िम्मेदारी की धारणा
सरकार के प्रत्येक विभाग और मंत्रालय की अध्यक्षता राजनीतिक तौर पर नियुक्त मंत्री के द्वारा की जाती है, जो संसद का सदस्य होता है

और सत्तारूढ़ पार्टी (जिस पार्टी का अपना या गठबंधन सरकार के हिस्से के रूप में पूर्ण बहुमत होता है) का प्रतिनिधित्व करता है। मंत्री मंत्रालय का मुख्य कार्यपालक होता है और प्रधानमंत्री को रिपोर्ट करता है। संसदीय स्वरूप वाली सरकार में ऐसा माना जाता है कि प्रत्येक मंत्री के द्वारा खुद या मंत्रिमंडल के अनुमोदन से लिए सभी निर्णयों की सामूहिक ज़िम्मेदारी मंत्रिमंडल की होती है। संसद सदस्यों को उनके मंत्रियों द्वारा लिए गए सभी निर्णयों और मंत्रालयों के कामकाज के बारे में प्रश्न पूछने, ध्यानाकर्षण प्रस्तावों को प्रस्तुत करने, संकल्पों को प्रस्तुत करने और जवाबदेही की मांग करने का अधिकार है।

संसार में सबसे निम्न प्रति व्यक्ति आय और सर्वाधिक ग़रीब लोगों, जिनके पास वोट देने का अधिकार भी है, वाले देश भारत में चुनावों के समय ग़रीबी उन्मूलन, रोज़गार अवसरों का सृजन और ग़रीबों के लिए बेहतर जनसेवाओं के प्रावधान जैसे मुख्य मुद्दे प्रत्येक राजनीतिक पार्टी के एजेंडे की प्रमुख मदें हैं। अगर सत्ता प्राप्ति की बात आती है तो एक पार्टी द्वारा ग्रहण किए जाने वाले साधन और प्रस्तावित नीतियां दूसरी पार्टी से अलग होती हैं लेकिन ग़रीबी उन्मूलन का लक्ष्य वैसा ही रहता है। इसे देखते हुए यह आश्चर्यजनक है कि चुनावों की बढ़ती हुई बारम्बारता और विभिन्न पार्टियों के गठबंधनों जिन्होंने पिछले पंद्रह वर्षों में सरकारें बनाईं, के बावजूद जन वितरण प्रणाली का लगातार ह्रास होता रहा। ग्रामीण इलाक़ों में बेरोज़गारी और बुनियादी ढांचे की अनुपलब्धता पर संसद में कई प्रश्न, ध्यानाकर्षण प्रस्ताव और निर्णय हुए लेकिन वास्तव में इन महत्वपूर्ण इलाक़ों में किसी मंत्री या उसके मंत्रालय को बुरे प्रदर्शन के लिए ज़िम्मेदार (या जवाबदेह) नहीं ठहराया गया।

संसदीय निष्क्रियता और अपने मंत्रालयों के कामकाज के लिए मंत्रियों की ग़ैर ज़िम्मेदारी का कारण राजनीतिक व्यवस्था में पार्टियों और उनके नेताओं की निरंकुशता में छिपा हुआ है। जब तक पार्टी और पार्टियों

के गठबंधन का संसद में बहुमत होता है, मंत्री निरंकुश होते हैं क्योंकि
वे पार्टी नेता या प्रधानमंत्री के संरक्षण का लाभ उठाते हैं। संसद में
कोई भी संकल्प या ध्यानाकर्षण प्रस्ताव बिना बहुमत के पारित नहीं
किया जा सकता और अगर उसकी पार्टी बहुमत में हो तो मंत्री या
उसके विशेष हितों अथवा उसके राजनीतिक गठजोड़ को कोई हानि नहीं
पहुंचती। गठबंधन सरकार में बिखरे हुए बहुमत और पार्टी गठजोड़ की
पृथक विचारधारा के कारण स्थिति और भी ख़राब हो जाती है। इस
स्थिति में प्रधानमंत्री की पार्टी से संबंध न रखने वाले मंत्री उसके प्रति
या उसके द्वारा बनाई गई कैबिनेट के प्रति ज़िम्मेदार नहीं होते हैं। बीते
पंद्रह सालों में ऐसी कई सरकारें (2004 के आम चुनावों के बाद सत्ता
में आई सरकार सहित) रहीं, जहां केंद्रीय मंत्रीमंडल की अगुआई ऐसी
पार्टी ने की जिसके पास लोकसभा की कुल सीटों की एक तिहाई सीटों
से भी कम सीटें थीं। इस तरह सरकार का चलना निर्णायक रूप से
अन्य पार्टियों, छोटी-बड़ी, स्थानीय और राष्ट्रीय पार्टियों के सतत समर्थन
पर निर्भर करता है। इसलिए इसमें आश्चर्य नहीं कि मंत्रियों और सरकार
के कामकाज के लिए मंत्रालय संबंधी ज़िम्मेदारी की धारणा कुल मिलाकर
भ्रामक हो गई है।

किसी भी राष्ट्रीय पार्टी के एक तिहाई सीटें प्राप्त न करने और बड़ी
संख्या में स्थानीय पार्टियों के चुनाव पूर्व गठबंधन के रूप में उभरने के
कारण 2004 के लोकसभा चुनावों में बिखरा हुआ निर्वाचन अभिमत था,
जिसने केवल इस घटनाक्रम को बढ़ावा दिया। इसमें संदेह नहीं कि सरकार
में जनकल्याण के लिए पूर्ण प्रतिबद्ध कुछ मंत्री होंगे। फिर भी, कुल
मिलाकर जनसंसाधनों के प्रबंधन और ग़रीबों तक सेवाओं को पहुंचाने
के लिए सामूहिक उत्तरदायित्व और जवाबदेही का भाव संभव है कि नदारद
हो। इस ज़मीनी सच्चाई से ज़्यादा देर तक इंकार नहीं किया जा सकता
है।

यह मानते हुए कि राजनीतिक पार्टियां, नागरिक समाज और भारतीय

जनमानस के प्रबुद्ध सदस्य ग़रीबी के बदतर स्वरूपों और नुक़सानों को दूर करने के लिए गंभीर हैं तो समूचे देश में जनसेवाओं के कुशल वितरण और ग़रीबी-विरोधी कार्यक्रमों के लिए शासकीय ज़िम्मेदारी को लागू करने के लिए एक नई सांस्थानिक शुरुआत अत्यंत आवश्यक है। यह केवल तभी हासिल की जा सकती है जब सभी सरकारी कार्यकलापों के लिए चले आ रहे 'सामूहिक' ज़िम्मेदारी के सिद्धांत को ग़रीबों से सीधे जुड़े कार्यक्रमों के कार्यान्वयन के लिए मंत्रियों की 'व्यक्तिगत' ज़िम्मेदारी की संकल्पना से बदल दिया जाए। सामूहिक ज़िम्मेदारी के सिद्धांत को सरकार के चलते रहने सहित अन्य राजनीतिक उद्देश्यों के लिए चलते रहने दिया जा सकता है।

व्यवहार में, जैसा ऊपर बताया गया है, विभिन्न पार्टियों की अलग-अलग दिशाओं में खींचतान के कारण गठबंधन सरकार में मंत्रिमंडल की 'सामूहिक ज़िम्मेदारी' की संकल्पना पहले ही कमोबेश लुप्त है। पद पर आसीन एक मंत्री द्वारा सत्ता के निरंकुश इस्तेमाल का एक हालिया उदाहरण, जिसका प्रबंधन शिक्षा की गुणवत्ता पर दीर्घकालिक प्रभाव पड़ता था, वह यह था कि मार्च 2004 में उसके मंत्रालय ने भारतीय प्रबंधन संस्थान आई.आई.एम. द्वारा उपयोग की जा रही वित्तीय स्वायत्तता को कठोरतापूर्वक कम करने के निर्णय की घोषणा की। यह निर्णय मंत्री द्वारा मंत्रालय के किसी संदर्भ या अनुमोदन के बिना किया गया। मई 2004 में सरकार बदलने के बाद नए मंत्री ने मंत्रिमंडल से विचार-विमर्श किए बिना इस निर्णय को बदलने का फ़ैसला किया। नए मंत्री के फ़ैसले का आई.आई.एम. द्वारा भरपूर स्वागत हुआ और यह निश्चित रूप से देश के हित में है। यह घटना बताती है कि मंत्री को हासिल असीमित शक्तियों का प्रयोग देश के भविष्य के लिए दीर्घकालिक महत्व के मामलों में व्यक्तिगत ज़िम्मेदारी का हो गया है। यदि सत्ता का प्रयोग बिना 'सामूहिक ज़िम्मेदारी' के किया जा सकता तो मंत्रियों के लिए ग़रीबी उन्मूलन जैसे कुछ महत्वपूर्ण क्षेत्रों में अपने कर्तव्य को पूरा करने के लिए व्यक्तिगत ज़िम्मेदारी उठाने

के समान रूप से सशक्त कारण हैं।

जन सेवाओं के बेहतर वितरण के लक्ष्य को प्राप्त किया जा सकता है, यदि वार्षिक बजट के समय प्रत्येक संबंधित मंत्रालय परिमाणगत वार्षिक लक्ष्यों के परिणाम पर सहमत हो और प्रत्येक मंत्री को इन लक्ष्यों को हासिल करने के लिए संसद के प्रति जवाबदेह बनाया जाए। परिमाणगत वार्षिक लक्ष्यों पर मंत्रालयों की वार्षिक योजना के रूप में पहले ही कार्य किया जा रहा है लेकिन इसके पीछे कोई सदाचारिता या शासकीय ज़िम्मेदारियों की बाध्यता नहीं है। ये लक्ष्य मुख्य रूप से ज़्यादा से ज़्यादा बजट आबंटन प्राप्त करने और बड़ी-बड़ी योजनाओं के श्रेय का दावा करने के लिए हैं। सम्मत लक्ष्यों को हासिल करने या वास्तविक कार्यान्वयन के लिए यहां कोई जवाबदेही नहीं है। भविष्य में, सम्मत लक्ष्यों के संबंध में वास्तविक उपलब्धियों पर संसद के समक्ष रिपोर्ट प्रस्तुत के लिए योजना आयोग को भी ज़िम्मेदार ठहराया जाना चाहिए और यदि इसमें सम्मत प्रतिशत (उदाहरण के लिए, 15 या 20 प्रतिशत) से अधिक न्यूनता होती है तो मंत्री को अवश्य ही ज़िम्मेदार ठहराया जाना चाहिए और कम से कम एक साल के लिए मंत्रालय कार्यालय से बाहर कर देना चाहिए। अगर इस एक साल के दौरान मंत्रियों का फेरबदल होता है तो संसद के अनुमोदन से नए मंत्री को एक बार दोबारा लक्ष्य की पुष्टि या परिवर्तन करना चाहिए।

जन सेवाओं के लक्ष्य को पूरा करने हेतु व्यक्तिगत शासकीय ज़िम्मेदारी तय करने के लिए बजटीय व्यय के अनुमोदन और वास्तविक कार्यान्वयन में शामिल प्रशासकीय मंत्रालय के अलावा कुछ मंत्रालय एक रुकावट हैं। इस तरह, योजना आयोग ओर लोक निवेश बोर्ड परियोजना निर्धारण और निवेश कार्यक्रमों के अनुमोदन में शामिल हो सकते हैं। वित्त मंत्रालय वास्तविक व्यय के अनुमोदन में शामिल हो सकता है हालांकि बजट में आवश्यक व्यय पहले से ही सम्मिलित होता है। फिर भी अन्य मंत्रालय किसी ख़ास कार्यक्रम के प्रारूप को तय करने में शामिल हो सकता है,

यदि वह कार्यक्रम भी इसके प्रशासनिक ज़िम्मेदारी के क्षेत्र को सीमित करता है। इसलिए घोषित किए गए जन सेवा लक्ष्यों को पूरा करने में असफल होने के लिए किसी मंत्री विशेष को ज़िम्मेदार ठहराना अनुचित हो सकता है, क्योंकि अक्रियता के कारण कहीं और हो सकते हैं। वर्तमान व्यवस्था में जहां प्रशासनिक ज़िम्मेदारियां अनावश्यक और अति व्याप्त हैं, वहां निश्चित रूप से इस तर्क में दम है। फिर भी इस समस्या का हल अनुमोदित कार्यक्रम के कार्यान्वयन की व्यक्तिगत शासकीय ज़िम्मेदारी को नकारने की बजाय प्रशासनिक व्यवस्था में सुधार करने में निहित है। आइंदा से यह निश्चित किया जा सकता है कि वित्त और योजना मंत्रालयों सहित सभी संबंधित मंत्रालय वार्षिक लक्ष्य क्रियान्वयन के समय विचार-विमर्श करने की बजाय इसको निर्धारित करते समय समुचित विचार-विमर्श करेंगे। यदि आवश्यक बजटीय संसाधन उपलब्ध नहीं हैं या कार्यक्रम का प्रारूप अभी अनुमोदित नहीं हुआ है तो ग़रीबी विरोधी और अन्य लक्ष्यों की घोषणा को भी अस्थगित कर देना चाहिए। मंत्रालय द्वारा एक बार लक्ष्य घोषित हो जाने पर उसके पास इसके कार्यान्वयन के पूरे अधिकार होने चाहिए और मात्र यही वह मंत्रालय हो जिसे वास्तविक कार्यकलाप के लिए ज़िम्मेदार ठहराया जाए।

यह प्रस्ताव निश्चित रूप से रूढ़ियुक्त और संसदीय कार्य व्यवहार को स्थापित करने के विपरीत है, जो मंत्रालय के कार्यकलाप के लिए व्यक्तिगत शासकीय ज़िम्मेदारी को मान्य नहीं करता है। फिर भी यदि देश वित्तीय रिसावों और शासकीय उदासीनता की वजह से जन सेवाओं में आई अवनति को दूर करने के बारे में गंभीर है तो यह एकमात्र साध्य विकल्प है। सरकार में सभी पार्टियों और विपक्ष के पूर्ण समर्थन के साथ, यदि संसद के द्वारा ऐसे बाध्यकारी प्रस्ताव को जल्दी से जल्दी पारित किया जाए तो यह उचित होगा। यदि सन् 2020 तक भारत ग़रीबी दूर करने में सफलता हासिल करना चाहता है तो इसके लिए गंभीर शासकीय ज़िम्मेदारी के साथ प्रशासनिक प्रणाली की पुनः संरचना

अत्यावश्यक है।

प्रशासन की विफलता

स्पष्टतः वास्तविक रूप से लोक सेवाएं प्रदान करने का कार्य उन अधिकारियों एवं कर्मचारियों पर निर्भर करता है जो इस प्रदाय प्रक्रिया में पदानुक्रम के विभिन्न स्तरों पर प्रशासनिक पदों पर नियुक्त हैं। केंद्र में विभिन्न मंत्रालयों में वरिष्ठ अधिकारी तैनात हैं जो संबंधित नीति, राज्य सरकारों को दी जाने वाली बजटीय सहायता अथवा ऋण और परियोजना के निष्पादन के लिए उत्तरदायी क्रियान्वयन अभिकरणों के संबंध में निर्णय करने के लिए उत्तरदायी हैं। राज्य अथवा अभिकरण स्तर पर मुख्य सचिवालय या अन्यत्र ऐसे अधिकारी हैं जिन्हें कोष का संवितरण करना होता है तथा विभिन्न प्रकार के प्रशासनिक निर्णय लेने होते है। तदुपरांत ज़िला स्तर के अधिकारी होते हैं जो कार्यक्रम की प्रगति का अनुवीक्षण करने, कार्यस्थल का दौरा करने तथा विवरण प्रस्तुत करने के लिए उत्तरदायी होते हैं। अंततः प्राथमिक स्तर पर छोटे कर्मचारी होते हैं जो जनता को किसी प्रकार की विशिष्ट सेवा उपलब्ध कराने, कर्मियों को शिकायतों का निवारण करने और यदि आवश्यक हो तो सांकेतिक शुल्क लगाने के लिए वास्तविक रूप से उत्तरदायी होते हैं। यदि क्षेत्र स्तर पर कोई समस्या आती है अथवा कोई कमी होती है (मान लीजिए कि दवाओं की अनुपलब्धता अथवा कोष की कमी) तो इसके समाधान के लिए इस बारे में ज़िला, राज्य और केंद्र या इन तीनों स्तरों पर इसकी जानकारी जाती है। ज़्यादातर मामलों में, ख़ासकर स्टाफ़ अथवा कोष संबंधी उक्त सभी तीनों स्तरों पर अनेक अभिकरणों के कर्मचारी शामिल होते हैं।

भारतीय सिविल सेवा के कमज़ोर पड़ने, उसकी कर्तव्यविमुखता, भ्रष्टाचार तथा अकुशलता के बारे में काफ़ी कुछ लिखा जा चुका है। (रे 2001) अकादमिक विद्वतजनों के अतिरिक्त बाहरी पर्यवेक्षकों, अंतरराष्ट्रीय

अभिकरणों तथा आम व्यक्तियों व अनेक सिविल सेवकों ने भी अपने संस्मरण लिखे हैं अथवा सरकार के उच्चतम पदों से सेवानिवृत्त होने के बाद अपने अनुभवों का ब्योरा प्रस्तुत किया है। अब लगभग इस बात पर सहमति बन चुकी है कि सिविल सेवाओं में कुछेक सर्वश्रेष्ठ एवं प्रतिभाशाली व्यक्तियों के बावजूद समग्र तौर पर यह प्रणाली निष्क्रिय हो गई है और इसमें सुधार की गुंजाइश नहीं के बराबर है। यह स्थिति विभिन्न समितियों, आयोगों, संघों तथा लोक सेवा की मानना से अभिभूत व्यक्तियों द्वारा किए गए प्रयासों के साथ-साथ अनेक स्तर पर की गई कोशिशों के बावजूद उत्पन्न हुई है। ये सभी प्रयास निष्फल रहे हैं, क्योंकि इस प्रणाली में हितों के आंतरिक संघर्ष उदाहरणार्थ सरकारी कर्मचारियों की विभिन्न श्रेणियों के लिए पृथक श्रमिक संघ बिना किसी स्पष्ट श्रम विभाजन के राजनीतिक हस्तक्षेप, सांविधिक प्रावधान, जटिल वरिष्ठताबद्ध प्रक्रिया, वित्तीय अभाव तथा बिना किसी स्पष्ट श्रम विभाजन के प्रतिकूल उद्देश्यों से काम करने वाले अनगिनत अभिकरणों की प्रधानता है। एक अत्यंत प्रतिष्ठित सिविल सेवक जो 1961 में वित्त मंत्रालय के प्रशासनिक प्रधान बन गए थे, उन्होंने यह पाया कि कुछ ही दिनों में नौकरशाही प्रणाली के निर्जीव बन जाने की मेरी सबसे बुरी आशंका सच साबित हुई और यह प्रणाली अपने ही संवेग के कारण इतनी उलझ गई है कि यह वास्तविक जंगल बन गई है (भूतलिंगम 1993, पृष्ठ 104)।

ऐसी स्थिति वर्ष 1961 में अर्थात स्वतंत्रता प्राप्ति के मात्र चौदह वर्षों के बाद थी। आज़ादी के बाद से सिर्फ़ केंद्र सरकार में नौकरशाही की संख्या में दस गुणा वृद्धि हुई है (क़रीब 0.4 मिलियन से अधिक) तथा वित्तीय लागत में सौ गुणा से भी अधिक बढ़ोतरी हो गई है, परंतु प्रशासनिक प्रणाली वर्ष दर वर्ष बदतर होती चली गई।

वर्तमानतः भारतीय सिविल सेवा क्षमताओं के मिश्रण में असंतुलन के भार से भी दबी हुई है। भारत सरकार में सिविल सेना का क़रीब 93 प्रतिशत तथाकथित श्रेणी III एवं श्रेणी IV के कर्मचारियों से भरा

हुआ है। राज्य सरकारों में ऐसे कर्मचारियों का प्रतिशत और भी अधिक
है। इनमें पहली पंक्ति के कामगार शामिल हैं परंतु भारी संख्या लिपिकों,
टंककों, संदेशवाहकों, चपरासियों तथा सफ़ाई कर्मचारियों की है। सहायक
कर्मिकों की अत्यधिक संख्या के साथ-साथ अनिवार्य सेवाओं जैसे आपूर्ति,
स्वास्थ्य, सफ़ाई तथा विद्यालयों में कुशल कर्मचारियों की कमी लंबे समय
से बनी हुई है। सिविल सेवाओं को दर्जनों संवर्गों में विभक्त करने और
प्रत्येक के लिए पृथक-पृथक सेवा शर्तों का निर्धारण करने तथा नियंत्रक
पदाधिकारियों के विभिन्न विभागों में फैले रहने के कारण स्थिति और
बदतर हो गई है। कुछेक कर्मचारी ख़ासकर वरिष्ठ कर्मचारी अल्प कार्यकाल
(कुछ दिनों से लेकर एक वर्ष से कम कार्यात्मक आवश्यकताओं के बावजूद)
में स्थानांतरित कर दिए जाते हैं परंतु अन्य कर्मचारियों को कार्यात्मक
आवश्यकताओं के बावजूद अलग विभागों या अलग स्थानों पर स्थानांतरित
नहीं किया जा सकता।

प्रशासनिक तंतुजाल में अनेक अभिकरणों की मौजूदगी तथा कार्यों
के स्पष्ट निर्धारण के अभाव के कारण उन सभी को दुर्लंघ्य कठिनाइयों
तथा विलंबों का सामना करना पड़ता है, जिन्हें किसी छोटे या बड़े उद्देश्य
से सरकारी अभिकरणों से संपर्क करना होता है। एक सर्वेक्षण के अनुसार
अर्थव्यवस्था के प्रत्येक क्षेत्र के विनियमन में छह या इससे अधिक मंत्रालय
शामिल हैं। उदाहरणार्थ, खाद्य प्रसंस्करण उद्योग से संबंधित मामला सामान्य
तौर पर नौ मंत्रालयों के पास जाता है—कृषि, खाद्य एवं उपभोक्ता मामला,
स्वास्थ्य, वाणिज्य, खाद्य प्रसंस्करण, ग्रामीण विकास एवं अन्य। केंद्र सरकार
के मानव संसाधन विकास मंत्रालय (जिसे पहले शिक्षा मंत्रालय कहा जाता
था) में अब चार पृथक विभाग हैं—शिक्षा विभाग, संस्कृति विभाग, महिला
एवं बाल विकास विभाग तथा युवा मामले एवं खेलकूद विभाग। इनमें
से प्रत्येक विभाग के कई उप-विभाग अथवा प्रभाग हैं। शिक्षा विभाग
की पृथक इकाइयों में प्राथमिक शिक्षा, माध्यमिक शिक्षा, तकनीकी शिक्षा,
शिक्षक-प्रशिक्षण, उच्चतर शिक्षण, पुस्तक संवर्धन तथा स्वत्वाधिकार,

आयोजना, भाषा एवं संस्कृत, ज़िला शिक्षा तथा अंतरराष्ट्रीय संबंध आदि
से संबंधित भिन्न-भिन्न इकाइयां हैं। इसी प्रकार महिला एवं बाल विकास
विभाग तथा युवा मामले एवं खेलकूद मंत्रालय के पृथक विभाग के कई
प्रभाग हैं जो भिन्न-भिन्न पहलुओं से संबद्ध हैं। इन सभी विभागों के
अधीन कई आयोग तथा सहायक संगठन हैं, जो अनेक कार्यों को करने
के साथ-साथ विभिन्न प्रभागों तथा प्राधिकरणों को रिपोर्ट करते हैं। हालांकि
विशेषीकृत विभागों, प्रभागों तथा संगठनों की बहुलता है तथापि उनमें
से किसी के पास सर्वाधिक अविवादास्पद मदों के बारे में भी निर्णय
करने का पर्याप्त अधिकार नहीं है। उदाहरण के तौर पर विद्यालयों में
महिलाओं को खेलकूद की बेहतर सुविधाएं उपलब्ध कराना। इस आशय
के किसी प्रस्ताव पर व्यावहारिक रूप से सभी प्रभागों तथा संगठनों द्वारा
विचार किया जाना अपेक्षित होगा क्योंकि यह महिलाओं, खेलकूद, शिक्षा,
युवा और संभवतः कल्याण-कार्य से भी संबंधित है। कई महीनों अथवा
वर्षों तक मंत्रालयों की विभिन्न इकाइयों में चक्कर काट लेने के बाद
(विरोधी विचारों तथा उद्देश्यों से युक्त) इस पर मंत्रालय की अंतर विभागीय
समिति द्वारा विचार करना आवश्यक होगा और संभवतः इन सबको संबंधित
विषयवस्तु से परिचित होने का आकस्मिक संयोग ही प्राप्त हुआ होगा।
उसके बाद अनेक सचिवों और अंततः मंत्री। और फिर यदि इसमें वित्त,
क़ानून, योजना, सुरक्षा या कोई अन्य मामला संबद्ध हुआ तो मामले को
अन्य मंत्रालयों को भी भेजा जाना आवश्यक होगा और उसमें भी विभागों
तथा प्रभागों के अनेक स्तर विद्यमान होंगे।

प्रत्येक विभाग में प्रशासनिक कर्मचारियों की संख्या विशाल है परंतु
इसकी रूढ़िवादी संरचना के कारण इसका उत्पादक ढंग से इस्तेमाल नहीं
हो पाता। उदाहरण के लिए, उत्तर प्रदेश में लोक निर्माण विभाग में
कर्मचारियों की कुल संख्या क़रीब 77,000 है। प्रत्येक 100 किलोमीटर
सड़क के लिए 51 पूर्णकालिक कामगार हैं, जो भारत में सर्वाधिक कर्मचारी
अनुपात है। इन कामगारों को दी जाने वाली मज़दूरी बाज़ार दर से तिगुनी

है। बहरहाल अत्यधिक अनुपस्थिति, कार्य संस्कृति की कमी तथा पर्यवेक्षण व उपस्कार के अभाव के कारण राज्य में सड़कों की हालत भारत की सर्वाधिक ख़राब सड़कों जैसी है।

ग़रीबों के प्रति सरकारी कर्मचारियों की उदासीनता के कारण दुर्बल प्रशासन का बोझ स्वाभाविक तौर पर ग़रीबों पर ही पड़ता है। लोक कार्य केंद्र (पब्लिक अफ़ेयर सेंटर) के द्वारा दिल्ली में किए एक सर्वेक्षण में पाया गया कि गंदी बस्ती में रहने वाले आम व्यक्ति को किसी समस्या के समाधान के लिए सरकारी दफ़्तर में छह बार जाना पड़ता है और सिर्फ़ छह प्रतिशत मामलों में उसकी समस्या पर ध्यान दिया जाता है। अन्य लोगों को चार बार जाना पड़ता है। उनके मामले में सफलता की दर पर्याप्त रूप से अधिक थी, परंतु इसके बावजूद यह दर 27 प्रतिशत थी।

यहां तक कि भुखमरी रोकने जैसी ग़रीबों की ज़रूरतों के प्रति भी प्रशासनिक प्रणाली की असंवेदनशीलता की पुष्टि अनेक सर्वेक्षणों तथा पत्रकारों और ग़ैर सरकारी संगठनों की रिपोर्टों के ज़रिए की जा चुकी है। ऐसे ही एक सर्वेक्षण से यह पता चला कि सुदूर गांवों में बच्चे भूख से मर रहे थे जबकि देश के गोदामों के सरकारी खाद्यान्न से भरे पड़े होने और केंद्रीय सरकार द्वारा ग़रीबी दूर करने संबंधी योजनाओं के लिए 40,000 करोड़ रुपए की राशि आबंटित किए जाने के बाद भी सुदूर गांवों में बच्चे भूख से मर रहे थे और अधिक खोजबीन करने पर पता चला कि ग़रीबों के हितों की रक्षा के लिए स्थापित किया उनका विशाल सरकारी तंत्र निष्क्रिय हो चला है। इसी प्रकार यह पाया गया कि बरसात के बाद भी कई गांवों में जल उपलब्ध नहीं था, क्योंकि जल स्रोतों तथा तालाबों का प्रयोग सरकार की इस घोषणा के आधार पर बंद कर दिया गया था कि वह पाइपों के ज़रिए पानी उपलब्ध कराएगी। हालांकि पाइप से जल उपलब्ध कराने हेतु कुछ निर्माण कार्य प्रारंभ किया गया था, परंतु परियोजना अधूरी छोड़ दी गई थी। ग्रामीणों को न तो

पाइप का पानी उपलब्ध कराया जा सका और न ही उचित दूरी पर पुरानी शैली के तालाब अथवा कुएं आदि ही रहे।

यह व्यथाओं की एक लंबी शृंखला है। वर्तमान प्रणाली, इसके ऐतिहासिक विकास तथा किसी संभव समाधान की तलाश कर पाने की दिशा में इसकी अतीतकालीन विफलताओं को समझना महत्वपूर्ण है। अब तक किए गए प्रयास काफ़ी हद तक प्रणाली में आंतरिक सुधार करने और इस उद्देश्य से द्रुत सेवा प्रदान करने, कुछेक कार्यों को पंचायतों को सौंपकर विकेंद्रीकरण करने (वित्तीय शक्तियों के प्रत्यायोजना के बिना), नए विशेषीकृत विभागों की स्थापना करने (कर्मचारियों की विद्यमान कुशलता के ज़रिए) और अधिकाधिक परिवीक्षण करने हेतु परिपत्र जारी करने तक ही सीमित रहे हैं। इसके अतिरिक्त जनता को सूचना प्राप्त करने का अधिकार देकर तथा स्वयंसेवी समूहों एवं लघु ऋण संगठनों के लिए ऋण प्राप्त करना सुलभ बनाकर प्रणाली को उत्तरदायी बनाने का प्रयास भी किया गया है। इस पहल के कारण कुछ राज्यों में सेवा प्रदाय के मामले में कुछ सुधार हुआ है। सरकार के कुछ संगठन (उदाहरणार्थ अंतरिक्ष विभाग, दूरसंचार विभाग, राष्ट्रीय राजमार्ग प्राधिकरण तथा दिल्ली मेट्रो) ऐसे भी हैं जिन्होंने कर्मचारियों की समस्त अक्षमताओं के बावजूद बेहतर परिणाम दर्शाए हैं।

बहरहाल ये सरकार के कार्यचालन में प्रशासनिक अपक्षय के सामान्य नियम के अपवाद हैं और चाहे ये जैसे भी हों, स्वागत योग्य हैं। विषम समूहों या दलों की मिलीजुली सरकारें बनने से प्रशासनिक संरचना में कोई सुधार आने की बजाय उसके यथावत बने रहने या उसमें और गिरावट आने की संभावना है। अतीत की भांति उच्च राजनीतिक या प्रशासनिक स्तर पर लोक कल्याण हेतु प्रतिबद्ध कुछ ऐसे लोग रहेंगे जो निष्ठावान तथा लोक कल्याण हेतु प्रतिबद्ध होंगे। बहरहाल राजनीतिक दलों में विशिष्ट हितों की प्रधानता को देखते हुए ऐसी संभावना नहीं है कि प्रशासनिक प्रणाली में आंतरिक स्तर से सुधार लाया जा सकेगा।

पूर्ववर्ती सरकार में सफल रिकॉर्ड वाले एक सुधारवादी मंत्री ने टिप्पणी
की है:—

मंत्रियों के पास आवश्यक दक्षता तथा साधन का अभाव होता
है। सचिव जटिलताओं से ज़्यादा बेहतर तरीक़ों से परिचित होते
हैं परंतु उन्हें प्रणाली द्वारा इस प्रकार पूर्णरूपेण पराधीन बना
दिया जाता है कि उनमें वह उमंग वहीं रह जाती, जिसके बल
पर वे वास्तविक परिवर्तन हेतु दीर्घकाल तक प्रयास कर सकें।
प्रत्येक के हाथ में अधिकार क्षेत्र एवं प्राधिकार का एक दिखावटी
उपकरण होता है और वह भी थोड़े अंतराल के लिए; ऐसी स्थिति
में कोई किस प्रकार प्रभावी, संपूर्ण, समकालिक, सतत प्रयास
सुनिश्चित कर सकता है (अरुण शौरी 2004)।

शौरी ने यह सुझाव दिया है कि हालांकि प्रणाली को अधिक उत्तरदायी
बनाने का प्रयास जारी रखा जाना चाहिए तथापि आंतरिक तौर पर इसमें
सुधार कर पाना व्यवहार्य नहीं है और इसका एकमात्र समाधान यह है
कि कोई कार्य विशेष सरकार के अधिकार क्षेत्र से हटा दिया जाए।
उन्होंने दूरसंचार के क्षेत्र में लाइसेंसिंग प्रणाली के सुधार का उदाहरण
दिया है। पहले ये लाइसेंस सेवा सापेक्ष, उपयोगकर्ता सापेक्ष, औद्योगिकी
सापेक्ष, क्षेत्र सापेक्ष तथा श्रेष्ठता सापेक्ष हुआ करते थे। लाइसेंसों के प्रकार
में इस व्यापक भिन्नता के कारण प्रचालकों तथा ग्राहकों की कठिनाइयों
को दूर करने के लिए सरकार को लगातार हस्तक्षेप करना पड़ता था।
इससे सेवाओं में अकुशलता आ गई थी तथा साथ ही आपूर्तिकर्ताओं
एवं पर्यवेक्षकों में व्यापक भ्रष्टाचार व्याप्त हो गया था। काफ़ी प्रयास
के बाद इस बोझिल प्रणाली के स्थान पर एक सर्वसुलभ लाइसेंस प्रणाली
प्रारंभ की गई जिसे पूर्व घोषित मूल्य पर, बिना किसी बाधा के प्राप्त
किया जा सकता था। इस सुधार से न सिर्फ़ सरकार की भूमिका व
इसके कार्यों में कमी आ गई बल्कि ग्राहकों को उपलब्ध कराई जाने
वाली सेवाओं में भी सुधार हुआ। इस प्रकार शौरी के अनुसार इस

भूल-भूलैया से निकलने का सही रास्ता यही है कि किसी ख़ास प्रक्रिया में सुधार करने के स्थान पर सरकार के स्वरूप का ही पुनर्निधारण किया जाए।

यह अनुभव पर आधारित, विवेकपूर्ण सलाह है तथा अर्थव्यवस्था के सभी क्षेत्रों में इसका अनुसरण किया जाना चाहिए। इसके अतिरिक्त नीतिगत निर्देश (अर्थात नीतिगत मार्ग निर्देशों का निर्धारण तथा परिवीक्षण निष्पादन) तथा कार्यक्रम के वास्तविक क्रियान्वयन में भी विभेद किया जाना आवश्यक है। पर्याप्त साधनों के अभाव के अतिरिक्त सार्वजनिक प्रदाय प्रणाली की सर्वाधिक महत्वपूर्ण समस्या कुप्रबंधन तथा उपलब्ध सुविधाओं व साधनों की चोरी है। उदाहरणार्थ पेयजल जैसी महत्वपूर्ण सेवा के मामले में वितरण हानि 40 से 50 प्रतिशत आंकी गई है। अधिसंख्य राज्यों में ग्रामीण क्षेत्रों में विद्युत आपूर्ति के मामले में भी यही सच है। यदि उपलब्ध क्षमता के बेहतर प्रबंधन के ज़रिए वितरण हानि आधी भी कर दी जाए तो सेवाओं की आपूर्ति में सुधार हो जाएगा तथा काफ़ी वित्तीय बचत हो सकेगी।

सार्वजनिक सेवाओं के मामले में अंतरराष्ट्रीय अनुभव यह दर्शाता है कि यदि इन सेवाओं के स्वामित्व (सरकार द्वारा) और वितरण (निजी एवं स्थानीय उद्यम द्वारा) को अलग-अलग कर दिया जाए तो उद्देश्य की प्राप्ति हो सकती है। संपूर्ण विश्व के बारह देशों में चौबीस दृष्टांत अध्ययन से यह निष्कर्ष निकाला गया कि सार्वजनिक सेवाओं के प्रबंधन का ठेका निजी क्षेत्र को दे दिए जाने पर सभी मामलों में सेवाओं की गुणवत्ता में सुधार आया तथा जनता को वह सेवा कम मूल्य पर उपलब्ध हो सकी। इतना ही नहीं, अनेक नई नौकरियों के अवसर प्राप्त हुए तथा नए उद्यमों की स्थापना का मार्ग भी प्रशस्त हो सका। ज़्यादातर मामलों में क्रियाकलापों का विनियमन एवं परिवीक्षण करने, आवश्यकतानुसार आर्थिक सहायता देने तथा वितरण संबंधी दिशा-निर्देशों का निर्धारण करने का दायित्व सरकारी अधिकारियों के पास ही रहा। भारत में सार्वजनिक

सेवाओं के क्षेत्र में सरकारी एवं निजी क्षेत्र के सहयोग के दो उल्लेखनीय उदाहरण हैं—पब्लिक कॉल ऑफ़िसिस (पीसीओ) जिसने 1990 के दशक में पूरे देश में टेलीफ़ोन सेवाओं की उपलब्धता में क्रांति ला दी तथा सुलभ शौचालय जिसके बारे में अनुमान है कि इससे दस मिलियन लोगों को बहुत कम मूल्य पर सफ़ाई सुविधाएं उपलब्ध हो पाईं।

अनेक देशों में सरकारी एवं निजी क्षेत्र की भागीदारी के मॉडल (सरकारी पर्यवेक्षण के अंतर्गत सूक्ष्म निजीकरण) ने कतिपय महत्वपूर्ण क्षेत्रों में सरकारी स्वामित्व तथा सार्वजनिक वितरण की पुरानी प्रणाली को प्रतिस्थापित कर दिया है। भारत में टेलीफ़ोन तथा सफ़ाई सेवाओं के मामले में नई पहल सरकारी क्षेत्र की सेवाओं के लिए सहायक सिद्ध हुई। अन्य शब्दों में, उन्होंने इन सेवाओं के वितरण के लिए उत्तरदायी सरकारी संगठनों का स्थान नहीं ले लिया। राजनीति एवं नौकरशाही के हितों की मोर्चाबंदी के साथ-साथ अन्य व्यावहारिक कारणों (सरकारी क्षेत्र की वर्तमान सेवाओं के विघटन से बचने के लिए) से यह विवेकपूर्ण निर्णय था। सहायक या पूरक दृष्टिकोण के कारण सेवाओं की उपलब्धता में विस्तार हुआ तथा सरकारी कर्मचारियों को प्रभावित किए बिना और बिना किसी प्रतिरोध के अधिक प्रतिस्पर्द्धी परिवेश का निर्माण संभव हो सका। अब सभी सरकारी सेवाओं के मामले में ऐसा ही दृष्टिकोण अपनाना आवश्यक हो गया है। सरकारी क्षेत्र में नई सेवाओं की वृद्धि या नए कर्मचारियों की भर्ती नहीं की जानी चाहिए तथा केंद्र, राज्य व स्थानीय स्तर पर ग़ैर सरकारी व्यावसायिक संगठनों सहित निजी क्षेत्र के उद्यमों द्वारा सेवाओं की आपूर्ति के लिए बजटीय सहायता (वर्तमान वेतन तथा अनुरक्षण व्यय के अतिरिक्त) बढ़ाई जानी चाहिए।

सार्वजनिक सेवाओं के वितरण की प्रशासनिक प्रणाली में सुधार के अतिरिक्त देश में बेहतर अभिशासन के लिए संपूर्ण सिविल सेवाओं में सुधार का सवाल बहुत बड़ा है। वर्ष 1961 में एक प्रतिष्ठित सिविल सेवक, एस. भूतलिंगम द्वारा 'नौकरशाही प्रणाली के निर्जीव बन जाने'

से संबंधित टिप्पणी का संदर्भ ऊपर दिया गया था। उसी वर्ष प्रारंभ
की गई तृतीय पंचवर्षीय योजना में भी ऐसी ही टिप्पणी की गई थी।
उसके बाद से अनेक ख्याति प्राप्त सिविल सेवकों ने ऐसे ही विचार व्यक्त
किए हैं। हालांकि कई उच्चाधिकार प्राप्त समितियों ने प्रणाली में सुधार
हेतु अनेक अनुशंसाएं की हैं तथापि विशेषज्ञ एवं अनुभवी सिविल सेवकों
की यह आम राय है कि अब प्रणाली में सुधार कर पाना व्यवहार्य नहीं
है। ऐसा इसलिए नहीं है कि देश यह नहीं समझ पा रहा है कि क्या
किया जाए, बल्कि इसलिए कि सिविल सेवाओं में सुधार का राजनीतिक
स्तर पर प्रतिरोध किया जा रहा है। इस प्रकार एक पूर्व मंत्रिमंडल सचिव
जिन्होंने हाल ही में अपना संस्मरण लिखा है, उन्होंने यह संकेत दिया
है:

> राजनीति देश में सबसे ज़्यादा आकर्षक व्यवसाय हो गई है जिस
> पर नाममात्र अवरोध व नियंत्रण ही है और मंत्री अथवा राजनीतिक
> नेता की यह बाध्यता है कि वे पारस्परिक लाभ के लिए सिविल
> सेवकों को स्वयं के साथ गठबंधन करने के लिए उन पर दबाव
> डालें... क्रमिक रूप से सेवा नियमों व प्रक्रियाओं को इसी उद्देश्य
> से अनुकूलित किया गया है (सुब्रह्मण्यम 2004)।

सिविल सेवाओं में सुधार करने संबंधी विगत असफलताओं को देखते
हुए अब यह विश्वास हठतर होता जा रहा है कि नौकरशाही में सुधार
करने संबंधी सुझाव वास्तव में प्रशासनिक अपक्षय के वास्तविक कारणों
की ओर से ध्यान हटाने के लिए दिए जाते हैं। भारत सरकार के एक
पूर्व वित्त सचिव ने यह टिप्पणी की है:–

> गत दो दशकों से अधिक अवधि से एक ऐसी प्रणाली विकसित
> हो गई है जिसमें राजनीतिज्ञ नौकरशाहों को स्थानांतरण की धमकी
> देते हैं, उन्हें लाभदायक पदों पर तैनाती का प्रलोभन देते हैं और
> वरिष्ठ अधिकारियों को सेवानिवृत्ति के बाद आराम की नौकरी

का भरोसा देकर उनमें व्याप्त नैराश्य भाव का लाभ उठाते हैं। वरिष्ठ अधिकारी अपनी सेवावधि के दौरान अनौपचारिक रूप से अपना संरक्षण करते हैं और सेवानिवृत्ति के बाद औपचारिक तौर पर किसी राजनीतिक दल में शामिल हो जाते हैं... सिविल सेवकों या अन्य बाहरी विशेषज्ञों वाली समितियों से सुधार विषयक किसी मौलिक सुझाव की आशा करना व्यर्थ है। समिति एक बंद गली है जिसमें विचारों को चारा देकर फंसाया जाता है और उसके बाद चुपचाप उसका गला घोंट दिया जाता है (कुमार 2004)।

सिविल सेवाओं में सुधार को प्रभावित करने की राजनीतिक इच्छा के संबंध में व्याप्त दोषदर्शिता को ध्यान में रखते हुए मेरे लिए सबसे अच्छा शायद यही होगा कि एक बार फिर से इस प्रश्न पर विस्तार से विचार करके मैं ज़्यादा समय बर्बाद न करूं। बहरहाल, यह मुद्दा इतना महत्वपूर्ण है कि इसकी उपेक्षा नहीं की जा सकती है। इस अध्याय को समाप्त करने के पूर्व मैं वैयक्तिक प्रेक्षणों के आधार पर कुछ मुख्य बातों को प्रस्तुत करना चाहूंगा।

एक नागरिक के रूप में हमें एक सुदक्ष सिविल सेवा की ज़रूरत है, चाहे हम इसे पसंद करें या नहीं। अतः यह अत्यंत महत्वपूर्ण है कि सिविल सेवा में सुधार के लिए अविलंब एक सिविल सोसाइटी आंदोलन चलाया जाए। उनके ग़ैर सरकारी संगठनों ने इस क्षेत्र में अच्छा काम किया है (जैसे एच.डी. शौरी की अध्यक्षता वाली कॉमन कॉज़), परंतु काफ़ी कुछ किए जाने की ज़रूरत है। इस मुद्दे पर उतना ही ध्यान दिया जाना आवश्यक है जितना कि अन्य अनेक सार्वजनिक चिंताओं पर दिया जाता है। मसलन, भाषण की स्वतंत्रता, लिंग की समानता, विधायिका में महिलाओं के लिए आरक्षण आदि। इन सभी क्षेत्रों में सुधार के लिए संसार की ओर से राजनीतिक विरोध किया जाता है। बहरहाल, आम जनों के सहयोग से भारत कुछ सर्वाधिक विवादास्पद मुद्दों पर कुछ प्रगति कर पाने में सफल रहा है। सिविल सेवा में सुधार और बेहतर अभिशासन

को सरकारी कार्यसूची में उच्चतम स्थान दिया जाना चाहिए।

सिविल सेवाओं में उच्चतर स्तर पर 'प्रेरणा' अथवा मनोबल का मुद्दा सर्वाधिक महत्वपूर्ण मुद्दा है और इसका समाधान करना आवश्यक है। सिविल कर्मचारी प्रतिस्पर्द्धी परीक्षाओं के ज़रिए सरकारी सेवाओं में पदभार ग्रहण करते हैं और सेवा में प्रवेश के साथ सामान्य तौर पर वे अत्यधिक दक्ष एवं अनुप्रेरित होते हैं। बहरहाल, कुछ वर्षों की सेवा के बाद उनके मनोबल, उनकी प्रतिबद्धता तथा उनकी दक्षता में बोधगम्य गिरावट आने लगती है। इस गिरावट का एक महत्वपूर्ण कारण राजनीतिज्ञों को प्राप्त वह शक्ति है जिसके ज़रिए वे अपनी इच्छा के अनुसार काम नहीं करने वाले कर्मचारियों को परेशान कर सकते हैं। ऐसा करने का सबसे आसान रास्ता है, सिविल सेवकों को बहुत कम समय के नोटिस पर स्थानांतरित कर देना, जिसका प्रयोग मंत्रियों द्वारा व्यापक तौर पर किया जाता है। ऐसे कुछ स्थानांतरणों के बाद दोषदर्शिता प्रारंभ हो जाती है क्योंकि अधिसंख्य सिविल सेवक मंत्रियों की आज्ञा मानकर अगले स्थानांतरण के कारण होने वाली असुविधा से स्वयं तथा अपने परिवार को बचाना ज़्यादा पसंद करेंगे। उच्चतम स्तर के सिविल कर्मचारी जो तकनीकी तौर पर स्थानांतरण का आदेश जारी करते हैं, वे भी इस संबंध में हस्तक्षेप करने से कतराते हैं। वर्ष 1989 के बाद से गत पंद्रह वर्षों के दौरान राजनीतिक अस्थिरता के कारण एक घातक प्रवृत्ति यह उभरी है कि छोटे स्तर के कर्मचारियों जिनका स्थानांतरण पहले सिविल सेवा द्वारा ही किया जाता था, के स्थानांतरण से संबंधित निर्णय भी अब मंत्रियों द्वारा किए जाने लगे हैं (अलेक्ज़ेंडर 2004)। सिविल सेवा में एक आम मान्यता यह है कि अपना अस्तित्व बचाए रखने के लिए मंत्रियों तथा उनके अधिकारियों (भले ही वे कितने भी भ्रष्ट या अकुशल हों) को ख़ुश रखना आवश्यक है।

सिविल सेवा का मनोबल बनाए रखने के लिए यह आवश्यक है कि बिना पर्याप्त कारण के सिविल सेवकों का स्थानांतरण करने संबंधी मंत्रियों की शक्तियों में यथाशीघ्र संशोधन किया जाए। उच्चतम स्तर अर्थात

सेवा के प्रथम दो पदक्रम (सचिव एवं अपर सचिव) जिन्हें सीधे मंत्रियों के साथ कार्य करना होता है, उनको छोड़कर अन्य कर्मचारियों की तैनाती तथा स्थानांतरण से संबंधित शक्ति पूर्णतः सिविल सेवा के क्षेत्राधिकार में होनी चाहिए। एक समुपयुक्त तंत्र पहले से ही विद्यमान है (जैसे पब्लिक सर्विस बोर्ड) और उन्हें एक निर्दिष्ट स्तर तक के कर्मचारियों की तैनाती से संबंधित समस्त शक्तियां प्रदान की जानी चाहिए। सेवा के उच्चतम स्तर के मामलों में तैनाती तथा स्थानांतरण का कार्य राजनीतिक प्राधिकारी के अनुमोदन के अध्याधीन बना रहना चाहिए। बहरहाल यदि सिविल कर्मचारी को किसी पद पर एक बार तैनात कर दिया जाता है तो उसी सरकार द्वारा एक निश्चित अवधि (तीन वर्ष कह लें) के पूर्व उसका अगला स्थानांतरण केवल अनिष्पादन या निष्ठा के अभाव के आधार पर ही किया जाना चाहिए। कारणों को अस्पष्ट छोड़ देने की बजाय उसका लिखित उल्लेख किया जाना चाहिए और निर्णय के समर्थन में दस्तावेज़ प्रस्तुत किया जाना चाहिए। अधिकारी को स्थानांतरण का कारण जानने तथा निर्दिष्ट स्तर के उच्चतर अधिकारी के पास अपील करने का अधिकार होना चाहिए।

सिविल सेवा के अधिकाधिक सशक्तीकरण का एक अन्य उपाय सतर्कता जांच प्रारंभ करने की क्रियाविधि में सुधार करना तथा इस प्रकार की जांच में शामिल अभिकरणों की संख्या कम करना है। जितनी आसानी से और बिना किसी उपयुक्त कारण के, इस प्रकार की जांच शुरू कर दी जाती है, वह ईमानदार सिविल सेवकों के उत्पीड़न व पीड़ा का एक प्रमुख कारण है। उच्चतर स्तर के सिविल सेवाओं में यह प्रवृत्ति बढ़ती जा रही है कि वे किसी वित्तीय या विवादास्पद मुद्दे पर मंत्री के अनुमोदन के बिना निर्णय करने को टालते रहते हैं। ऐसे मामलों में यदि किसी सिविल सेवक (जो अन्यथा दक्ष हैं अथवा ऐसा करने के लिए प्राधिकृत हैं) द्वारा कोई निर्णय लिया जाता है तो यह डर बना रहता है कि मंत्री अथवा उक्त निर्णय विशेष से प्रभावित होने वाले व्यावसायिक समूह की

पहल पर उक्त अधिकारी के विरुद्ध जांच प्रारंभ कर दी जा सकती है। निर्णय करने में तथा निर्णयन प्रक्रिया की क्षीणता का यह एक प्रमुख कारण है।

सिविल सेवकों के मनोबल में सुधार के लिए जिस आधारभूत मुद्दे का समाधान किया जाना आवश्यक है, वह है कार्यपालिका के अंदर शक्तियों का पृथक्करण अर्थात तैनाती, स्थानांतरण, पदोन्नति और अन्य प्रशासनिक मामलों में मंत्रियों तथा सिविल सेवकों के बीच शक्तियों का विभाजन। सरकार के तीनों अंगों कार्यपालिका, विधायिका और यहां तक कि न्यायपालिका के क्षेत्र में कार्यपालिका द्वारा काफ़ी अतिक्रमण किया गया है, तथापि यह कहा जा सकता है कि ये तीनों पृथक शाखाएं एक हद तक स्वायत्तता एवं स्वतंत्रता का उपयोग करती हैं (यदि वे ऐसा करना चाहें)। बहरहाल कार्यपालिका शाखा के अंतर्गत सिविल सेवा अब सर्वाधिक पारस्परिक तथा प्रशासनिक मुद्दों के मामले में भी पूर्णतया मंत्रियों की कृपा पर आश्रित हो गई है। नियमों पर आधारित ऐसी प्रशासन प्रणाली की ओर लौटना अनिवार्य है, जो राजनीतिज्ञों की शक्ति को सीमित कर तथा सिविल सेवा को ही स्व-विनियमन हेतु अधिकाधिक शक्तियां प्रदान करे।

सिविल सेवाओं को अधिकाधिक शक्ति प्रदान करने का कार्य स्वाभाविक तौर पर सिविल सेवकों को उनके निष्पादन तथा नैतिक आचरण के लिए अधिकाधिक उत्तरदायी बनाने के साथ ही किया जाना चाहिए। हालांकि कार्यपालिका शाखा के अंतर्गत सिविल सेवा ने अपनी शक्ति खो दी है, परंतु जहां तक आम जनता का संबंध है तो सिविल सेवा अब भी सरकार का सबसे शक्तिशाली अभिकरण है। कुल मिलाकर अनेक कारणों से भारत की सिविल सेवा, ख़ासकर औसत नागरिकों के साथ कार्य-व्यवहार के मामले में की गणना अवांछनीय रूप से विश्व की भ्रष्टतम सेवाओं में की जाने लगी है। संसाधनों के उपयोग में निम्न उत्पादकता तथा राज्य की वित्तीय दुर्बलता का मूल कारण सिविल सेवा में व्याप्त भ्रष्टाचार

(राजनीतिक भ्रष्टाचार के अतिरिक्त) भी है। भ्रष्टाचार के आर्थिक प्रभाव तथा भारत में भ्रष्टाचार के कारण व निवारण का ब्योरा अगले अध्याय में दिया गया है। इस अध्याय में उन उपायों का भी वर्णन किया गया है जिनके ज़रिए सिविल सेवा को अधिक उत्तरदायी तथा अपने कार्यों के मामले में कम निरंकुश बनाया जा सकता है।

चार

भ्रष्टाचार की आपूर्ति और मांग

भारत में भ्रष्टाचार का सबसे घृणित पहलू यह नहीं है कि यहां भ्रष्टाचार है, बल्कि यह है कि यह भारतीय जीवन के एक अपरिहार्य लक्षण के रूप में दूर-दूर तक स्वीकृत है। अनादि काल से भ्रष्टाचार सभी समाजों में किसी न किसी रूप में विद्यमान रहा है। दो हज़ार साल पहले कौटिल्य ने पहले-पहल अपने *अर्थशास्त्र* में कुछ हद तक इस पर चर्चा की। फिर भी भ्रष्टाचार व्यापक रूप से नैतिक और सदाचार की दृष्टि से निंदनीय था, हालांकि इसकी मौजूदगी अभिज्ञात थी। हाल ही के वर्षों में भ्रष्टाचार का यह नज़रिया धीमे, अति सूक्ष्म मगर निश्चित परिवर्तन से गुज़रा प्रतीत होता है। भारत के प्रजातंत्र और इसके शासन ढांचे के एक अनिवार्य घटक के रूप में अब भ्रष्टाचार को बर्दाश्त करने का मादा ज़्यादा है।

राजनीतिक स्तर पर माना जाता है कि पार्टियों और राजनीतिज्ञों में भ्रष्टाचार अपरिहार्य हो गया है क्योंकि चुनाव ख़र्चीले हो गए हैं और इन्हें लड़ने के लिए किसी ज़रिए से पैसा जुटाना पड़ता है। समान रूप से अत्याधिक व्याप्त नौकरशाही भ्रष्टाचार के बचाव में यह तर्क दिया जाता है कि भारत में लोक सेवकों को पर्याप्त वेतन नहीं मिलता या यह कि ऐसा भ्रष्टाचार 'सर्वव्यापी घटना' है। भ्रष्ट नौकरशाही के लिए आजकल दी जाने वाली भारत की बचाव दलीलें उसी तरह हैं जैसी 1980

में युगांडा में दी जाती थीं; जब युगांडा को खुले तौर पर संसार में सबसे भ्रष्ट देश माना जाता था। तर्क ये दिए जाते थे कि लोक सेवक अपनी नौकरी में बने रहने के लिए या तो अपनी नैतिकता, कार्य और कर्तव्यनिष्ठा के मापदंड को छोड़ दें या फिर ईमानदार बने रहकर अपनी नौकरी गंवाए। उसने नौकरी में बने रहने को चुना (लिंडानेर और ननबर्ग 1994)। भारत में छोटे और बड़े निगमों ने भी बचे रहने और तरक़्क़ी करने के लिए भ्रष्टाचार में सक्रिय रूप से शामिल होने को इन आधारों पर चुना कि अपने काम को पूरा करने के लिए यही एकमात्र रास्ता है। रोचक रूप से, भारत में कारोबार में भ्रष्टाचार संभवतः जितना आंतरिक (यानी एक निजी ख़रीदार, निजी विक्रेता या वित्तदाता के बीच) है, उतना ही बाहरी (यानी निजी फ़र्म और सरकार के बीच) भी है। आम आदमी या औरत को भी भ्रष्टाचार में शामिल होना पड़ता है क्योंकि अगर उसको राशन कार्ड, लाइसेंस, अनुज्ञप्ति या कोई पंजीकरण लेना है तो यहां इसके सिवाय और कोई विकल्प नहीं है।

एक आवश्यक बुराई के रूप में इसकी व्यापक स्वीकृति के अलावा गंभीर चिंता का अन्य क्षेत्र है, सरकारी पदानुक्रम के विभिन्न स्तरों—निर्वाचित राजनीतिज्ञों, उच्च अधिकारी वर्ग और निचले अधिकारी वर्ग में भ्रष्टाचार का परस्पर गुंफन या 'ऊर्ध्वाधर एकीकरण' (गुहान और पॉल 1997)। यह सामान्य धारणा अब मान्य नहीं है कि उच्च स्तरों पर बैठे हुए प्रत्येक मुखिया यह सुनिश्चित करने को प्रतिबद्ध हैं कि उनके अधीनस्थ सत्यनिष्ठा से आचरण करेंगे। ऐसी स्थिति में जब मुखिया और एजेंट भ्रष्टाचार के लिए आपस में सांठ-गांठ कर लेते हैं तो इससे जूझने की समस्या और अधिक असाध्य हो गई है। कार्यपालक शाखा के विभिन्न स्तरों पर ऊर्ध्वाधर भ्रष्टाचार के साथ भ्रष्टाचार का समस्तरीय फैलाव विधायिका, न्यायपालिका के अंगों, मीडिया के साथ स्वतंत्र पेशों सहित अन्य सार्वजनिक संस्थानों तक है। इसने भ्रष्टाचार की रोकथाम और नियंत्रण को कहीं ज़्यादा मुश्किल बना दिया है। भ्रष्टाचार का राजनीतिकरण एक अन्य अशुभ घटना रही,

मानो ये सब अभी कम था। समस्या से जूझने की किसी गंभीर मंशा के बिना ही बराबर भ्रष्टाचार के मामलों को राजनीतिक रंग दिया जा रहा है। इसने भ्रष्टाचार के आरोपी व्यक्तियों का राजनीति में प्रवेश सुगम बना दिया। जनता अब नहीं जानती कि किसका विश्वास करे–अभियोक्ता का या अभियुक्त का।

उन्नति, विकास और ग़रीबी उन्मूलन में भ्रष्टाचार एक बड़ी बाधा है। शोध बताते हैं कि भ्रष्टाचार उत्पादकता को कम करता है, निवेश को निम्न करता है, राजस्व संबंधी क्षय का कारण बनता है और कार्यकुशलता को दुर्बल बनाता है। भ्रष्टाचार के ये विपरीत प्रभाव, भारत के राजनीतिक और वैधानिक संस्थानों या इसकी जनता द्वारा सामान्यतः पहचाने नहीं गए हैं। इस अध्याय का उद्देश्य जनकल्याण और देश की आर्थिक क्षमता पर पड़ने वाले दुष्प्रभावों पर उपलब्ध सूचना को प्रस्तुत करना है। इसी से संबंधित उद्देश्य हैं, ऐसे उपाय सुझाना जो भ्रष्टाचार बढ़ाने वाले कारणों को समाप्त करके इसके प्रसार और इसकी व्यापक सामाजिक स्वीकृति को कम कर सकते हैं। राज्य की भूमिका को पुनः परिभाषित करके और इसके शासन ढांचे में सुधार के माध्यम से भ्रष्टाचार की आपूर्ति और मांग दोनों को कम करने की आवश्यकता है।

भ्रष्टाचार के आर्थिक प्रभाव

साहित्य में विकास अर्थशास्त्र पर भ्रष्टाचार के प्रभावों की चर्चा अभी तक विरले ही हुई थी। कुछ हद तक नए स्वतंत्र विकासशील देशों की संप्रभुता के प्रति सम्मान और कुछ हद तक आंकड़ों के संगत तरीक़े से भ्रष्टाचार को मापने और परिभाषित करने की कठिनाइयां, इस लापरवाही का कारण था। फिर भी पिछले कुछ सालों से शोधकर्ताओं के बीच निवेश, संवृद्धि और लोक वित्त पर भ्रष्टाचार के प्रभावों का अनुभवजन्य और परिमाणिक विश्लेषण करने की रुचि जागृत हुई है। यह शोध अधिकांशतः अंतरराष्ट्रीय वित्त संस्थानों ख़ासकर विश्व बैंक और अंतरराष्ट्रीय मुद्रा कोष

में शुरू हुआ। ये संस्थान पिछले पांच दशकों या उससे ज़्यादा वर्षों से विकासशील देशों में वित्त विकास और संरचनात्मक समायोजन कार्यक्रमों में शामिल रहे हैं। इन कार्यक्रमों ने विरले ही ऐसे सकारात्मक परिणाम दिए जिनकी शुरू में अपेक्षा की गई थी। समय के साथ यह स्पष्ट हो गया कि इसका कारण भ्रष्टाचार का अत्यधिक विस्तार था। भ्रष्टाचार पर आधुनिक शोध के महत्वपूर्ण निष्कर्ष आबिद एवं गुप्ता के (2002) आई.एम.एफ़. प्रकाशन में उपलब्ध हैं। राष्ट्रीय उत्पादन या परियोजनाओं पर उनकी प्रतिफल की वास्तविक दर में योगदान की बजाय निवेश विकल्प अक्सर उनकी भ्रष्टाचार की संभावना और अनुचित लाभों से प्रेरित होते हैं। अनार्थिक स्थानों पर अनुत्पादी और उच्च लागत परियोजनाएं शुरू करने की पुरज़ोर राजनीतिक तरफ़दारी के अलावा 'प्रचालन और अनुसरण' और मानवीय पूंजी गठन पर व्यय करने का सहज विरोध भी है। आमतौर पर इन गतिविधियों द्वारा मध्यस्थों को नाजायज़ पैसे के हस्तांतरण की गुंजाइश कम ही होती है। (तंज़ी और दाऊदी 2002)।

हाल ही के अनुभवजन्य शोध का एक महत्वपूर्ण निष्कर्ष यह है कि राष्ट्रीय आय में निवेश के अनुपात पर भ्रष्टाचार का महत्वपूर्ण नकारात्मक प्रभाव पड़ता है और भ्रष्टाचार इंडेक्स में होने वाला सुधार (यानी भ्रष्टाचार में कमी) महत्वपूर्ण ढंग से निवेश अनुपात तथा संवृद्धि को बढ़ा सकता है। माउरो (1955) के अनुसार, जिस देश में भ्रष्टाचार अति व्याप्त है, वहां भ्रष्टाचार में 50 प्रतिशत तक की कमी संवृद्धि दर को 1.5 प्रतिशत अंकों तक बढ़ा सकती है। हालांकि भारत में सरकारी और निजी भ्रष्टाचार के घटते-बढ़ते प्रभाव का कोई स्वतंत्र आकलन नहीं किया गया है फिर भी माउरो के आर्थिक प्रारूप और दिलचस्प प्रमाण पर आधारित मेरा सामान्य आकलन है कि यह दर और ऊंची हो सकती थी–लगभग दो प्रतिशत अंकों तक या इतनी ही। दूसरे शब्दों में, सब कुछ एक सा रहते हुए अगर भ्रष्टाचार न होता तो 1980 और 1990 में लगभग छह प्रतिशत की बजाय भारत की संवृद्धि दर लगभग 8 प्रतिशत वार्षिक होती।

क्यों निवेश और संवृद्धि को कमज़ोर बना देने वाले प्रभावों से युक्त भ्रष्टाचार न केवल ग़ैर क़ानूनी और गुप्त रूप से व्यक्तियों के एक समूह से दूसरे को होने वाला निधियों का हस्तांतरण है, बल्कि निवेश विकल्प पर भ्रष्टाचार के आर्थिक प्रभावों का कारण भी है? इस प्रकार, घोर भ्रष्टाचार अक्सर सार्वजनिक परियोजनाओं के ग़लत चयन और परियोजना विलंबों से जुड़े होते हैं जो धीमी उत्पादकता, निम्न वित्तीय राजस्व, निम्न अनुरक्षण व्यय और अनिवार्य लोक संरचना की घटिया गुणवत्ता का कारण बनता है, जो क्रमशः कारोबारी उद्यम के द्वारा वस्तुओं और सेवाओं की उत्पादन लागत बढ़ा देता है।

यह असाधारण घटना तथा भ्रष्टाचार और निवेश नकारात्मक चक्र बताता है कि भारत सहित निम्न आय वाले कई देश ख़ुद को इस 'ग़रीबी के फंदे' में पाते हैं। यह लोकनीति और विकास रणनीति की उल्लेखनीय कशमकश को भी बताता है। ख़राब संरचना वाले देशों में, ख़ासकर ग़रीबी से ग्रस्त ग्रामीण इलाक़ों में लोक निवेश अनिवार्य साधन है, जिसके माध्यम से उत्पादकता और आय के स्तर को ऊपर उठाया जा सकता है। इसी समय, यह भी संभव है कि सकल घरेलू उत्पाद (जी.डी.पी.) के संदर्भ में लोक निवेश का स्तर जितना ऊंचा हो, भ्रष्टाचार और संवृद्धि पर पड़ने वाले उसके नकारात्मक प्रभावों का स्तर भी उतना ही ऊंचा होगा। इस तरह समाधान ही समस्या बन जाता है। एकमात्र उपाय जिसमें इस समस्या का निराकरण किया जा सकता है, वह है भ्रष्टाचार और निवेश के बीच की कड़ी को तोड़ने के लिए प्रशासनिक उपाय किए जाएं।

अनुभवजन्य शोध का एक दिलचस्प निष्कर्ष यह है कि भ्रष्टाचार का प्रतिकूल आर्थिक प्रभाव छोटे उद्यमों और अर्थव्यवस्था में रोज़गार की समग्र संवृद्धि पर ज़्यादा स्पष्ट रूप से पड़ता है। इस तरह सभी क्षेत्रों को देखते हुए, बीस परिवर्तनशील अर्थव्यवस्थाओं में 3000 उद्यमों के सर्वेक्षण में पाया गया कि नई फ़र्मों (ई.बी.आर.डी. 1999) द्वारा भ्रष्टाचार और स्पर्द्धा विरोधी आचरण को सबसे अधिक बाधाओं के रूप में महसूस

किया गया। बड़े उद्यमों के लिए भ्रष्टाचार अक्सर लाभों को बढ़ाता है, क्योंकि यह उनको मनमाने लगान और बचतों को बढ़ाने की स्वतंत्रता देता है। छोटे उद्यमों के लिए यह लागत को बढ़ाता है और लाभों को कम करता है क्योंकि उनको ऐसे भुगतान करने पड़ते हैं जो उत्पादकता और उत्पादन में कोई योगदान नहीं देते मगर उनके बने रहने के लिए अनिवार्य होते हैं। अनावश्यक परेशानियों से बचने के उद्देश्य से, एक-दूसरे के साथ मिलकर काम करने वाले निरीक्षकों के समूह की मांगों को पूरा करने के लिए रिश्वत देनी पड़ती है जो ऐसे उद्यमों की प्रचालन लागतों के एक पर्याप्त हिस्से के बराबर हो सकती है। यह छोटे उद्योगों की रुग्णता का एक महत्वपूर्ण कारण बन गया है जो क्रमशः इनकी व्यावहार्यता को प्रभावित करती है, इन्हें अतिरिक्त स्थानीय सरकारों और बैंकों की सहायता की ज़रूरत है।

आज़ादी के समय से केंद्र और राज्य सरकार ने छोटे उद्यमों को बढ़ावा देने के लिए अनेक प्रोत्साहन देने के अलावा ग़रीबों और अक्षम लोगों को सीधे लाभ पहुंचाने के लिए अनेक ग़रीबी-विरोधी, ग्रामीण विकास और विशेषकर रोज़गार कार्यक्रमों (काम के बदले में भोजन जैसे कार्यक्रम) को भी शुरू किया। इन कार्यक्रमों का अधिकांश लाभ प्रशासनिक पदानुक्रम के विभिन्न स्तरों पर नौकरशाहों और बिचौलियों द्वारा हड़प लिया गया है। इस प्रकार इन कार्यक्रमों का मुआयना करने के बाद प्रधानमंत्री राजीव गांधी ने एक स्मरणीय और प्रसिद्ध उद्धरण में स्पष्ट कहा था, 'मैं जानता हूं कि एक ग़रीबी-विरोधी परियोजना के लिए आबंटित 100 करोड़ रुपए में से जनता तक केवल 15 करोड़ रुपए ही पहुंचते हैं। शेष बिचौलियों, सत्ता के दलालों, ठेकेदारों और भ्रष्ट लोगों द्वारा हड़प लिया जाता है।'

असल में, स्वास्थ्य एवं अन्य अनिवार्य जन सेवाओं के वितरण में दूर तक फैले हुए भ्रष्टाचार से ग़रीबी बुरी तरह प्रभावित है। भ्रष्टाचार की संभावना को बढ़ाने के लिए सरकारी व्यय बढ़े हुए हैं और व्यर्थ की परियोजनाएं और कार्यक्रम शुरू किए गए हैं। चूंकि समृद्ध लोगों

की पहुंच बुनियादी सेवाओं के निजी प्रदाताओं तक होती है, ग़रीब लोगों को अनिवार्यतः सार्वजनिक एजेंसियों पर निर्भर करना पड़ता है। फिर भी, ग़रीब लोग उन लाभों को प्राप्त करने के लिए रिश्वत देने में असमर्थ होते हैं जिनके वे अधिकारी हैं। इस तरह भ्रष्टाचार का अन्य आर्थिक प्रभाव यह है कि यह पहले से ही विषम समाज में विषमता को और गंभीर बना देता है।

जैसा कि सर्वविदित है कि ग़रीबों के लिए अनिवार्य सेवाओं के लोक वितरण को बनाने के लिए 1990 की शुरुआत में 73वें और 74वें संवैधानिक संशोधनों की स्वीकृति के बाद भारत ने स्थानीय सरकारों के विकेंद्रीकरण के ज़रिए एक देशव्यापी परीक्षण किया। इस सुधार का परिमाण और संभावनाएं प्रभावोत्पादक हैं, जबकि विभिन्न राज्यों में विकेंद्रीकृत व्यवस्था की वास्तविक कार्यप्रणाली में किए गए शोध व्यापक विषमता दर्शाते हैं। अधिकांश राज्यों में पंचायतों को एक हद तक ही स्वायत्तता दी गई है। ग़रीबों के लिए दो महत्वपूर्ण सेवाएं शिक्षा और स्वास्थ्य पंचायती अधिकार क्षेत्र से पूरी तरह बाहर रह गई हैं। पंचायतों को बिना शर्त अनुदान की सुपुर्दगी लगभग नहीं है। पंचायत को मात्र जो अधिकार सौंपे गए हैं, वे सरकारी कार्यक्रमों के स्थानीय लाभ भोगियों का चुनाव करना तथा सड़कों, सिंचाई और आवास के क्षेत्रों में स्थानीय संरचनात्मक परियोजनाओं की व्यवस्था और कार्यान्वयन करने से संबंधित हैं। चूंकि ज़िला स्तर पर निधि आबंटन सभी हक़दार लाभग्राहियों को लाभ देने में स्थूल रूप अपर्याप्त होता है, इसलिए कुछ राज्यों में पंचायती स्तर पर भ्रष्टाचार और राजनीतिक पक्षपात एक नित्यकर्म बन गया है। इसने अपेक्षाकृत ग्रामीण जनसंख्या के ग़रीब तबक़े में विषमता को और बढ़ावा दिया है। केरल चंद ऐसे राज्यों में से है, जहां स्वास्थ्य और शिक्षा के लिए लोक संसाधनों के उपयोग पर स्थानीय निर्णयन कार्य में नागरिकों की भागीदारी का स्तर ऊंचा है और ग़रीबों के प्रति लाभों के वितरण में भ्रष्टाचार का स्तर अपेक्षाकृत निम्न है।

भ्रष्टाचार विकासशील संस्थाओं में वित्तीय घाटे और भारी मुद्रास्फीति का एक महत्वपूर्ण कारण है। इस बात के पुख़्ता प्रमाण हैं कि उच्च स्तरीय भ्रष्टाचार वाले देशों में उनकी राष्ट्रीय आय के संबंध में राजस्व कर की वसूली निम्नतर होती है (फ्राइडमैन और अन्य) भ्रष्टाचार का वैयक्तिक आयकर की प्राप्तियों से आंकड़ों के तौर पर महत्वपूर्ण नकारात्मक अंतर्संबंध भी है क्योंकि भारत सहित कई विकासशील देशों में कर निरीक्षकों के साथ सांठ-गांठ एक आम बात होती है। ऐसा अनुमान किया जाता है कि भ्रष्टाचार में एक अंक की बढ़ोतरी आयकरों से होने वाली आय में 0.63 प्रतिशत की घटोतरी से जुड़ी है। अप्रत्यक्ष कर वसूलियां, विशेषकर सीमा शुल्कों और उत्पाद शुल्कों से प्राप्त होने वाला राजस्व भ्रष्टाचार की सीमा तक अत्यधिक संवेदनशील है। यह भी पाया गया कि शुल्कों का स्तर और कर दरों (वस्तुओं की क़िस्म पर निर्भर करते हुए) की अस्थिरता जितनी उच्च रहेगी, भ्रष्टाचार और संलग्न राजस्व घाटे की संभावना उतनी ही उच्चतर होगी। जैसे-जैसे दरें बढ़ती हैं, भ्रष्टाचार बढ़ता है और कर प्रणाली समग्र रूप में कम प्रभावी हो जाती है।

इस प्रकार कुल मिलाकर जनसंख्या बोध के विपरीत विकासशील देशों में आर्थिक पिछड़ेपन, धीमी संवृद्धि, घोर ग़रीबी और वित्तीय संकटों का एक बड़ा कारण भ्रष्टाचार है। इससे बढ़कर, सर्वेक्षण के अनुसार निम्न प्रति व्यक्ति आय वाले और संरचनात्मक सुधारों में धीमी तरक़्क़ी करने वाले देशों में भ्रष्टाचार का बोध कराने वाले सूचक भी ऊंचे हैं (आबिद और दाऊदी 2002)। ये स्थितियां अकेले ही इस दशा में भ्रष्टाचार के क्रम में 86 प्रतिशत तक परिवर्तन के लिए उत्तरदायी हैं। आश्चर्य नहीं कि भारत इन तीनों स्थितियों और साथ ही भ्रष्टाचार सूचकांक में अव्वल है।

भ्रष्टाचार की हद का दायरा और ख़ासकर बहुसंख्य ग़रीबों तक पहुंचने वाली जन सेवाओं के वितरण पर पड़ने वाले इसके हानिकारक प्रभाव सरकार के साथ-साथ स्थायी लोक सेवा और न्यायपालिका को ज्ञात हैं।

सत्तारूढ़ सरकार प्रक्रियाएं सरल करने, शक्तियों के प्रत्यायोजन को सुधारने और भ्रष्टाचार को कम करने के अपने आशय की समय-समय पर घोषणा करती रहती है। सतर्कता तंत्र को सुधारने और भ्रष्ट लोक अधिकारियों के ख़िलाफ़ दंडात्मक कार्रवाई को मज़बूत बनाने के विभिन्न उपायों की घोषणा भी की गई। दुर्भाग्यवश, समय के साथ विभिन्न भ्रष्टाचार विरोधी उपायों को लाने के बावजूद प्रशासनिक व्यवस्था भ्रष्टाचार से मुक्त होने की बजाय भ्रष्टाचार से ग्रस्त हो गई। अतः भारत सरकार के भूतपूर्व गृह सचिव के शब्दों में, 'जनता की दृष्टि से, सरकार अगर ज़्यादा नहीं तो पहले की ही तरह लगातार भ्रष्ट बनी हुई है। बिजली, पेट्रोलियम, बैंकिंग, सार्वजनिक क्षेत्र उद्यमों के शेयरों के विनिवेश, दूरसंचार और विदेशी निवेश जैसे मुख्य क्षेत्रों में सरकार के कई निर्णयों में सामंजस्य और तर्कसंगति का अभाव है। आर्थिक प्रशासन प्रभावित न हो पाने और जनता के प्रति उत्तरदायित्व और पारदर्शिता की अनदेखी करने वाले नए स्तरों पर पहुंच गया है।'

एक अंतरंग व्यक्ति द्वारा मौजूदा हालात का इससे तीखा आक्षेप और कोई नहीं हो सकता था, जिसने प्रशासनिक व्यवस्था की कार्यप्रणाली को इतने क़रीब से देखा था। आइए, समस्या का सामना करने या कम से कम इसको और बढ़ने से रोकने के लिए संभावित उपायों की ओर रुख़ करते हैं।

भारत में प्रशासनिक भ्रष्टाचार उतना ही पुराना है जितनी हमारे जनतांत्रिक गणतंत्र की स्थापना। चालीस से भी अधिक साल पहले एक महत्वपूर्ण राष्ट्रीय कमेटी, संथानम कमेटी (1964) ने भ्रष्टाचार की रोकथाम पर एक व्यापक रिपोर्ट प्रस्तुत की। तब से शासन और प्रशासनिक ढांचे के सुधार के लिए कई अन्य कमेटियां बनाई गईं। नियंत्रक और महालेखा परीक्षक (सी.ए.जी.), केंद्रीय सतर्कता आयोग (सी.वी.सी.), केंद्रीय अन्वेषण ब्यूरो (सी.बी.आई.) और वेतन आयोग सहित कई अन्य एजेंसियों ने भी बढ़ते हुए भ्रष्टाचार के प्रति अपना रोष प्रकट करते हुए तथा इससे जूझने

के उपाय सुझाते हुए अनगिनत रिपोर्टें प्रस्तुत की हैं। दुर्भाग्य से, पिछले चालीस सालों से नए कार्यक्रम चलाने के लिए विभिन्न सरकारों द्वारा की गई कार्रवाइयों ने भ्रष्टाचार की मांग और आपूर्ति को कम करने की बजाय बढ़ा दिया। कई नई एजेंसियां बिना किसी कारगर नतीजे के भ्रष्टाचार को रोकने, जांच करने और दंडित करने में शामिल हैं। कार्यक्रमों के वितरण, सरकारी अनुमोदनों और जन सेवाएं प्रदान करने वाले प्रत्येक मंत्रालय में अब सतर्कता विभाग और सतर्कता अधिकारी हैं। मनमाने और व्यक्तिगत कारणों से लिए जाने वाले निर्णयों पर लगाम लगाने के लिए बड़ी संख्या में जांच बिंदु बनाए गए हैं, जिनमें से प्रत्येक फ़ाइल और प्रत्येक वित्तीय निर्णय को गुज़रना होता है—हर कोण से। दुर्भाग्यवश, प्रक्रियाएं उबाऊ और जटिल हो गई हैं तथा निर्णयन कार्य को प्रक्रिया में विलंब किंवदंती बन गए हैं। तथाकथित 'ख़र्चा-पानी' (सामाजिक तौर पर रिश्वत के लिए शिष्टोक्ति) की मांग और आपूर्ति बढ़ी है। कुछ मंत्रालयों और एजेंसियों में, जहां शीर्ष राजनीतिक नेतृत्व भी भ्रष्ट और शक्तिशाली है, वहां समूची नौकरशाही अपने कार्यार्थियों से घूस और भाड़ा निचोड़ने का साधन बन जाती है। यह भ्रष्टाचार को संरक्षण देने तथा इसके मुनाफ़े को बढ़ाने में भी साझेदार होती है।

एक कारगर भ्रष्टाचार विरोधी रणनीति को प्रभावशाली उपायों के साथ-साथ सांस्थानिक सुधारों पर ध्यान केंद्रित करने की ज़रूरत होती है, जो भ्रष्टाचार की 'मांग और आपूर्ति' दोनों को घटाती है। केंद्र और राज्यों में भ्रष्टाचार से लड़ने और दोषी का दोष सिद्ध करने के लिए बहुसंख्य जांच और अभियोजन एजेंसियां हैं। फिर भी क़ानूनी प्रावधान और न्यायिक प्रक्रियाएं इतनी बोझिल हैं कि भ्रष्ट लोक सेवकों या राजनीतिज्ञों पर चलाए गए सफल अभियोग के मामले नगण्य हैं। भ्रष्ट व्यक्ति को तत्काल और निवारक दंड देने हेतु वैधानिक सुधारों के साथ भ्रष्टाचार विरोधी अभियान में शामिल एजेंसियों की संख्या कम करने के लिए अब सांस्थानिक सुधार अनिवार्य हैं। अगर सरकार के आकार-प्रकार

और कार्यों में अच्छी-ख़ासी घटोतरी हो और लोक सेवक अपने कर्तव्य पालन के लिए जवाबदेह हों तो भ्रष्टाचार समीकरण के आपूर्ति वाले पक्ष पर लगाम कसी जा सकती है। भ्रष्टाचार के लिए सेवा से निष्कासन सहित शीघ्र जुर्माने किए जाएं ताकि समूची लोक सेवा पर समुचित प्रभाव पड़े और भ्रष्ट आचरण के कारण प्रोत्साहन को कम कर दिया जाए। भ्रष्टाचार की मांग के पक्ष में, आवश्यक है कि पारदर्शी अनौपचारिक प्रक्रियाओं और बाज़ार संबंधित क्रियाविधियों के माध्यम से अति सीमित जन सेवाओं, व्यवसायों और संसाधनों तक पहुंच प्रदान की जाए। उसी तरह, प्रशासनिक अधिनियमों और दस्तावेज़ी शर्तों को पर्याप्त रूप से कम किया जाए। भ्रष्टाचार के आपूर्ति पक्ष और मांग पक्ष के भ्रष्टाचार विरोधी उपायों के साथ सांस्थानिक सुधार के उपायों पर नीचे चर्चा की गई है।

सांस्थानिक सुधार की आवश्यकता

भारत में भ्रष्टाचार ने अपनी जड़ें इतनी मज़बूत कर ली हैं कि भारतीय सेवा (दास 2001) के एक सेवारत सदस्य ने अवलोकन किया कि:

भारत में भ्रष्टाचार का जाल इतनी कुशलतापूर्वक बुना हुआ है कि इसके भीतर मुख्य व्यक्तियों और एजेंटों को जोड़ने वाली एक फलती-फूलती अर्थव्यवस्था है। मुख्य व्यक्ति (सत्ताधारी राजनीतिज्ञ) अवसर और सुरक्षा प्रदान करते हैं जबकि एजेंट (लोक सेवक) अपनी ऊपरी आमदनी का बंटवारा करके दाम चुकाते हैं... सभी शामिल अभिनेताओं—मंत्री, लोक सेवक, भ्रष्टाचार-विरोधी अधिकारी—की भ्रष्टाचार को संरक्षण देने और इसके मुनाफ़ों को बढ़ाने में सहभागिता है, और भ्रष्टाचार के आलोचकों के लिए मुश्किलें खड़ी करने में भी।

हालांकि समय के साथ-साथ सूचना इकट्ठी करने, खोजबीन करने और लोक सेवकों और राजनीतिज्ञों को सज़ा देने के लिए आवश्यक कार्रवाई

करने वाली कुछ एजेंसियों में इज़ाफ़ा हुआ है, तो भी भ्रष्टाचार की मांग के साथ सज़ा न मिलने का भाव भी बढ़ा है जिसमें यह पनपता है। भ्रष्टाचार के मामलों में न्यायपालिका ने कार्यपालक अधिकारी वर्ग के ख़िलाफ़ कड़े आदेश पारित किए हैं, लेकिन अधिकतर महत्व के मामलों में जांच या तो अधूरी रह जाती है या सबूत कमज़ोर होते हैं। दास (2001) द्वारा प्रमुख भ्रष्टाचार विरोधी एजेंसी, सी.बी.आई. को सौंपे गए मामलों के आधार पर एकत्र किए गए आंकड़ों के अनुसार, जांचों के परिणामस्वरूप कुछ वरिष्ठ लोक सेवकों जिन्हें सज़ा दी गई या जिन्होंने अपनी नौकरी गंवाई, न के बराबर हैं। चंद मामलों में जहां सज़ाएं दी गई हैं, वहां जुर्माने अपेक्षाकृत कम रहे हैं जिसके परिणामस्वरूप आवश्यक रोकथाम नहीं हो सकी। केंद्र या राज्य एजेंसियों के रिकॉर्ड ख़राब नहीं तो निराशाजनक हैं। न्यायपालिका शक्तियों और भ्रष्टाचार-विरोधी मामलों में इसकी भूमिका के बारे में भारत के भूतपूर्व मुख्य न्यायाधीश न्यायमूर्ति जे.एस. वर्मा (2004) की टिप्पणी ध्यान देने योग्य हैः

> सर्वोच्च न्यायालय द्वारा हवाला (जैन) मामलों में की गई पड़ताल ने सी.बी.आई. को दोषी पाए जाने वालों पर मुक़द्दमा चलाने के अधिकार के साथ, सभी जांचों का संचालन करने की पूर्ण स्वतंत्रता प्रदान की थी। इस स्वतंत्रता के बावजूद इसके कार्यकलाप के स्तर का अंदाज़ा इस तथ्य से लगाया जा सकता है कि फ़ाइल की गई चार्जशीटें आरोप तय करने के संबंध में कोई भी प्रथम दृष्टि में प्रतीत होने वाला मामला तैयार नहीं कर पाईं और सभी आरोपी कोर्ट द्वारा छोड़ दिए गए। यह धारणा है कि आधे-अधूरे आरोप-पत्र दाख़िल करने का उद्देश्य केवल सर्वोच्च न्यायालय द्वारा, मेरे नेतृत्व में की जा रही जांच से पिंड छुड़ाना था।

भ्रष्टाचार के विस्तार को क़ाबू करने और यहां तक कि भ्रष्टाचार के सबसे घृणित मामलों के निपटान में भारत की न्यायिक व्यवस्था की संबंधित अकुशलता के कई कारण हैं। 1949, 1972 और 1990 की उच्च न्यायालय

एरियर कमेटियों और कई विधि आयोग रिपोर्टों सहित कुछ कमेटियों द्वारा इन कारणों का विश्लेषण किया गया है। फिर भी इन उच्च स्तरीय कमेटियों से निकले पर्याप्त आत्मपरीक्षण, बहस और सिफ़ारिशों के बावजूद मामलों के निपटान की स्थिति उत्तरोत्तर बदतर होती गई। मलिमथ कमेटी की रिपोर्ट के अनुसार 1968 और 1989 के मध्य लंबित मामलों की संख्या लगभग चौगुनी हो गई। आरोपी को उपलब्ध अपील के विविध स्तर यह सुनिश्चित करते हैं कि शक्तिशाली व्यक्ति ख़ासकर राजनीतिक पृष्ठभूमि वाला, दो या दो दशक से भी ज़्यादा मुक्त रह सकता है।

संसद सदस्य एफ़.एस. नरिमन द्वारा हाल ही में राज्यसभा में प्रस्तुत संविधान (संशोधन) विधेयक के साथ-साथ न्यायिक सांख्यिकी विधेयक एक स्वागत योग्य पहल है। बिल का उद्देश्य राष्ट्रीय राज्य और ज़िला स्तरों पर न्यायिक सांख्यिकी के लिए प्राधिकरणों का सृजन करना है। इन प्राधिकरणों से अपेक्षा की जाती है कि ये न्यायालयों और अन्य अधिकारियों में दायर किए गए मुक़द्दमों, अपीलों, याचिकाओं और अन्य मामलों के आंकड़े इकट्ठे करेंगे। इनके द्वारा इकट्ठे किए गए आंकड़ों में विवाद की क़ानूनी प्रकृति, विवाद का नतीजा, मुक़द्दमों के निपटान में लगे घंटों की संख्या, प्रदान किए गए स्थगनों की संख्या और दायर किए गए मुक़द्दमों और उनके अंतिम निपटान के बीच मध्यांतरों की संख्या शामिल होगी। इस तरह के सांख्यिकीय आंकड़े निश्चित रूप से ऐसी कार्रवाइयों का निर्धारण करने में अमूल्य होंगे जिनकी मुक़द्दमों की शीघ्र सुनवाई अपीलों, याचिकाओं और अन्य मामलों में कारगर सुधार करने के लिए किए जाने की आवश्यकता है। ऐसी आशा की जाती है कि श्री नरिमन का प्रस्ताव जल्दी से जल्दी स्वीकृत हो जाएगा।

एक नया अधिकारी, लोकपाल बनाने का प्रस्ताव भी कई वर्षों से विचाराधीन है, जिसके पास मंत्रियों द्वारा (प्रधानमंत्री सहित) राजनीतिक सत्ता के दुरुपयोग की जांच करने की शक्ति होगी। फिर भी यदि राज्य स्तर पर लोकायुक्त नामक ऐसी ही एजेंसी के अनुभव लें तो नई एजेंसी

भी राजनीतिक भ्रष्टाचार की रोकथाम में बुरी तरह असफल हो जाएगी। उदाहरण के लिए, दिसंबर 2002 में दिल्ली लोकायुक्त के गठन का रिकॉर्ड निराशाजनक रहा है। विधायकों और मंत्रियों के ख़िलाफ़ दर्ज चवालीस शिकायतों में से लगभग उनतालीस पर विचार भी नहीं किया जा सका और क़ानूनी कमज़ोरियों और जांचकर्ता स्टाफ़ के अभाव में शुरू के पांच मामलों में दंडात्मक कार्रवाई नहीं की जा सकी (इंडियन एक्सप्रेस, 15 मई 2004, पृष्ठ-1)।

भ्रष्टाचार विरोधी रणनीति का महत्वपूर्ण घटक यह है कि भ्रष्टाचार के मामलों में जांच करने और मुक़द्दमा चलाने वाली एजेंसियों में से कुछ को घटाया जाए और कुछ का पुनरुद्धार किया जाए। जो भी हो इस उद्देश्य से कोई नई एजेंसी गठित नहीं की जानी चाहिए। लोकसेवकों, राजनीतिक प्रतिनिधियों और मंत्रियों के विरुद्ध भारी भ्रष्टाचार के मामलों में जांच और अभियोजन के लिए केंद्र के साथ-साथ राज्य स्तर पर केवल एक ही विशेषज्ञ एजेंसी होनी चाहिए। इसको दिए जाने वाले मामले राष्ट्रीय सुरक्षा और आपराधिक आचार (जैसे धोखाधड़ी और तस्करी) के तौर पर पर्याप्त महत्व के होने चाहिए। चंद बड़े मामलों के अलावा इसे और मामले नहीं दिए जाने चाहिए और शिकायत मिलने के नब्बे दिनों के भीतर मुक़द्दमा शुरू करने के लिए इसके पास निधियों और तकनीकी विशेषज्ञता की पर्याप्त उपलब्धता होनी चाहिए। उद्देश्य यह होना चाहिए कि कम मामलों में निवारक या चेतावनीपूर्ण सज़ा दी जाए, बजाय इसके कि बहुत से मामलों पर मुक़द्दमा चलाया और उन्हें निबटाया जाए, जो कि बहुत प्रभावी तौर पर नहीं किया जा सकता। भ्रष्टाचार के अन्य मामलों का निपटान बाहरी विशेषज्ञ और ग़ैर सरकारी जांच एजेंसियों की सहायता से सुस्थापित और पारदर्शी प्रक्रिया के माध्यम से विभागीय स्तर पर किया जाना चाहिए।

यह संभव है कि सांस्थानिक गड़बड़ियों को दूर करने के इससे बेहतर समाधान हों। महत्वपूर्ण बात है कि सरल और प्रभावशाली प्रक्रिया का

सृजन करना, जो कम से कम चंद भ्रष्टाचार के मामलों में कड़ी और निवारक सज़ा प्रदान करेगा ताकि शेष लोक सेवा के लिए एक उदाहरण बने।

आपूर्ति पक्ष के उपाय

आपूर्ति पक्ष में किया जाने वाला सबसे पहला और मुख्य उपाय है, संविधान और विभिन्न न्यायिक निर्णयों के अधीन सरकारी कर्मचारियों और अन्य लोक सेवकों को प्रदान की गई सुरक्षा को कम करना। अधिकांश संवैधानिक और क़ानूनी प्रावधानों की मंशा लोक सेवकों के कार्यकाल को समुचित निश्चिंतता प्रदान करना, मनमानी दंडात्मक कार्रवाई से बचाना और यह सुनिश्चित करना था कि विशिष्ट मामलों में मुनासिब कार्रवाई की जाती है। फिर भी क़ानून का ढांचा शिथिल हो गया और सरकार तथा सार्वजनिक क्षेत्र के उद्यमों में संगठित भ्रष्टाचार को सुरक्षा प्रदान करने में कुशलतापूर्वक इस्तेमाल होता रहा। सालों से विभागीय जांचों के बहुविध स्तरों के बाद अदालतों में बड़ी संख्या के मुक़द्दमे दायर किए गए लेकिन हासिल कुछ नहीं हुआ। यहां तक कि सर्वाधिक निकृष्ट मामलों (जैसे, उच्च राजस्व अधिकारी जैसे आबकारी और सीमा शुल्क के अध्यक्ष जो आयातों पर सीमा शुल्क घरेलू उत्पादन पर आबकारी शुल्कों और अन्य अप्रत्यक्ष करों से 1,75,000 करोड़ रुपए से ज़्यादा का कर राजस्व वसूलने के लिए उत्तरदायी हैं) में दोषी पकड़े गए हैं और चंद दिनों के लिए न्यायिक हिरासत में भेजे गए हैं। उसके बाद पचास प्रतिशत से अधिक ज़मानत पर छूट जाते हैं और चुनाव लड़ने के अधिकार सहित मुक़द्दमे की पूरी छूट का आनंद उठाते हैं। सेवा से विलंब के दौरान, जो कि अपने आप में एक कठिन और लंबी चलने वाली प्रक्रिया है, वे सरकारी वेतन और प्राधिकार का पूरा लाभ उठाते हैं। यदि पर्याप्त सबूत सेवा से बर्ख़ास्तगी को सिद्ध करते हैं तो कई अपीलों के बाद आवश्यक अदालती आदेश अक्सर तब निकलते हैं, जब अधिकारी सेवानिवृत्त हो चुका होता है।

कई प्रावधानों में से जो दो वैधानिक प्रावधान तुरंत संशोधन के योग्य हैं, वे हैंः भारतीय संविधान का अनुच्छेद 311 और शासकीय गोपनीय अधिनियम (1923) संविधान के अनुच्छेद 311 का आशय मूलतः सिविल पद पर आसीन व्यक्ति की पदावनति, पद से हटाने या बर्ख़ास्त होने से बचाव प्रदान करना था। यह समझा गया कि ये सुरक्षाएं केवल उन सरकारी कर्मचारियों पर लागू होंगी जो केंद्र या राज्य में सरकार द्वारा किसी भी विभाग के आधीन नियुक्त हुए थे। ऐसी आशा की जाती थी कि ये सार्वजनिक क्षेत्र उद्यमों या राजनीतिक शक्ति वाले संगठनों द्वारा नियुक्त अन्य 'लोक सेवकों' पर लागू नहीं होगी, फिर भी सभी व्यावहारिक उद्देश्यों के लिए बाद वाले न्यायिक निर्णयों ने लोक सेवकों और अन्य सार्वजनिक क्षेत्र के कर्मचारियों के बीच के भेद को मिटा दिया। ऐसा संविधान के अनुच्छेद 14 और 16 की व्यापक व्याख्या के माध्यम से किया गया, जिसने 'प्राकृतिक न्याय' के सिद्धांत को भारत की जनता के एक मौलिक अधिकार के रूप में स्थापित कर दिया। अनुच्छेद 14, 16 के प्रावधान के अधीन विस्तृत क़ानून और प्रक्रियाएं और अनुच्छेद 311 के तहत सरकार द्वारा प्रत्यक्ष या परोक्ष, पूर्ण अथवा आंशिक रूप से नियुक्त किए गए सभी व्यक्तियों के लिए जांचें, छानबीन और अभियोजन निर्धारित किए गए (पॉल 1999)। इन नियमों ने यह सुनिश्चित किया कि लाख कोशिशों के बावजूद भ्रष्ट अधिकारियों पर उनकी ज्ञात असंगत परिसंपत्ति के बाद भी पर्याप्त कालावधि के भीतर सफलतापूर्वक मुक़द्दमा नहीं चलाया जा सकता।

भ्रष्ट सरकारी पदाधिकारियों के क़ानूनी संरक्षण को हटाने और उसके द्वारा भ्रष्टाचार की आपूर्ति को कम करने का सर्वोत्तम तरीक़ा होगा, उन सभी को जो भ्रष्ट आचारण के दोषी हैं, को अधिनियम 311 की सीमा से बाहर निकाल दिया जाए। पांचवे वेतन आयोग (1977) ने ऐसी ही अशक्त सिफ़ारिश कीः

सरकार अनुच्छेद 311 के प्रावधानों के विषय में क़ानूनी परामर्श

ले सकती है कि भ्रष्टाचार अनुरक्षण एक्ट के तहत जो कर्मचारी
रंगे हाथों पकड़े गए या सम्यक जांच के पश्चात जिनकी
ज़मीन-जायदाद उनकी आय के ज्ञात स्रोतों से बेमेल पाई गई,
उनके संबंध में अनुच्छेद 311 के प्रावधानों को लचीला किया
जाए। ऐसे मामलें में निलंबन अनिवार्य हो सकता है।

यहां तक कि यह सिफ़ारिश भी लागू नहीं हुई। यदि अनुच्छेद 311 को
अब विशेष रूप से इस व्यवस्था के लिए संशोधित किया जाए कि जो
पांचवें वेतन आयोग द्वारा अभिज्ञान की गई शर्तों को पूरा करते हैं, वे
इस अनुच्छेद का लाभ नहीं उठा पाएंगे, तो यह उपयुक्त होगा। ऐसे
व्यक्तियों को प्राप्त क़ानून का संरक्षण वैसा ही होगा जैसा भारत के
साधारण नागरिकों को संगत क़ानूनों के तहत प्राप्त है। यह निष्पक्ष और
न्यायोचित होगा।

भारतीय शासकीय गोपनीयता अधिनियम जो 1923 में अस्सी साल
से भी पहले पारित हुआ था, आज भी थोड़े-बहुत संशोधनों के साथ
लागू है। इस अधिनियम के प्रावधान इतने व्यापक हैं कि सरकार की
लगभग सभी सूचनाएं एक शासकीय गोपनीय सूचना के रूप में वर्गीकृत
की जा सकती हैं। दिलचस्प बात है कि अधिनियम में गोपनीयता या
'शासकीय गोपनीयता' शब्दों को कहीं भी ठीक-ठाक परिभाषित नहीं किया
गया है और अधिनियम के प्रावधानों के तहत किसी भी प्रकार की सूचना
अभियोजन को आकृष्ट कर सकती है, उद्देश्य या प्रभाव चाहे जो हो।
इस अधिनियम और इसके व्यापक विस्तार ने अधिकारियों और मंत्रियों
को भ्रष्टाचार की आपूर्ति बढ़ाने हेतु उनके निर्णयों को छुपाने के अलावा
सरकारी कार्यकलापों की महत्वपूर्ण सूचना के लाभ से जनता को वंचित
करने के व्यापक अवसर प्रदान किए हैं। संबद्ध फ़ाइलों में समाविष्ट तथ्यों,
न्यायिक निर्णयों, कार्य संचालन नियम या जनहित के पूर्व निर्णयों के
विपरीत निर्णय लिए जा सकते हैं। किए गए निर्णयों के पीछे दी गई
गोपनीयता की दलील, ख़ासकर वित्तीय जटिलता वाले निर्णय, स्पष्ट

भ्रष्टाचार को समय पर पहचाने में अगर असंभव नहीं तो मुश्किल ज़रूर बना देते हैं। गोपनीयता के भीतर भ्रष्ट आचरण के प्रति प्रोत्साहन केंद्र और विभिन्न राज्यों में राजनीतिक अस्थिरता के कारण पर्याप्त रूप से बढ़ा है।

शासकीय गोपनीयता अधिनियम 1923 जितनी जल्दी संभव हो, वापस ले लिया जाना चाहिए। इसके स्थान पर एक नया अधिनियम पारित किया जा सकता है जो ठीक-ठीक परिभाषा करे कि किसे गोपनीय समझा जाए और किसे राष्ट्रीय सुरक्षा और बाज़ार सुग्राही वित्तीय सूचना के मामलों के प्रति गोपनीयता के विस्तार को सीमित किया जाए। ऐसे मामले जिन पर सुरक्षा संबंधी या बाज़ार सुग्राही तौर पर विचार किया जाए, उन्हें भी ठीक-ठीक परिभाषित और जितना संभव हो सके, कम से कम संख्या तक सीमित रखा जाए। यह भी ज़रूरी है कि फ़ाइल को गोपनीय चिह्नित करने से पहले, मंत्रालय का नियुक्त अधिकारी ऐसा करने के कारणों को प्रमाणित करे। दृढ़तापूर्वक स्थापित नौकरशाही और राजनीतिक स्वार्थों की दृष्टि से देखा जाए तो गोपनीयता अधिनियम में सुधार इतना आसान नहीं होने वाला है। फिर भी, अगर भ्रष्टाचार की आपूर्ति को नियंत्रित किया जाए तो इसे ज़्यादा समय तक टाला नहीं जा सकेगा।

अन्य महत्वपूर्ण क्षेत्र जिसमें शीघ्र वैधानिक कार्रवाई की ज़रूरत है, वह राजनीतिक पार्टियों का राज्य-विधियन है। इस मुद्दे पर समय-समय पर चर्चा हुई मगर कोई सहमति सामने नहीं आई। विभिन्न राजनीतिक पार्टियों के बीच, ख़ासकर भारत जैसे विविध पार्टियों वाले लोकतंत्र में बजटीय विधियों के आबंटन का समुचित नुस्ख़ा तात्विक रूप से मुश्किल है। 2004 में स्वतंत्र और अमान्य पार्टियों के अलावा लगभग 55 मान्य पार्टियों ने लोकसभा का चुनाव लड़ा। यदि राज्य निधियां विभिन्न पार्टियों को संसद या विधानसभा में पार्टी के विद्यमान सदस्यों की संख्या के अनुसार आबंटित की जातीं तो विपक्षी पार्टी अपने को घाटे में पाती। दूसरी तरफ़ यदि निधियां समान रूप से बांटी जातीं यानी दो या तीन

बड़ी पार्टियों के बीच तो छोटी पार्टियां घाटे में रही होतीं।

इस मुश्किल के बावजूद भी चुनावों के लिए वित्त प्राप्ति के लिए पार्टियों द्वारा झेली जा रही समस्या का समाधान किया जाना है। यह संभवतः सबसे महत्वपूर्ण कारण है कि क्यों राजनीतिक भ्रष्टाचार (यहां तक कि प्रच्छन्न निजी लाभों के लिए भी) ने नैतिक वैधता अर्जित कर ली है। उन देशों में, जहां चुनावों के लिए पार्टियों का राजनीतिक निधियन शुरू हो चुका है, के अनुभव के आधार पर निम्नलिखित तीन तत्वों का मिला-जुला रूप एक व्यावहारिक आबंटन नुस्ख़ा प्रदान कर सकता है।

• चुनावों के दौरान चुनावी पार्टियों के लिए ख़र्च का सबसे बड़ा घटक है—दूरदर्शन और अख़बारों में विज्ञापन। सार्वजनिक और निजी टेलीविज़न तथा अख़बारों पर होने वाले विज्ञापन ख़र्च को, चुनावों से दो या तीन हफ़्ते पहले निर्दिष्ट समय में पूरा करने के लिए सरकार को समुचित बजट आबंटित करना चाहिए। इस उद्देश्य से दिया गया समय पर्याप्त होना चाहिए ताकि विभिन्न पार्टियां जनता तक अपना संदेश कुशलतापूर्वक पहुंचाने में सक्षम हों। पार्टियों के लिए समय आबंटन समान किया जाए, यानी यह पार्टी की सीटों के 15 प्रतिशत से ज़्यादा हो और छोटी पार्टियों के लिए यथानुपात कम हो। बड़ी पार्टियों के बीच समय आबंटन इस उद्देश्य से न्यायोचित है क्योंकि कोई भी पार्टी जनता तक अपना संदेश पहुंचाने में अनुपातहीन लाभ न उठा सके। इस पैकेज के हिस्से के रूप में किसी भी पार्टी (या इस मुद्दे पर सत्तारूढ़ सरकार) को दूरदर्शन पर कोई अतिरिक्त विज्ञापन देने की इजाज़त नहीं होनी चाहिए। पार्टियों द्वारा अख़बारों में विज्ञापन देने का अधिक सुगम तरीक़ा स्थानीय भारतीय भाषाओं में हो सकता है।

• इसी तरह, चुनाव की तिथि के तीन या चार हफ़्ते पहले संबंधित बिल प्रस्तुत किए जाने पर सरकार द्वारा 15 प्रतिशत सीटों वाली पार्टी के (और यथानुपात छोटी पार्टियों के लिए कम) हवाई और रेल यातायात का समुचित ख़र्च वहन किया जाना चाहिए। चुनाव आयोग द्वारा बनाए

गए नियमों के अधीन यात्रा का अतिरिक्त ख़र्च उठाने के लिए पार्टियां
स्वतंत्र होनी चाहिए। यही तरीक़ा पोस्टरों और अन्य समान रूप से अनिवार्य
चुनाव व्यय की प्रतिपूर्ति के लिए अपनाया जा सकता है।

• संभव है कि चुनाव आयोग द्वारा बनाए गए नियमों के अनुसार
उपर्युक्त उद्देश्यों के लिए वास्तविक व्यय की प्रतिपूर्ति पार्टियों के वैध
चुनावी ख़र्चों के एक महत्वपूर्ण हिस्से की भरपाई करे। इसके अलावा,
अन्य ख़र्चों (स्टाफ़ और अन्य मदों पर होने वाला व्यय) की भरपाई
के लिए अपेक्षाकृत छोटा मौद्रिक आबंटन किया जा सकता है। शेष ख़र्चों
को पूरा करने के लिए बजट निधियों का आबंटन प्रत्येक पार्टी द्वारा
अधिकृत सीटों के आधार पर होना चाहिए। यह आधार औचित्यपूर्ण ढंग
से सुनिश्चित करता है कि जितनी बड़ी पार्टी, निधियों के लिए उसकी
उतनी ही अधिक हक़दारी, लेकिन छोटी पार्टियां अनुचित रूप से वंचित
न कर दी जाएं।

उपर्युक्त नुस्ख़ा किसी भी तरह एक आदर्श नुस्ख़ा नहीं है, लेकिन
यह न्यायोचित और तर्कसंगत है। यह तर्क दिया जा सकता है कि चुनावी
ख़र्चों की भरपाई के लिए अपेक्षित बजट प्रावधान बढ़ जाएंगे और राजस्व
घाटे को बढ़ा देंगे। हालांकि यह सच है, जी.डी.पी. के अनुपात के रूप
में राजस्व घाटे की समग्र प्रतिशत में वृद्धि का पूरी तरह संगत होना
असंभव जैसा है। भ्रष्टाचार की आपूर्ति को कम करने में इसके सकारात्मक
प्रभाव पर विचार करते हुए इस हिसाब से इस पर होने वाला ख़र्च इससे
कहीं ज़्यादा न्यायसंगत होगा।

चुनाव निधियन की राजस्व लागतों को नीति के अनुसार कम करने
का वैकल्पिक और अनुपूरक तरीक़ा भी व्यावहारिक है। इस हिसाब से
ख़र्चों को पूरा करने की दृष्टि से यह मुनासिब होगा कि सांसद स्थानीय
क्षेत्र विकास योजना (एम.पी.एल.ए.डी. योजना) को आबंटित मौजूदा
धनराशि और इस मद के अंतर्गत बक़ाया अप्रयुक्त शेष धनराशि को
इस उद्देश्य के लिए लगा दिया जाए। यदि यह सुझाव मान लिया जाता

है तो चुनाव के लिए सचमुच अतिरिक्त बजटीय निधियों की आवश्यकता
नहीं होगी।

राजनीतिक भ्रष्टाचार की आपूर्ति को घटाने के लिए इसी से संबंधित
एक उपाय है, सत्तारूढ़ सरकार की निर्णयन कार्य प्रक्रिया में मंत्रियों को
प्राप्त असीमित शक्तियों को कम करना। असलियत यह है कि संसद/विधायिका
के प्रति जवाबदेह मंत्री ऐसी स्थिति का कारण बनते हैं, जहां व्यावहारिक
रूप से नौकरशाही नियुक्तियों और तैनाती सहित सभी निर्णयों में सरकारी
अनुमोदन आवश्यक है। आर्थिक मुद्दों पर नीति-निर्णय और उनके अधीन
नियम भी इतने चतुराई भरे होते हैं कि मामले के अनुसार उन्हें अनुमोदन
की आवश्यकता पड़े। इसका कारण समझ नहीं आता कि मंत्रियों के
कार्मिक स्टाफ़ के अलावा स्थायी लोक सेवकों की तैनाती के लिए अनुमोदन
की आवश्यकता क्यों होती है। इस उद्देश्य से पहले से ही बने उपयुक्त
क़ानूनों के अनुसार लोक सेवा बोर्ड द्वारा किए गए अनुमोदन पूरी तरह
पर्याप्त होने चाहिए। उसी तरह, विशिष्ट मामले स्थायी प्रशासनिक कमेटी
द्वारा तय किए जाने चाहिए जबकि आर्थिक नीति निर्णय मंत्रिमंडल या
मंत्रियों द्वारा लिए जा सकते हैं। अपने निर्णयों के लिए वे निश्चित तौर
पर राजनीतिक सत्ता और उसके माध्यम से संसद के प्रति जवाबदेह होंगे।

निम्न स्तरीय भ्रष्टाचार वाले देशों में निर्णयन कार्य प्रक्रिया में पारदर्शिता
और वित्तीय मामलों में लिए गए निर्णयों का पूर्ण प्रकटीकरण जवाबदेही
को सुनिश्चित करने का सबसे सशक्त ढंग है। शासकीय गोपनीयता
अधिनियम के समापन के साथ, सभी मंत्रियों और सरकारी विभागों के
लिए अनिवार्य होना चाहिए कि उनके द्वारा लिए गए निर्णयों की सूचना
जनसाधारण को उपलब्ध कराई जाए, विशेषकर उन मामलों की जिनमें
वित्तीय जटिलताएं होती हैं (पूर्णतया प्रशासनिक या सुरक्षा संबंधी मामलों
को छोड़कर)। जहां बाज़ार संवेदी निर्णयों का सवाल है, वहां सूचना कुछ
समय के अंतराल के तुरंत बाद जारी कर देनी चाहिए। यह स्पष्ट हो
कि इसके बारे में जनता के किसी सदस्य द्वारा पूछे जाने की ज़रूरत

से पहले ही मंत्रियों द्वारा स्वयं सूचना जारी कर दी जानी चाहिए। इस मामले में भारत भाग्यशाली है कि उसके पास एक मुक्त और सक्रिय मीडिया तथा सशक्त नागरिक समाज संगठन (ग़ैर सरकारी संगठनों, व्यापारिक समुदायों, अकादमियों और विचारकों सहित) हैं। मुक्त मीडिया और नागरिक समाज संस्थान भ्रष्टाचार के प्रति एक सशक्त रोकथाम प्रदान करेंगे, बशर्ते कि सरकार द्वारा लिए निर्णयों के बारे में जानकारी उपलब्ध हो।

एक और महत्वपूर्ण क्षेत्र है, जहां भ्रष्टाचार की आपूर्ति इसकी अपनी ही तरह की मांग सृजित करती है। अगर प्रशासनिक नियम और विनियम जटिल हों और इसमें कई एजेंसियां परस्पर विपरीत उद्देश्यों के लिए काम करती हों तो जनता के पास अनुज्ञाप्तियां, लाइसेंस और पंजीकरण रिश्वत देकर ख़रीदने के अलावा कोई विकल्प नहीं होता है। भारत की प्रशासनिक व्यवस्था संसार में संभवतः सबसे ज़्यादा बोझिल है, जहां जनता मात्र साधारण सी अनुज्ञप्तियों (जैसे ड्राइविंग लाइसेंस या भूमि/अचल संपत्ति पंजीकरण) के लिए भी पूरी तरह लोक सेवा की दया पर निर्भर है। भ्रष्टाचार की मांग को कम करने के अनिवार्य उपायों पर नीचे विचार किया गया है।

मांग पक्ष के उपाय

भ्रष्टाचार की मांग के दो घटक हैं। सबसे व्यापक और 'फुटकर' घटक के अंतर्गत जनसाधारण द्वारा उत्पन्न की गई मांग होती है जिसमें जीवन के सामान्य कार्यकलाप को जारी रखने के लिए कई प्रकार की अनुज्ञप्तियों और लाइसेंसों की ज़रूरत होती है। कुछ साल पहले लोक मामला केंद्र द्वारा किए गए सर्वेक्षणों ने भारत में फुटकर भ्रष्टाचार के विस्तार के बारे में ज़ोरदार आंकड़े प्रस्तुत किए। इन सर्वेक्षणों के अनुसार भारत के प्रत्येक बड़े शहर में हर चौथा व्यक्ति शहरी विकास, विद्युत, नगर पालिका सेवा और टेलीफ़ोन एजेंसियों से लेन-देन करते हुए रिश्वत देता

हुआ पाया गया है (पॉल 1997)। अन्य बड़े शहरों में, आमतौर पर यह समझा जाता है कि हर व्यक्ति जो आयकर या किसी अन्य कर एजेंसी के साथ लेन-देन करेगा उसे रिश्वत देनी पड़ेगी, यहां तक कि यह सुनिश्चित करने के लिए भी कि उसका कर वास्तव में दे दिया गया है।

भ्रष्टाचार की मांग का एक अन्य घटक है, 'थोक' में होने वाला भ्रष्टाचार घटक, जो कि चुनिंदा होता है और चंद निगमों (कुछ बड़े व्यवसाय समूहों सहित) द्वारा किसी वर्जित कार्य या मूल्य नियंत्रण को अपने लाभ के लिए पैदा किया जाता है। यह घटक औद्योगिकीय लाइसेंसिंग और नियंत्रण युग के दौरान अधिक स्पष्ट था, जब उत्पादन, वितरण और क़ीमत निर्धारण पर बहुत से नियंत्रण थे। ऐसे व्यापक नियंत्रण का विख्यात उदाहरण 1960 और 1970 में लौह और इस्पात नियंत्रण से संबंध रखता है। जैसा कि एस. भूतलिंगम (1993) द्वारा संकेत किया गया है, ये नियंत्रण इतने ब्योरेवार थे कि उत्पादन और हर कोटि के इस्पात के निपटान संबंधित सरकारी एजेंसी की जांच के अधीन थे। फ़ैक्टरी से लेकर फुटकर इकाई तक के लेन-देन में क़ीमतें सरकार द्वारा निर्धारित की गई थीं। इस नियंत्रण व्यवस्था का एक अवांछित परिणाम था, विभिन्न स्तरों पर (उदाहरण के लिए माल विशेष की वसूली, निपटान या क़ीमत निर्धारण के लिए) उत्पादकों, व्यापारियों और उपभोक्ताओं द्वारा भ्रष्टाचार के लिए मांग का तेज़ी से बढ़ाया जाना। सभी आयातों और विदेशी विनिमय संव्यवहार में ऐसी ही व्यवस्था प्रचलित हुई। 1990 में अर्थव्यवस्था के उदारीकरण और कई तरह के लाइसेंसिंग और मूल्य नियंत्रण के समापन के कारण भारी मात्रा (थोक में) में होने वाले इस तरह के भ्रष्टाचार में कमी आई, मगर यह अभी भी ख़त्म नहीं हुआ है, अभी भी काफ़ी दूर जाना है।

औद्योगिकीय संयत्र लगाने के लिए अपेक्षित कुछ अनुमतियों और ऐसी अनुमतियां प्रदान करने वाली एजेंसियों की संख्या वास्तव में बढ़ी है जबकि लाइसेंसिंग मूल्य नियंत्रण, आयात और वितरण का उदारीकरण 1990

में हुआ है। इसलिए आर्थिक सुधार के बावजूद थोक (भारी मात्रा में) भ्रष्टाचार की मांग लगातार मज़बूत हुई है। अतः उदाहरण के लिए, एक मध्यम दर्जे की औद्योगिकीय फ़ैक्टरी लगाने के लिए, संभव है कि राज्य सरकार से कम से कम 15 और केंद्र सरकार से 6 या 7 अनुमतियों की ज़रूरत पड़े। यदि कोयले या अन्य सामग्री की आवश्यकता है जो कि राज्य और केंद्र सरकार दोनों के अधीन है, तो ऐसे में परियोजना ज़्यादा जटिल हो जाती है। राज्य स्तर पर अपेक्षित अनुमोदनों में से कुछ हैं: स्थान के चुनाव की अनुमति, भू-अधिग्रहण, अग्नि सुरक्षा, पर्यावरण प्रभाव निर्धारण और स्वीकृति, वन अनुमति, पुनर्वास और पुनर्स्थापन नियोजन, शक्ति संयोजन, जल, संयंत्र तक जाने वाली सड़क की स्वीकृति, खनन अनुमति इत्यादि। इसके अलावा पर्यावरण, खनन, ईंधन संयोजन, वन संरक्षण, रेल व प्रेषण और केंद्रीय ब्यूरो या मंत्रालयों द्वारा उल्लिखित सुरक्षा या गुणवत्ता मापदंडों के अनुरूप बहुत संभव है कि केंद्र सरकार के अनुमोदन की भी आवश्यकता हो। इनमें से कई अनुमतियां निश्चित रूप से जनहित में अनिवार्य हैं, फिर भी ऐसी अनुमतियां देने की भारी-भरकम ज़िम्मेदारी आमतौर पर ग़ैर पेशेवरों के हवाले हैं। नियम अत्यंत जटिल हैं और अक्सर भीतरी तौर पर परस्पर विरोधी होते हैं। प्रत्येक अनुमति में संभवतः एक से अधिक सरकारी एजेंसी और कई विभाग शामिल होते हैं। निकासियों को जल्दी से निपटाने या क़ानूनी आपत्तियों से बचने के लिए भ्रष्टाचार अनिवार्य हो जाता है और भारत में व्यवसाय करने के लिए यह एक अनिवार्य घटक समझा जाता है।

1980 में सुधार प्रक्रिया की शुरुआत और 1990 में इसकी गति बढ़ने के बाद देश में उदारीकरण के आर्थिक गुणों और अवगुणों तथा पूंजी आबंटन में राज्य की भूमिका में आई कमी पर काफ़ी बहस हुई है। इस बहस का पर्याप्त भाग एक आदर्श या सैद्धांतिक तौर पर मान्य प्रतिमान और विचारधारा के तौर पर रहा है। क्या उदारवाद सरकारी दख़ल से श्रेष्ठ है या नहीं है? क्या वैश्वीकरण राष्ट्रीय संप्रभुता के साथ उपयुक्त

है या नहीं? आदि। क्या सार्वजनिक क्षेत्र के सुधार हमारे समाजवादी आदर्शों के साथ सामंजस्य बनाए रख सकते हैं या नहीं? यह बहस वृद्धि में बाधक राज्य के अतिशय हस्तक्षेप के प्रभाव के एक महत्वपूर्ण तर्क पर चूक गई कि यह देश के आर्थिक जीवन में भ्रष्टाचार की व्याप्ति को बढ़ाता है। उत्पादन पर अपने सकारात्मक प्रभाव के अलावा उत्पादन, वितरण और वस्तुओं की क़ीमत निर्धारण तथा सेवाओं का उदारीकरण भ्रष्टाचार की मांग में कमी के कारण वृद्धि को बढ़ाने वाला भी है, बशर्ते कि नीति उदारीकरण कार्यविधिक सरलीकरण और अपेक्षित अनुमतियों तथा विविध क़ानूनी शर्तों के अनुसरण को प्रमाणित करने में शामिल एजेंसियों की संख्या में घटाव द्वारा संबद्ध है।

राज्य की भूमिका को पुनः परिभाषित करना, प्रशासनिक कार्यविधियों का सरलीकरण और अर्थव्यवस्था में ज़्यादा स्पर्द्धात्मक माहौल का सृजन, भ्रष्टाचार की मांग को कम करने के अनिवार्य तत्व हैं। फिर भी, इस बात पर बल दिया जाना कि आर्थिक सुधारों के संदर्भ में राज्य की भूमिका को परिभाषित करने का मतलब यह नहीं है कि अवसरों को बढ़ाने और समुचित विकास के लिए सकारात्मक माहौल का निर्माण करने में इस की भूमिका कम हो। भारत जैसे विकासशील देशों में भारी निरक्षरता और मूलभूत संरचना के विकासाधीन होने के कारण सरकार को शिक्षा, स्वास्थ्य, जल आपूर्ति, सिंचाई और मौलिक संरचना जैसे क्षेत्रों में वृद्धि के लिए आवश्यक परिस्थितियां बनाने में निवेश के माध्यम से लगातार अहम भूमिका निभानी चाहिए। यह कार्य बाज़ार द्वारा नियंत्रित नहीं किया जा सकता है। सफल आर्थिक सुधार अवश्य ही उच्च वृद्धि, उच्च राजस्व और उच्च उत्पादकता को उपायों द्वारा बढ़ाने के लिए सरकारों को जो कुछ भी करने की ज़रूरत है, उस क्षमता को मज़बूत करने में परिणत होते हैं।

प्रशासनिक सुधारों की सबसे तत्काल ज़रूरत कराधान और सेवा व्यवस्था के क्षेत्रों में है जो सीधे जनसाधारण को प्रभावित करते हैं। कर नियमों

और पंजीकरण शर्तों को सरल करना होगा, ये अस्वेच्छाचारी और करदाता की समझ में आने योग्य हों। ये संपत्ति कर सहित केंद्र और राज्य करों के साथ-साथ विभिन्न प्रकार के निगम करों पर लागू होते हैं। निरीक्षकों द्वारा किए जाने वाले व्यक्तिगत दौरों और छानबीन को पूरी तरह बंद किया जाना चाहिए (राष्ट्रीय सुरक्षा, संगठित अपराध, सुनियोजित धोखाधड़ी और तस्करी जैसे मामलों को छोड़कर)। जबकि करों के काग़ज़ात और दस्तावेज़ों का संबंधित विभाग द्वारा सूक्ष्म परीक्षण किया जाना चाहिए। कर अधिकारियों को प्राप्त ऐसी शक्तियों ने करदाताओं द्वारा मुसीबतों से बचने के उद्देश्य से भ्रष्टाचार की मांग को पर्याप्त रूप से बढ़ाया है। छानबीन और गिरफ़्तारी के मामले में दोषसिद्ध होने की दर नगण्य है।

भारत में आयकर प्रवर्तन पर हुए शोध का अन्य क्षुब्ध करने वाला और आश्चर्यजनक निष्कर्ष यह है कि क़ानून के अधीन असीमित शक्तियां उपलब्ध होने के बावजूद सरकार ने अपने क़ानूनों को बड़े पैमाने पर कर की चोरी करने वालों की अपेक्षा छोटे पैमाने पर कर की चोरी करने वालों और तकनीकी हेर-फेर करने वालों के लिए अधिकाधिक कड़ा बनाया है। इस प्रकार 1990 में आयकर उल्लघंन के तीस निश्चित सफल अभियोजन मामलों में से केवल तीन आय छुपाने के मामले थे, अन्य सभी मामलों में आरंभ में काटे गए कर को जमा न कराने का क़ानूनी उल्लंघन शामिल था। इसमें 50,000 से ज़्यादा की रक़म का कोई भी मामला शामिल नहीं था और अधिकतर उल्लंघन दस और पच्चीस वर्षों के बीच किए गए थे। लगभग 1970 की शुरुआत में, कर न देने से संबंधित मामलों में अभियोजन शिकायतों की संख्या लगभग सौ प्रतिशत थी, 1970 के अंत में एक तिहाई थी, 1980 के अंत में घटकर दस प्रतिशत रह गई। 1970 की शुरुआत में मामलों की सफल दोष सिद्धि की दर भी लगभग 70 प्रतिशत तक घट गई, 1980 के अंत तक यह 20 से 30 प्रतिशत तक घट गई। ये निराशाजनक आंकड़े हैं और कर

प्राधिकरणों को प्राप्त विवेकाधिकार के शक्ति प्रयोग का सशक्त उदाहरण प्रस्तुत करते हैं।

एक सरल और उपयुक्त कर प्रणाली जो कि अस्वेच्छाचारी राजस्वों को बढ़ाने में वर्तमान प्रणाली की अपेक्षा ज़्यादा कारगर रहेगी। दिल्ली नगर निगम द्वारा किया गया संपत्ति कराधान का सुधार इसका एक उदाहरण है (अप्रैल 2004 से लागू)। वस्तुपरक मानदंड पर आधारित इकाई क्षेत्र प्रणाली (जैसे, निर्मित क्षेत्र का आकार, स्थान और निर्माण की तिथि) ने पुरानी विवेकाधीन प्रणाली को बदल दिया जहां दर कर अधिकारियों और निरीक्षकों द्वारा किए गए मूल्यांकन पर निर्भर थी। नई प्रणाली करदाताओं के साथ-साथ कर अधिकारियों की भी आलोचना और विरोध का विषय रही है, लेकिन शुरुआती रिपोर्टों के अनुसार कर वसूलियों में बढ़ोतरी हुई और व्यावहारिक तौर पर भ्रष्टाचार ग़ायब हो गया। दुर्भाग्य से, अच्छी राजस्व वसूलियों के कुछ महीनों बाद राज्य सरकार ने संपत्ति कर पर विभिन्न छूटें देने का निर्णय लिया जिसने वसूलियों पर उल्टा प्रभाव डाला। यहां एक मनगढ़ंत क़िस्सा भी है कि जब एक राज्य द्वारा चुंगी-नाके हटा दिए गए तो विभाग का समूचा स्टाफ़ एक लंबी हड़ताल पर चला गया। तिस पर भी, स्वैच्छिक कर अनुपालन के कारण कर वसूलियां महत्वपूर्ण ढंग से बढ़ीं। अब भारत में केंद्र से स्थानीय स्तर तक, समूची कर प्रणाली में इसी तरह पूर्णरूपेण सुधार अनिवार्य है।

जनसाधारण को विभिन्न प्रकार के लाइसेंस पंजीकरण और पहचान संख्या प्रदान करने वाली प्रणाली का भी विकेंद्रीकरण करके उसे क़रार पर विभिन्न ग़ैर सरकारी संगठनों या एजेंसियों को सौंपकर 'आउटसोर्स' किया जा सकता है। ऐसे ही रोज़मर्रा के मामलों में आयकर विभाग द्वारा स्थायी खाता संख्या को भारतीय यूनिट ट्रस्ट के माध्यम से जारी करना इसका उदाहरण है जिसने बक़ाया आवेदनों के एक बड़े ढेर का संग्रह किया। इस आउटसोर्सिंग के परिणामस्वरूप करदाताओं की अब इस अनिवार्य सेवा के प्रति शीघ्र और सरल पहुंच हुई है। चूंकि ऐसी

सेवाओं के बाह्य साधनाधार और विकेंद्रीकरण को बहुसंख्यक संगठनों में वितरित किए जाने की संभावना है, जवाबदेही और जनसंतोष के चलते भ्रष्ट आचरण की गुंजाइश में भारी कमी होगी। इस बात पर बल दिया जाए कि इस तरह के सुधार संबंधित विभागों के कर्मचारियों के हितों को नुक़सान पहुंचाए बिना शुरू किए जा सकते हैं। उनके वर्तमान कार्यकाल को निश्चिंतता प्रदान की जानी चाहिए और उनको एक उदार, ऐच्छिक पूर्व सेवानिवृत्ति योजना उपलब्ध कराई जानी चाहिए। अतिरिक्त कर्मचारियों को उपयोगी ढंग से संबंधित संगठन के अन्य भागों में नियुक्त किया जा सकता है। अगर फिर भी ये निकम्मे रहते हैं तो भी जनता और सरकार को होने वाले लाभ संभव है कि इस क़ीमत पर भी कहीं ज़्यादा रहें।

इसमें संदेह नहीं कि सांस्थानिक सुधार के साथ-साथ भ्रष्टाचार की आपूर्ति और मांग पक्षों को समेटे हुए एक प्रभावशाली भ्रष्टाचार निरोधी रणनीति भारत में शासन और जन वितरण प्रणाली में भरपूर सुधार करेगी। सरकार, उसके राजनीतिक नेतृत्व और प्रशासन में परिणत होता जनता का विश्वास और आस्था भी लोकतंत्र को मज़बूत बनाएगा। आर्थिक सुधारों और अर्थव्यवस्था में राज्य की भूमिका के पुनः परिभाषित होने के फलस्वरूप भ्रष्टाचार में आई कमी उप-उत्पाद वृद्धि दर, उत्पादकता और सरकार के राजस्व को बेहतर बनाएगी। ये सब क्रमशः सरकार को बुनियादी ढांचे और बुनियादी शिक्षा जैसे महत्वपूर्ण क्षेत्रों में लोक निवेश को बेहतर बनाने के लिए समर्थ और सशक्त बनाएंगे।

पांच

राजनीति का सुधार

इस किताब के इससे पहले के अध्यायों में हमने भारतीय लोकतंत्र की कुछ सीमाओं पर विचार-विमर्श किया। साथ ही आर्थिक और राजनीतिक परिप्रेक्ष्य में नागरिक जीवन में बढ़ती असमानता की भी चर्चा की गई। जॉन स्टुअर्ट मिल और एलेक्सिस डी तॉक्विल सरीखी हस्तियों ने क्लासिकल राजनीतिक सिद्धांतों में लोकतंत्र के तर्क का मूर्त रूप और सभी लोगों के कल्याण और भलाई की बात कही है। आज़ादी के समय जवाहरलाल नेहरू ने भी अपने विश्वास को सबके सामने पेश किया था, जिसमें उन्होंने कहा था कि भारत की पिछड़ी और ग़रीब जनता का भविष्य देश की लोकतांत्रिक प्रकृति और विचार से जुड़ा है (नेहरू 1958)। यद्यपि हमारे भारत का लोकतांत्रिक शासन अब तक ग़रीबी के सबसे बदतर स्वरूप को भी दूर नहीं कर सका है।

कई सीमाओं के बावजूद भारत दुनिया का सबसे बड़ा संवैधानिक लोकतंत्र है जहां प्रेस आज़ाद है, स्वतंत्र न्यायपालिका है, अभिव्यक्ति की स्वतंत्रता है, किसी भी राजनीतिक दल में शामिल होने की छूट है और निष्पक्ष चुनाव की व्यवस्था है, जिनमें अपने प्रतिनिधियों और सरकार को चुनने के लिए लाखों नागरिक अपने मताधिकार का इस्तेमाल करते हैं। विश्व के विकासशील देशों के एक बड़े हिस्से के विपरीत भारत

के लोगों के लिए इस तरह की स्वाधीनता उन्हें निजी, सामाजिक और राजनीतिक तौर पर इतना फ़ायदा पहुंचाती है कि जिससे लोकतांत्रिक प्रक्रिया की सारी कमियां फीकी पड़ जाती हैं। भविष्य के लिए सबसे महत्वपूर्ण काम यही है कि मौजूदा स्वतंत्रता को प्रगाढ़ और मज़बूत बनाने की दिशा में कोशिश की जाए। इसके साथ ही राजनीतिक व्यवस्था की सीमाओं को भी दूर करने का प्रयास किया जाना चाहिए जिससे सुधारक और विभाजक आर्थिक एजेंडे का सपना सच हो सके।

कई सालों से संवैधानिक विशेषज्ञों, राजनेताओं और क़ानून व्यवस्था से जुड़े वरिष्ठ अधिकारियों के बीच यह चिंतन-मनन का मुद्दा रहा है कि ऐसे कौन से क़ानूनी एवं अन्य बदलाव ज़रूरी हैं जिनसे भारतीय लोकतंत्र जनता के लिए बेहतर तरीक़े से काम कर सके। संविधान की कार्यप्रणाली की समीक्षा के लिए बने राष्ट्रीय आयोग द्वारा मार्च 2002 में जमा की गई रिपोर्ट में भारतीय लोकतंत्र के आदर्शों, मूल्य बोधों तथा लक्ष्यों को और उन्नत करने के लिए कई सिफ़ारिशें की गईं। सिफ़ारिशें कई सामाजिक और वैधानिक मुद्दों को व्यापक रूप से अपने में समेटे हुए हैं। इनमें केंद्र-राज्य संबंधों और संसद तथा राज्य विधायिकाओं के कामकाज के तरीक़ों पर ख़ास ध्यान देना भी शामिल किया गया है। यहां मेरा उद्देश्य बहुत ही सीमित है। यहां केवल कुछ महत्वपूर्ण मुद्दों पर बदलाव के लिए सुझाव देना है जो बेहद व्यावहारिक और प्रयोजनात्मक होने के साथ-साथ राजनीति और आर्थिक स्थिति के बीच की खाई को पाटने में भी मददगार हो सकता है, जिसे भारत अपनी जनता के नाम के लिए अपनी संपूर्ण आर्थिक क्षमता को महसूस कर सके।

सबसे पहले मैं भारत की संसदीय सरकार के ढांचे में प्रस्तावित कुछ बदलावों से शुरुआत करूंगा, जिन पर अक्सर ही चर्चा होती रही है लेकिन मेरे हिसाब से इन पर अमल करना ज़रूरी नहीं है। पहला प्रस्ताव तो यह है कि भारत की संसदीय ढांचे वाली सरकार को अध्यक्षीय प्रणाली वाली सरकार में तब्दील कर दिया जाए। एक पूर्व प्रधानमंत्री के अलावा

कुछ विशेषज्ञों का मानना है कि अमेरिका सरीखी अध्यक्षीय ढांचे वाली सरकार ज़्यादा स्थायी होती है और यह अधिशासी शाखा को एक निर्धारित अवधि तक निरंतर जारी रख सकती है। अध्यक्षीय ढांचे वाली सरकार कार्यकारी सत्ता को एक केंद्र प्रदान करती है, और यह मुख्य कार्यकारी को क्षमता प्रदान करती है कि वह एक ऐसे कैबिनेट की स्थापना करे जिसमें वह चुने हुए प्रतिनिधियों के अलावा बाहर के विशेषज्ञों को भी शामिल कर सके। परिणामस्वरूप अधिशासी शाखा देश की घरेलू और बाह्य चुनौतियों का सामना करने में अधिक विश्वस्त, सक्षम और मज़बूत है। सिद्धांततः ये सब सच ज़रूर लगता है, लेकिन अफ़्रीका और लेटिन अमेरिका के कुछ देशों में अध्यक्षीय ढांचे वाली सरकार के अनुभवों को देखते हुए इस विकल्प पर फिर से विचार करने को मजबूर करता है। कार्यकारी शाखा के अंदर की कमी की वजह से इनमें से कई देशों ने अपने को गंभीर और स्थायी आर्थिक संकट में पाया। कई मामलों में तो यह भी देखा गया है कि सत्ता हाथ से नहीं जाने की गारंटी की वजह से मुख्य कार्यकारी अधिकारी देश के सामने आने वाली चुनौतियों के प्रति उदासीन हो गया है या फिर वह महत्वपूर्ण फ़ैसलों को लेकर जनता के प्रति जवाबदेह भी नहीं रहता। यहां तक कि दो सौ साल से भी अधिक समय की अध्यक्षीय ढांचे की सरकार का अनुभव रखने वाली अमेरिकी सरकार के ख़िलाफ़ भी राष्ट्रपति द्वारा इराक़ पर हमला करने के संबंध में लिए गए फ़ैसले से साफ़ है कि एक व्यक्ति के हाथ में सत्ता की पूरी ताक़त दे देने से क्या दुश्वारियां सामने आ सकती हैं। हालांकि यह सरकार लोकप्रिय है। भारत जैसे विकासशील देश में जहां आर्थिक शक्ति का एक बड़ा हिस्सा राज्य के पास होता है, अध्यक्षीय ढांचे वाली सरकार विश्वास की भावना में कमी ला सकती है। जब परिस्थितियां अनुकूल हों और अर्थव्यवस्था सुचारू रूप से चल रही हो, तब एकल और प्रगतिशील केंद्रीय कार्यकारी प्रशासन विकास को तेज़ करने और ऐसी नीतियों को जो राजनीतिक तौर पर लोकप्रिय नहीं हैं,

लागू कर सकता है। हालांकि ऐसे समय में जब देश आर्थिक संकट के दौर से गुज़र रहा हो, तब एकल केंद्रीय कार्यकारी सत्ता प्रभावी नहीं हो सकती। उदाहरण के तौर पर 1997 में पूर्वी एशियाई आर्थिक संकट के बाद जिस प्रकार की परिस्थितियां पैदा हुई थीं, वैसे में अध्यक्षीय ढांचे वाली सरकार कारगर नहीं हो सकती थी। इसी प्रकार अध्यक्षीय ढांचे वाली सरकार में मुख्य कार्यकारी उन नीतियों को बदलने के प्रति उतना गंभीर नहीं होगा जिनकी पहल उसने की होगी, चाहे उन नीतियों का नतीजा नकारात्मक ही क्यों न हो।

विभिन्न देशों में चलाई जाने वाली दोनों प्रकार की वैकल्पिक सरकारों के फ़ायदे और नुक़सान की तुलना करने के बाद साफ़ होता है कि विविधता और बहुपक्षीय राजतंत्र वाले देश भारत के लिए संसदीय ढांचे वाली सरकार ही सबसे बेहतर विकल्प है। वर्तमान व्यवस्था की एक और महत्वपूर्ण बात यह है कि यह व्यवस्था सत्तावन वर्ष पहले, जब देश आज़ाद हुआ था, तब से लागू है। इसकी सभी कमियों, विचार करने की धीमी प्रक्रिया और विभिन्न उतार-चढ़ाव (आपातकाल समेत) के बावजूद यह व्यवस्था बेहद लचीली साबित हुई। आम सहमति पर आधारित रूढ़ियां, न्यायिक घोषणाएं व विधायिका पद्धति बहुदलीय संघीय लोकतंत्र के काम करने के महत्वपूर्ण तत्व हैं। अब भारत संसदीय और लोकसम्मत परंपराओं वाले देश के तौर पर स्थापित हो चुका है। ऐसे में व्यवस्था को बदलने की बजाय इसकी कार्यप्रणाली को बेहतर बनाने की कोशिश की जानी चाहिए।

देश की राजनीतिक अस्थिरता को कम करने के लिए एक और सुझाव जो अक्सर दिया जाता है, वह यह है कि चुनाव 'आनुपातीय प्रतिनिधित्व' के द्वारा करवाया जाए। फ़िलहाल ऐसा होता है कि यदि संसद या राज्य विधानसभा चुनाव में खड़े जिस उम्मीदवार को सबसे ज़्यादा संख्या में वोट मिलते हैं, उसे विजेता घोषित कर दिया जाता है चाहे उसे मिले मतों की संख्या कुल मतदान किए गए वोटों की पचास फ़ीसदी से कम

ही क्यों न हो। ऐसा इसलिए होता है क्योंकि बाक़ी वोट अन्य उम्मीदवारों
में बंट जाते हैं। ऐसा उस राजनीतिक दल के मामले में भी सच हो
सकता है जिसने सांसदों की संख्या के आधार पर तो संसद में बहुमत
हासिल कर लिया हो लेकिन कुल पड़े मतों की संख्या में उसे आधे
से ही कम मत मिले हों। पिछले दो दशकों से भारत में ऐसा ही हो
रहा है कि जो दल सत्ता में रहता है, उसे कुल मतदान के आधे वोट
भी नहीं मिले हैं। प्रतिनिधित्व को उन्नत करने और लोगों की इच्छाशक्ति
को बेहतर तरीक़े से पेश करने के लिए यह सुझाव दिया गया कि किसी
राज्य या संसदीय क्षेत्र में किसी दल को मिले मतों की प्रतिशतता के
आधार पर ही उसे उस राज्य या संसदीय क्षेत्र की सीटों पर विजेता
घोषित किया जाए। प्रणाली के कई प्रकार हैं। इनमें से एक ऐसी व्यवस्था
भी कि किसी भी उम्मीदवार को स्पष्ट बहुमत नहीं मिलने की स्थिति
में मतदाताओं की दूसरी पसंद को भी गिना जाता है। इसे अंतरणीय
मतदान प्रक्रिया भी कहा जाता है। एक अन्य प्रकार में, संसद या विधानसभा
में किसी पार्टी प्रतिनिधित्व के लिए मतों की न्यूनतम प्रतिशत को प्रवेश
द्वार के रूप में रखा जा सकता है।

आनुपातिक प्रतिनिधित्व प्रणाली के तहत लोगों की इच्छाशक्ति को
सामान्य बहुमत पद्धति की तुलना में बेहतर तरीक़े से पेश किया जाता
है। इस प्रणाली को 'फ़र्स्ट पास्ट द पोस्ट सिस्टम' भी कहा जाता है।
हालांकि प्रस्तावित विकल्प बेहद जटिल है। जहां बड़ी संख्या में और वह
भी ऐसे वोटरों की जिनमें अशिक्षितों की संख्या काफ़ी हो, वहां ग़ैर पारदर्शिता
की समस्या हो सकती है। व्यावहारिक तौर पर, यह राजनीतिक अस्थिरता
को भी कम नहीं कर सकता यदि बड़ी संख्या में पार्टियां चुनावी मैदान
में हों और मतदाता राष्ट्रीय मुद्दों की तुलना में स्थानीय मुद्दों से ज़्यादा
प्रभावित हों। इन सारे पहलुओं को ध्यान में रखते हुए यह कहा जा
सकता है कि भारत के लिए अच्छा यही होगा कि वह किसी नई व्यवस्था
को अपनाने की बजाय स्थापित सामान्य बहुमत वाली पद्धति को ही

जारी रखे क्योंकि हो सकता है नई पद्धति से स्थिरता और निरंतरता जैसे अपेक्षित लाभ न भी मिले। चुनाव में आम जनता के हितों को दर्शाने वाले बेहतर व स्पष्ट नतीजों के लिए लोगों में निरक्षरता ख़त्म करने के साथ-साथ उन्हें जागरूक बनाना होगा।

राज्य की आर्थिक भूमिका

जैसा कि पहले के अध्यायों में बताया जा चुका है कि भारत में आर्थिक नीति बनाने के लिए जो सबसे प्रमुख राजनीतिक समस्या है, वह यहां की राजनीतिक संस्थानों की कमज़ोरी या सरकार का ढांचा नहीं है बल्कि ज़मीनी स्तर पर वास्तविक राजनीतिक हितों के बारे में मान्यता है। आज़ादी के बाद कम से कम चार दशकों के केंद्रीय योजना कार्यक्रमों के तहत सभी योजनाकर्ताओं, अर्थशास्त्रियों व विकास सलाहकारों की प्राथमिक धारणा अत्यधिक कल्याणकारी राज्य की रही है। साथ ही इसके लिए विभिन्न समूहों द्वारा ली जाने वाली प्रतिस्पर्द्धात्मक नौका में मतभेद मिटा तारतम्य बिठाने और बड़े स्तर पर अत्यधिक वस्तुओं को निस्स्वार्थ भाव से आगे बढ़ाए जाने की ज़रूरत है। इस मान्यता के मुताबिक़ यह मान लिया गया कि आर्थिक क्षेत्र में सरकार का जितना अधिक हस्तक्षेप होगा, लोगों को उतना ही अधिक फ़ायदा होगा। इसी वजह से ऐसा मान लिया गया कि यदि सरकारी बैंकों की ओर से उधार दिया जाए, औद्योगिक लाइसेंस देकर आउटपुट का पैटर्न बताया जाए और इसके इस्तेमाल का पैटर्न भी तय किया जाए तो देश के दुर्लभ आर्थिक साधनों का इस्तेमाल लोगों को उचित क़ीमत पर उत्पाद मुहैया कराने में किया जा सकता है।

इसी प्रकार यह भी मान लिया गया कि उत्पादन के सारे संस्थान सरकार के अधीन हों और ये उसमें नेताओं के नियंत्रण में हों तो उत्पादन का पूरा लाभ लोगों तक पहुंचेगा। बचत और निवेश भी अत्यधिक होगा, जिससे एक विशाल, ईमानदार सार्वजनिक क्षेत्र का उदय होगा। इससे

सार्वजनिक निवेश भी बढ़ेगा जिसके बदले में पुनः वितरणात्मक न्याय के साथ उच्च वृद्धि प्राप्त होगी। पिछले अध्यायों में बताए गए तर्कों के मद्देनज़र देखा जाता है, संसाधनों के प्रयोग में लाई जाने वाली राजनीतिक प्रेरणा पूरी तरह से अलग, आत्मलीन, संकुचित और आत्मकेंद्रित है। बहुलवादी व्यवस्था की बजाय राज्य की आत्मकेंद्रित एजेंसियों द्वारा आर्थिक सत्ता का विस्तार भारत को निम्न विकास, ज़्यादा ग़रीबी और मियादी आर्थिक संकट के दुष्चक्र में फंसा देगा।

भविष्य में आर्थिक क्षेत्र में सरकार की भूमिका को कम करने की प्रमुखता दी जानी चाहिए। सुधार की प्रक्रिया 1980 में शुरू की गई जिसे रुक-रुककर आगे बढ़ाया गया। उस पर कड़ाई से आगे चलने की ज़रूरत है। जहां तक आर्थिक क्षेत्र में सरकार की भूमिका का सवाल है तो उसे एक ऐसा स्थायी और प्रतिस्पर्द्धात्मक माहौल सुनिश्चित कराना चाहिए जहां मज़बूत विदेशी क्षेत्र के साथ-साथ पारदर्शी घरेलू वित्तीय व्यवस्था मौजूद हो। अतीत की तुलना में भुगतान के संतुलन की स्थिति विदेशी ऋण की वजह से अब ज़्यादा मज़बूत है। ऐसे में भारत को दुनिया भर में अपनाई जाने वाली आक्रामक अर्थव्यवस्था नीति अपनानी चाहिए जहां सुरक्षा की गारंटी पर कम ध्यान दिया जाता है। एकाधिकारवाद से मुक़ाबला करने के लिए खुली प्रतिस्पर्द्धा सबसे कारगर उपाय है। आर्थिक क्षेत्र में सरकार और मंत्रियों की राजनीतिक भूमिका कम होने से वाणिज्यिक उद्यमों के मालिकाना में भी कमी आएगी। इस मामले में अतिशयोक्ति पूर्व शब्द 'पब्लिक सेक्टर' एकदम मिथ्या है। वास्तव में पब्लिक सेक्टर आम लोगों के लिए कुछ ख़ास नहीं कर पाता है। उद्यमों द्वारा अर्जित लाभ काफ़ी कम होता है और सार्वजनिक बचत को बढ़ाने की बजाय ये सरकार के पास मौजूद राजकीय स्रोतों को सबसे ज़्यादा निचोड़ते हैं।

इसी के साथ ही जन सुविधाओं जैसे सड़कें व पानी, और ज़रूरी सेवाओं मसलन, स्वास्थ्य व शिक्षा के क्षेत्र में सरकारी भूमिका व्यावहारिक तौर पर बढ़ानी चाहिए। व्यापारिक उपक्रमों के प्रबंधन में सरकारी भूमिका

में कमी और सार्वजनिक सेवाओं में इसकी बढ़ती भूमिका एक ही सिक्के के दो पहलू हैं। सार्वजनिक क्षेत्र के बारे में कमी और व्यापारिक गतिविधियों में मंत्रालयों के हस्तक्षेप में कमी होने से सार्वजनिक सेवाओं में अधिक ख़र्च करने का मौक़ा मिलेगा। इसके साथ ही ग़रीबी विरोधी और लोगों के कल्याण को ध्यान में रखकर कार्यक्रमों को शुरू करने के लिए संबंधित मंत्रालयों पर अधिक ज़िम्मेदारी रहेगी।

लोगों के प्रति राज्य द्वारा दी जा रही सेवाओं को उन्नत करने के लिए इससे संबंधित एक और राजनीतिक ज़रूरत है, प्रमुख राजनीतिक पार्टियों और सरकारी कर्मचारियों की ट्रेड यूनियनों के प्रमुख नेताओं के बीच एक संयुक्त समझौता होना चाहिए। लोगों के द्वारा दी जा रही सेवाओं को उन्नत करने के लिए इस प्रकार का क़रार लोकतांत्रिक प्रक्रिया के तहत संभव हो सकता है। दुर्भाग्यवश, ऐसा करने का प्रयास नहीं किया जाता और ट्रेड यूनियन अब भी उन लोगों को और सुविधाएं देने की मांग करती रहती है, जो पहले से ही काम में लगे हुए हैं, और लोगों के प्रति अपने कर्तव्य को उन्नत करने के लिए कोई प्रयास नहीं कर रहे हैं। हालांकि कुछ म्यूनिसिपल और राज्य स्तर के सरकारी विभाग के प्रमुख लोगों की मूलभूत ज़रूरतों, मसलन जन्म प्रमाणपत्र या व्यापार लाइसेंस पंजीकरण के मामलों को देरी और भ्रष्टाचार के बिना पूरा करने की कोशिश ज़रूर की है। लेकिन सरकारी कर्मचारियों के असहयोगी रवैये की वजह से इन कोशिशों के भी बेहतर नतीजे नहीं निकल पाए। इस मामले में ताज़ा उदाहरण दिल्ली नगर निगम द्वारा स्थापित 'सिटीज़न सर्विस ब्यूरो' की असफलता है। एक जांच रिपोर्ट के मुताबिक़ इस संस्था के बारे में लोगों की क्या राय है, यह जानने की कोशिश करते हैं। एक शख़्स का कहना है, ''मुझे मेरी बेटी का जन्म प्रमाणपत्र चाहिए लेकिन जब भी मैं इसके कार्यालय जाता हूं तो वहां बैठे अधिकारी मुझे कुछ नए दस्तावेज़ लाने को कह देते हैं। कंप्यूटरीकृत कार्यालय में भी भ्रष्टाचार का पता नहीं लगाया जा सकता है। काम जल्दी करवाने के लिए मुझसे

पैसे देने के लिए कहा गया।" इस ब्यूरो को लाल फ़ीताशाही को ख़त्म करने के लिए स्थापित किया गया था, लेकिन एक साल में ही यह भी सिरदर्द बन गया है। लोगों की ज़रूरतों के प्रति सरकारी मुलाज़िमों की असंवेदनशीलता का इससे गहरा और कोई दूसरा उदाहरण नहीं हो सकता। नागरिक सामाजिक संगठनों की मदद से अब एक ऐसे राजनीतिक अभियान को छेड़ने की आवश्यकता है जिससे कि यूनियनों और नेताओं को अपने मतदाताओं के प्रति तथा सरकारी कर्मचारियों को लोगों के प्रति ज़्यादा जवाबदेह बनाया जा सके।

सरकार में मंत्रालयों और मंत्रियों की संख्या कम करने का भी एक मामला है। 2004 में कुछ राज्यों में सौ के क़रीब मंत्री थे जबकि केंद्रीय सरकार में 66 मंत्री थे (इसके अलावा यदि इनमें उन दलों को भी शामिल कर लिया जाए जो वर्तमान सरकार को बाहर से समर्थन दे रहे थे, तो यह संख्या काफ़ी बढ़ सकती है)। स्वाभाविक है, जितना विस्तृत मंत्रालय होगा, उतनी ही संख्या में मंत्री होंगे जिससे हस्तक्षेप, विवाद और दोहराव की आशंका अधिक होगी। विधानसभाओं में मंत्रियों की संख्या को सीमित करने के लिए सदन में कुल सदस्यों की संख्या के केवल 15 फ़ीसदी मंत्री बनाने का विधायी संशोधन करना होगा। कुछ राज्यों में तो यह संख्या भी काफ़ी अधिक है। कुछ राज्यों के ज़बरदस्त विरोध के बीच इस संशोधन को अभी हाल ही में स्वीकार किया गया लेकिन बावजूद इसके निकट भविष्य में मंत्रालयों व मंत्रियों की संख्या और कम की जा सकेगी। मंत्रालयों की संख्या को बरक़रार रखने के लिए यह वैकल्पिक उपाय किया जा सकता है कि उनके कार्यों और ज़िम्मेदारियों को दोबारा से परिभाषित कर दिया जाए।

मंत्रालयों के कामकाज को कारगर बनाने के लिए एक बेहतर तरीक़ा यह हो सकता है कि सभी व्यापारिक नियामक कार्यों को अंजाम देने वाली स्वायत्त संस्थाओं (मसलन रिज़र्व बैंक, सिक्योरिटी एंड एक्सचेंज बोर्ड, टेलीकॉम आयोग, बिजली आयोग, पब्लिक सेक्टर इंटरप्राइज़ेज़ बोर्ड

आदि) को ख़त्म कर दिया जाए। इनके स्थान पर आम लोगों के हितों को देखते हुए, और जहां सरकारी ज़िम्मेदारी लेने की ज़्यादा ज़रूरत है, वैसे कार्यक्रमों को लागू करने और उनके विकास की मॉनीटरिंग करने की ज़िम्मेदारी मंत्रालयों को लेनी चाहिए।

संसद के क़ानूनों के तहत सरकार की क़ानून बनाने की ताक़त और विभिन्न विधायी प्रावधान की जटिलताओं व सरकार द्वारा अधिसूचित नियमों की भी समीक्षा की आवश्यकता है। वित्तीय व आर्थिक ठेकों और पूंजी बाज़ार के विकास नियमन समेत अन्य कई क़ानून सौ साल से भी पुराने हैं। ये क़ानून कालदोष युक्त नहीं हैं। ये क़ानून आज के वैश्विक, व्यापार, वाणिज्य और उद्योग की सच्चाइयों से मेल नहीं खाते हैं। सरकार द्वारा कुछ दशकों में बीच-बीच में जारी नए नियम-क़ानूनों की वजह से स्थिति और भी ख़राब होती जा रही है। इनमें से तो कई ऐसे क़ानून भी हैं जिनका उपभोग भी नहीं हो पाता है, फिर भी वे अस्तित्व में हैं। कम से कम वित्तीय मामलों में व्याप्त विधायी गड़बड़ियों को ठीक करना, पुराने बेकार हो चुके क़ानूनों को ख़त्म करना व अधिसूचित नियमों को सरलीकृत करना बेहद ज़रूरी है। इस उद्देश्य की पूर्ति के लिए संसद में अलग से एक ऐसी स्थायी समिति का गठन करना ज़रूरी होगा जिसके पास पर्याप्त क्षमता व क़ानूनी सलाह मौजूद होगी जिससे कि वह अपना कार्य एक साल में पूरा कर सके।

समय के साथ-साथ संसद के हस्तक्षेप या देखरेख के बिना सरकार की क़ानून बनाने की क्षमता में काफ़ी इज़ाफ़ा हुआ है। इसके साथ ही, इन धाराओं में व्याख्यात्मक प्रावधान की व्याख्या की गई है जिसमें सरकार को असीमित विवेकाधिकार संबंधी ताक़तें सौंपी गई हैं जिनमें नागरिकों द्वारा उठाए गए किसी क़दम को भी आतंकी कार्रवाई क़रार दिया जा सकता है। क़ानून की मुख्य विधायी धाराएं विविध प्रावधानों के उद्देश्य और कवरेज को परिभाषित व निर्माण करने के लिए बनाई जाती हैं। हालांकि, बहुव्यापी धारा या व्याख्यात्मक धारा जोड़ना आम बात हो गई

है जो सरकार को विभिन्न नियमों को अधिसूचित करने की ताक़त प्रदान करती है जिससे विधायी प्रावधानों को प्रभाव में लाया जा सके। क़ानून निर्माण की ये ताक़तें काफ़ी विस्तृत हैं। विधि निर्माण में अक्सर यह बताया गया होता है कि क़ानून के अन्य प्रावधानों के अनुसार या कोई भी लागू क़ानून के आधार पर सरकार के पास क्षमता होगी कि वह क़ानून बना सके। ये बहुव्यापी शक्तियां ताक़त के निरंकुश प्रयोग के अवसरों को पनपने का स्थान देती हैं (या राजनीतिक प्रतिद्वंद्वी या निजी जाति विशेष के लोग या फिर करदाताओं के ख़िलाफ़ शत्रुता निकालने के लिए प्रयोग किया जाता है)। कुछ राज्यों में, जहां विपक्षी पार्टियों के बीच विवाद कुछ ज़्यादा ही चल रहा हो, क़ानून बनाने की इस ताक़त का इस्तेमाल कुछ इस प्रकार किया जाने लगता है जिससे इस क़ानून के पीछे छिपे उद्देश्य धूमिल होने लगते हैं।

राज्य स्तर पर केंद्रीय क़ानून के दुरुपयोग का एक उदाहरण आतंकवाद निरोधक क़ानून 2002 (पोटा) है (उल्लेखनीय है कि इस क़ानून को नई सरकार ने तत्काल वापस ले लिया है)। इस क़ानून के प्रासंगिक सेक्शनों अध्याय II धारा 3(1) ए और 3(1) बी में बेहद सावधानी से किसी आतंकी गतिविधि को परिभाषित किया गया है जिनमें इसे अंजाम देने के माध्यमों का भी वर्णन किया गया है (मसलन बम डायनामाइट या किसी अन्य विस्फोटक सामान के प्रयोग को आतंकी गतिविधि के तौर पर दर्शाया गया है)। इसके मुताबिक़ किसी के बारे में यदि यह पता चले या माना जाए कि वह किसी आतंकी गतिविधि की वकालत, सहारा या सलाह दे रहा है, या तैयारी कर रहा है तो उसे भी उस साज़िश में शामिल होने के आरोप में जेल की सलाख़ों के पीछे रखा जा सकता है। कोई भी नागरिक चाहे वह निर्दोष ही क्यों न हो, सरकार को यदि ऐसा लगे कि वह किसी प्रकार से आतंकी गतिविधि में लिप्त है, तो उसे इस बहुव्यापी प्रावधान के तहत हिरासत में लिया जा सकता है। कुछ राज्यों में सत्ताधारी दल ने अपने विरोधी दलों के नेताओं को परेशान

करने के लिए पोटा का कुछ इसी तरह इस्तेमाल किया। अब सभी बहुव्यापी
प्रावधानों के लिए ये ज़रूरी कर देना चाहिए कि उन्हें स्पष्ट तौर पर
परिभाषित किया जाए। विभिन्न क़ानूनों के तहत सरकार की क़ानून बनाने
की क्षमता को ख़त्म कर देना चाहिए। ऐसी कोई वजह नहीं है कि ज़रूरी
और प्रासंगिक नियमों को क़ानून के अंतर्गत ही शामिल नहीं किया जा
सकता। इसके साथ ही यदि किसी संशोधन की आवश्यकता हो तो उसे
पारित करने के लिए संसद के सामने पेश किया जा सकता है।

छोटे दलों की भूमिका

भविष्य के लिए एक और महत्वपूर्ण ज़रूरत यह है कि छोटी पार्टियों
की (जिनकी संसद या विधानसभा में सीटों की संख्या कम हो) भूमिका
न सिर्फ़ कम की जाए बल्कि सरकार के आर्थिक एजेंडे को तय करने
में उनके हस्तक्षेप या प्रभाव को भी ख़त्म किया जाए। इनमें से कुछ
पार्टियां, जिन्हें कुल राष्ट्रीय वोट का पांच फ़ीसदी मत भी नहीं मिला
और संसद में उनके सदस्यों की संख्या उससे भी कम है, वे केंद्रीय
सरकार पर ग़ैर आ‌नुपातिक रूप से प्रभाव रखती हैं और अपने क्षेत्रीय
एजेंडे को पूरा करवाने का दबाव डालती रहती हैं। 2004 के चुनाव से
पहले उत्तर प्रदेश और बिहार का दौरा कर लौटने के बाद एक वरिष्ठ
पत्रकार ने कहा कि ऐसा लगता है जैसे इन राज्यों के मतदाता अपने
नेताओं के बर्ताव को प्रभावित करने की अपनी क्षमता खो चुके हैं।
इन राज्यों की इन पार्टियों के प्रमुख नेता बस इतना चाहते हैं कि 543
सीटों वाली लोकसभा में उनकी पार्टी बीस से पच्चीस सीट हासिल कर
ले जिससे कि चुनाव के बाद सरकार बनाने के समय वे किंग मेकर
की भूमिका में सामने आ सकें। उनके अनुसार, ''उत्तर प्रदेश और बिहार
के लोग राष्ट्रीय पहचान खो चुके हैं। नेता लोगों के वोटों को 'टेकन
फ़ॉर ग्रांटेड'(हल्के ढंग से) ले रहे हैं, किसी के पास उत्तर प्रदेश या बिहार
के लिए कोई नीति नहीं है और न ही किसी के पास कोई वादा है।''

यह पूरी स्थिति निराश करने वाली है और यदि राष्ट्रीय इच्छाशक्ति
में कोई प्रतिनिधित्व न रखनेवाली छोटी पार्टियों के बनने का सिलसिला
यूं ही जारी रहा तो ये देश के आर्थिक भविष्य को ज़रूर मुश्किल में
डाल सकता है। गठबंधन सरकार में शामिल कोई भी पार्टी चाहे वह
संख्या में कितनी भी छोटी क्यों न हो, कैबिनेट में बिना किसी ज़िम्मेदारी
के शक्ति का केंद्र बिंदु बन जाती है। यह संविधान में निर्दिष्ट बातों
के बिल्कुल ख़िलाफ़ है और इसे जल्द से जल्द ठीक करने की ज़रूरत
है।

इसी तरह देश की राजनीतिक अस्थिरता को प्रभावित करने वाली
एक और महत्वपूर्ण समस्या उभरकर सामने यह आई है कि संसद में
सीटों की संख्या कम होने के बावजूद पार्टियां सरकार बनाने में कामयाब
हो रही हैं। ज़्यादातर राज्यों में बड़ी संख्या में पार्टियां चुनाव लड़ती हैं
लेकिन आमतौर पर कोई एक पार्टी जिनके पास स्पष्ट बहुमत होता है,
सरकार का गठन करती है। कभी-कभार ऐसा भी होता है कि दो पार्टियों
की गठबंधन सरकार बनती है, लेकिन उसमें भी मुख्यतः एक ही पार्टी
के सदस्य होते हैं। हालांकि केंद्र में पिछले पंद्रह साल से यह परंपरा
उल्टी दिशा में चल रही है। आज़ादी के बाद के 42 साल यानी 1989
तक कांग्रेस को विभिन्न तरह से बहुमत मिलता रहा और वह सरकार
बनाती रही। हालांकि इसमें 1977 से 1979 के बीच तीन साल की एक
अवधि ऐसी थी जब जनता पार्टी की सरकार बनी थी। लेकिन 1989
के बाद से केंद्रीय सत्ता की तस्वीर नाटकीय ढंग से बदल गई और ऐसी
पार्टियां सरकार बनाने लगीं जिनके पास स्पष्ट बहुमत नहीं था। सरकार
को बहुमत चुनाव से पहले अन्य पार्टियों के साथ किए गए समझौते
के आधार पर प्राप्त होता है। जैसा कि 1998 और 2004 में राष्ट्रीय
जनतांत्रिक गठबंधन (राजग) सरकार के मामले में हुआ था। बहुमत के
लिए चुनाव के बाद भी समझौते किए जाते हैं। इस अवधि के दौरान
ऐसी चार सरकारें बनीं जिन्हें बेहद कम सांसदों वाली पार्टियों और एक

बड़ी पार्टी के बाहरी समर्थन से सरकार बनानी पड़ी। एक मामले में तो ऐसा हुआ था कि जिस पार्टी ने सरकार बनाई थी, उसके सदस्यों की संख्या लोकसभा की कुल सीटों की दस फ़ीसदी भी नहीं थी। स्वाभाविक है, ऐसी सरकार का भविष्य बाहर से समर्थन दे रही पार्टी या पार्टियों पर निर्भर है, और नीति-निर्धारण या अर्थव्यवस्था के संबंध में ऐसी सरकारें कुछ ख़ास नहीं कर पातीं।

1989 के बाद से सरकार बनाने में संसद में कम सदस्यों वाली छोटी पार्टियों की हिस्सेदारी और बाहर या अंदर से समर्थन देने वाली पार्टियों की वजह से ही देश में राजनीतिक अस्थिरता का माहौल रहा है। सरकार के कामकाज व प्रशासन पर भी इसका प्रतिकूल असर पड़ा है। अस्थिर व छोटी अवधि वाली सरकारों के असंतुष्ट अनुभवों को ध्यान में रखते हुए अब यह ज़रूरी हो गया है कि क़ानूनी संशोधन किए जाएं जिनसे यह सुनिश्चित किया जा सके: (क) कोई पार्टी या चुनाव पूर्व गठबंधन अपने चुनाव पूर्व समझौते के आधार पर संसद में 40 फ़ीसदी सीट से कम होने पर चुनाव बाद क़रार कर बाहर से या अंदर से समर्थन प्राप्त कर सरकार नहीं बना सकती; (ख) ऐसी बहुमत सरकार को सत्तासीन नहीं होने दिया जाएगा जिसमें सरकार बनाने वाली पार्टी की सीटें समर्थन करने वाली पार्टी की सीटों से कम होगी, और (ग) लोकसभा के 543 सदस्यों के दस फ़ीसदी से कम सदस्यों वाली पार्टियों को तब तक किसी सरकार का हिस्सा नहीं बनने दिया जाएगा जब तक कि वे पार्टी के तौर पर अपनी स्वतंत्र पहचान को ख़त्म न कर दें और अगले चुनाव तक सरकार बनाने वाली पार्टी के साथ उसके सहयोगी या संबद्ध पार्टी के रूप में शामिल न हो जाएं। कुल मिलाकर बात यह है कि छोटी पार्टियां जो केंद्रीय मंत्रिमंडल में शामिल होना चाहती हैं, उन्हें संसद में स्वतंत्र पहचान नहीं मिलेगी। वैकल्पिक तौर पर यदि ऐसी पार्टियां अपनी पहचान क़ायम रखना चाहती हैं तो उन्हें हमेशा सरकार को बाहर से समर्थन देने का विकल्प चुनना होगा।

इन प्रस्तावों से देश में राजनीतिक अस्थिरता को कम करने में मदद मिलेगी और इससे सरकार को भी सटीक कार्यकारी फ़ैसले लेने में ज़्यादा अधिकार मिलेगा। ख़ासकर तब, जब विदेशी या घरेलू आर्थिक संकट का समय, मुद्रास्फीति या वित्तीय अस्थिरता की स्थिति हो। यदि चुनाव में किसी एक पार्टी को स्पष्ट बहुमत न मिला हो या फिर कुछ हद तक भी बहुमत न मिला हो, जिससे कि वह सरकार बना सके तो ऐसी सरकार जिसके पास न तो स्पष्ट बहुमत है और न ही जिसके टिकने की उम्मीद है, उसको बनाए जाने से बेहतर तो यही होगा कि कामचलाऊ सरकार के तहत दोबारा चुनाव की व्यवस्था की जानी चाहिए। पिछले अनेक आर्थिक संकट सिर्फ़ इसलिए सामने आए थे क्योंकि बाहरी समर्थन पर निर्भर सरकारें आर्थिक क्षेत्र में समय पर और सही निर्णय लेने में असमर्थ रही थीं। 1979 और फिर 1990 आर्थिक संकट के मामले में यह सच था।

1977 में इमरजेंसी के बाद जब जनता दल की सरकार सत्तासीन हुई थी, तब भारत 1979 में तेल की समस्या से बुरी तरह प्रभावित हुआ। हालांकि, जुलाई 1979 में पार्टी में आंतरिक तनाव के बाद प्रधानमंत्री मोरारजी देसाई को त्यागपत्र देना पड़ा था और कांग्रेस के बाहरी समर्थन से चौधरी चरण सिंह को प्रधानमंत्री पद की शपथ दिलाई गई थी। लेकिन इस सरकार को भी कांग्रेस द्वारा समर्थन वापस लिए जाने की वजह से कुछ महीनों के बाद सत्ता त्याग देनी पड़ी। इस राजनीतिक अस्थिरता की वजह से आर्थिक संकट और अधिक गंभीर हो गया और इसे सुलझाना ज़्यादा मुश्किल भरा हो गया। खाड़ी युद्ध के बाद 1990 के मध्य में एक बार फिर इसी तरह की परिस्थिति पैदा हुई जब वी.पी. सिंह की नेतृत्व वाली जनता दल सरकार का भविष्य अनिश्चित हो गया। 1990 में पार्टी टूट गई और चंद्रशेखर के नेतृत्व में कांग्रेस के बाहरी समर्थन से एक अल्पमत सरकार का गठन हुआ। नई सरकार को फ़रवरी 1991 में आम बजट पेश करने का मौक़ा नहीं दिया गया जिससे भारत को

आज़ादी के बाद के सबसे गंभीर आर्थिक संकट के दौर से गुज़रना पड़ा।

वहीं, दूसरी ओर 1980 और 1991 में आर्थिक संकट को प्रभावी ढंग से संभालने की एक प्रमुख वजह केंद्र में स्थायी सरकार की मौजूदगी रही जो कि अपने पूरे कार्यकाल यानी पांच साल तक टिकी। 1997 में भी यही हुआ जब भारत पूर्वी एशियाई संकट के परिणामों से बुरी तरह प्रभावित हुआ था। बाहरी क्षेत्र में आई अस्थिरता से प्रभावी ढंग से निपटने के लिए मज़बूत क़दम उठाने पड़े थे जो कि उस समय काफ़ी अलोकप्रिय और ग़ैर परंपरागत माने गए थे। एशियाई संकट के बाद भारत विकासशील देशों में सबसे मज़बूत बैलेंस ऑफ़ पेमेंट्स वाले देश के तौर पर उभरकर सामने आया। इसके साथ ही अब हमारे देश की विदेश नीति को काफ़ी सफल और नया क़रार दिया जाता है। यदि 1997 के बाद देश में राजनीतिक स्थिरता नहीं होती तो यह स्थिति संभव नहीं हो सकती थी। किसी समस्या या संकट से निपटने के लिए उठाया जाने वाला कोई भी आर्थिक क़दम हमेशा से ही राजनीतिक तौर पर अलोकप्रिय रहा है। ऐसा इसलिए होता है कि क्योंकि इससे कइयों के हितों को नुक़सान पहुंच सकता है, जो उस परिस्थिति का फ़ायदा उठाने की सोच रहे होते हैं। ऐसी परिस्थिति में एक स्थायी सरकार की बेहद आवश्यकता होती है। हालांकि यह कोई ज़रूरी नहीं कि यह उस परिस्थिति के लिए पर्याप्त होगी, लेकिन ऐसी सरकार के होने से कम से कम ऐसा माहौल ज़रूर बनता है जिसमें कि बड़े फ़ैसले लिए जा सकें।

राज्य परिषदों के लिए चुनाव

महज़ कुछ नेताओं के हाथों में शक्ति का केंद्रीकरण होने और छोटी-बड़ी सभी पार्टियों में भीतरी लोकतंत्र में कमी आने की परंपरा का संदर्भ दिया जा चुका है। यह परंपरा संसद के ऊपरी सदन यानी राज्यसभा के चुनाव के अलावा और कहीं दिखाई नहीं पड़ती है। राज्य विधानसभा में अपने विधायकों की संख्या के आधार पर किसी दल के नेता निर्धारित

संख्या में राज्यसभा के लिए उम्मीदवार नामित करते हैं। राज्यसभा के सांसदों को चुनने का अधिकार विधानसभाओं के सदस्यों को होता है, लेकिन उनके पास पार्टी द्वारा नामित उम्मीदवारों के पक्ष में वोट देने के अलावा दूसरा विकल्प नहीं होता है। चाहे उम्मीदवार के ख़िलाफ़ किसी महिला या समाज के किसी एक वर्ग के साथ किए गए जघन्य अपराध के लिए आरोप-पत्र ही क्यों न दायर हो या फिर वह किसी दल का फ़ाइनेंशियल एजेंट ही क्यों न हो, पार्टी के विधायक उसे वोट देने के लिए मजबूर होते हैं। इससे लोगों के बीच संसद के उच्च सदन की छवि को गहरा झटका पहुंचता है। इससे न सिर्फ़ चापलूसी को बढ़ावा मिलता है बल्कि संसद की कार्यवाही का स्तर भी गिरता है। सभी दलों के नेताओं के लिए अपनी शक्ति बढ़ाने और बनाए रखने जैसे हितों को ध्यान में रखकर राज्यसभा के चुनाव में आमूल परिवर्तन करना, मसलन अमेरिका के सीनेट की तर्ज़ पर सीधे चुनाव कराना आसान नहीं है। हालांकि राज्यसभा की चुनावी प्रक्रिया को उन्नत करने के लिए कुछ सामान्य उपाय किए जा सकते हैं। ये हैं:

• केंद्र सरकार की किसी एजेंसी द्वारा यदि किसी के ख़िलाफ़ चार्जशीट दाख़िल की गई हो (मगर फ़िलहाल वह दोषी क़रार न हुआ हो) तो उसे राज्यसभा की सदस्यता की शपथ लेने की इजाज़त नहीं दी जानी चाहिए। (इस प्रस्ताव को लोकसभा के लिए भी लागू किया जाना चाहिए, लेकिन राजनीतिक हलक़े में इसका काफ़ी विरोध किए जाने की संभावना है)। अगर पार्टी उसे चुनने के लिए फिर से ज़ोर दे रही है, ऐसे में उसे सदन की सदस्यता दिलाने का तब तक इंतज़ार करना चाहिए जब तक अदालत से अंतिम फ़ैसला न आ जाए। अन्य महत्वपूर्ण लंबित पड़े मामलों की तरह अदालत से ज़रूरी एवं प्राथमिकता के आधार पर फ़ैसला जल्दी सुनाने के लिए अनुरोध करना चाहिए।

• हरेक पार्टी को राज्यसभा चुनाव के लिए विधानसभाओं में अपने सदस्यों की संख्या के अनुसार जितनी सीटों पर उम्मीदवार खड़े करने

का अधिकार प्राप्त है, वे उनसे दोगुनी संख्या में उम्मीदवारों को नामित करें जिससे विधानसभा के सदस्यों को भी अपने मनपसंद उम्मीदवार चुनने का विकल्प मिल सके।

• राज्यसभा का चुनाव गुप्त मतदान के माध्यम से हो, जिससे मतदाता अपने मताधिकार का इस्तेमाल स्वतंत्र रूप से कर सकें।

• राज्यसभा के चुनाव के लिए अधिवासिता की शर्त को पुनर्स्थापित करना होगा। चूंकि राज्यसभा राज्यों की परिषद के तौर पर काम करती है, ऐसे में राज्य विधानसभा के सदस्यों को निजी तौर पर मालूम होना चाहिए कि वे जिस उम्मीदवार को चुन रहे हैं, उसे राज्य की समस्याओं की पूरी जानकारी है या नहीं। अधिवासिता की शर्त को संकीर्ण तकनीकी या क़ानूनी ज़रूरत के तौर पर नहीं देखा जाना चाहिए, बल्कि राज्यों की सभा में राज्य के प्रभावी प्रतिनिधित्व के लिए इसे एक राजनीतिक ज़रूरत के तौर पर देखा जाना चाहिए।

इन बदलावों से इस महत्वपूर्ण राजनीतिक संस्थान की न सिर्फ़ छवि और कार्यविधि में सुधार होगा, बल्कि इससे राजनीतिक पार्टियों और उनके सदस्यों की वर्तमान शक्तियां भी प्रभावित नहीं होंगी। ऐसी उम्मीद की जाती है कि इन बदलावों को सभी दलों का पूरा समर्थन मिलेगा और इन्हें बिना अधिक देरी के राष्ट्र हित में शीघ्र लागू किया जा सकेगा।

यहां यह बताना ज़रूरी है कि जाने-माने विधिवेत्ता और संसद सदस्य एफ़.एस. नरिमन ने आपराधिक रिकॉर्ड वाले लोगों के लिए इससे भी कहीं अधिक व्यापक प्रस्ताव पेश किए थे। उन्होंने जन प्रतिनिधित्व क़ानून में संशोधन के लिए संसद में एक विधेयक पेश किया था। इसके तहत गंभीर अपराध के लिए मामला दर्ज होने पर किसी शख़्स को तब तक के लिए लोकसभा या राज्यसभा के चुनाव के लिए अयोग्य क़रार दे दिया जाता है, जब तक कि क़ानून उसे बरी नहीं कर देता। उनके इस प्रस्ताव के अंतर्गत ऐसे लोग आते हैं, जिन्हें उनके अपराध के लिए कम से कम पांच साल की क़ैद या मौत की सज़ा देने की गुंजाइश

होती हो। विधि आयोग ने भी कुछ समय पहले इसी तरह की सिफ़ारिश
की थी लेकिन सरकार द्वारा अब तक कोई क़दम नहीं उठाया गया।
नरिमन के प्रस्तावित संशोधन को न सिर्फ़ आम नागरिकों बल्कि संसद
के सभी सदस्यों का भी पूरा समर्थन मिलना चाहिए, चाहे वे किसी भी
पार्टी के क्यों न हों। हालांकि यदि बीते हुए समय को आधार माना
जाए और वर्तमान समय में सभी पार्टियों में चार्जशीट किए हुए मंत्रियों
व संसद सदस्यों की मौजूदगी देखी जाए तो यह प्रस्तावित संशोधन
अस्वीकार्य ही मालूम पड़ता है। दाग़ी लोगों को चुनाव लड़ने देने के
लिए यह तर्क दिया जा सकता है कि चूंकि हम लोग लोकतंत्र में रहते
हैं और यदि जनता चाहती है कि वह किसी आपराधिक छवि वाले शख़्स
को अपना नेता चुने, तो इसमें हर्ज क्या है? जनता के इस फ़ैसले का
आदर किया जाना चाहिए। यह दुर्भाग्य ही है कि इस तर्क को न सिर्फ़
सरकार स्वीकार करती है बल्कि मीडिया से भी इसे कहीं न कहीं समर्थन
मिला है। जनता की राय संसद को इस संशोधन को अपनाने के लिए
ज़रूर प्रेरित कर सकती है, लेकिन तब तक इस अध्याय के शुरू में
राज्यसभा के अप्रत्यक्ष चुनाव में बदलाव के लिए जो प्रस्ताव दिए गए
हैं, उन्हें ही अपनाया जा सकता है।

संसदीय प्रक्रिया में सुधार

पहले के एक अध्याय में संदर्भ दिया गया है कि सरकार को अपने
प्रदर्शन के प्रति जवाबदेह ठहराने में संसद की भूमिका कम होती जा
रही है। संसद में होने वाली बहस का स्तर गिरता जा रहा है, कार्यवाही
में बाधा डालने की बात आम होती जा रही है और इसका कामकाज
लापरवाही पूर्ण होता जा रहा है। संसद की कार्यवाही चलाने, व्यवस्था
बनाए रखने और नियमानुसार प्रक्रिया जारी रखने पर लोकसभा या
राज्यसभा अध्यक्ष का प्रभावी नियंत्रण होना चाहिए। लेकिन वास्तव में
स्थिति ऐसी नहीं है। कुछ पार्टी नेता ही तय करते हैं कि संसद की

कार्यवाही पूर्व निर्धारित कार्यक्रम के मुताबिक़ जारी रहेगी या नहीं। कार्यवाही
बाधित कर सदन को कुछ समय या पूरे सत्र के लिए स्थगित करना
है, ये सब पार्टी के नेता ही तय कर लेते हैं। अन्य सदस्यों के पास
व्यक्तिगत तौर पर अपनी पार्टी के नेताओं की बात मानने के अलावा
और कोई दूसरा विकल्प नहीं होता है। ऐसा नहीं करने वाले को पार्टी
या तो निष्कासित कर देती है या उसे अगले चुनाव में टिकट से वंचित
रखे जाने की आशंका रहती है। संसद में कुछ निर्दलीय सदस्य भी होते
हैं। वे या तो किसी दूसरी पार्टी के समर्थन से चुनाव जीतते हैं या फिर
राज्यसभा में राष्ट्रपति द्वारा नामित किए जाते हैं, वे चाहें तो विरोध
दर्ज करा सकते हैं लेकिन इनकी संख्या इतनी कम होती है कि वे नतीजों
में कोई ख़ास प्रभाव नहीं डाल पाते हैं।

संसद की घटती भूमिका 26 अगस्त 2004 को उस समय साफ़
तौर पर उजागर हुई जब स्थापित नियमों व परंपराओं के उलट संसद
ने प्रश्नकाल को स्थगित कर दिया और आम बजट और वित्त विधेयक
को बिना किसी बहस के या पर्याप्त कारण के कुछ ही मिनटों में पारित
कर दिया। ऐसा असाधारण परिस्थिति मसलन चुनाव होने की स्थिति
में किया जाता है। ऐसा संवेदनशील लेकिन ज़रूरी मामलों पर कई दिनों
तक संसद की कार्यवाही में पड़ी बाधा के बाद सरकार में शामिल विभिन्न
पार्टियों और विपक्ष के नेताओं के बीच बैकरूम समझौते के बाद किया
गया। प्रमुख पार्टियों के नेताओं के बीच हुए इस क़रार पर अमल करने
के अलावा लोकसभा के स्पीकर या अध्यक्ष के पास अन्य कोई विकल्प
नहीं रह गया था। बजट को ध्वनिमत से पारित करने के बाद संसद
को निर्धारित समय से एक सप्ताह पहले सत्रावसान दे दिया गया।

26 अगस्त की यह घटना संसद की कार्यवाही और लोकतांत्रिक संस्था
के लिए बहुत ही निम्नतम स्तर की थी। लोकसभा और राज्यसभा के
सदस्यों द्वारा बिना किसी बहस के वित्त विधेयक को पारित करने की
घटना संविधान के प्रारूप, आत्मा और स्थापित परंपराओं के ख़िलाफ़

है। अब वक़्त आ गया है कि इस तरह की घटना की पुनरावृत्ति न हो, इसके लिए तत्काल विधायी उपाय करने की ज़रूरत है। लेकिन यह दुर्भाग्य की बात है कि 'आचार संहिता' या 'कार्यविधि नियमावली' भी नेताओं के इस मर्यादाहीन बर्ताव और कार्य में बाधा डालने को रोकने में सक्षम नहीं हैं। सांसदों के ख़राब बर्ताव या कार्यवाही में बाधा डालने के बाद संसद को कुछ घंटों या पूरे दिन के लिए स्थगित किया जाना अब एक आम बात हो गई है। जहां तक कार्यवाही के नियम भंग करने का सवाल है, तो जब तक बड़ी पार्टियों के नेता पिछले दरवाज़े से इस तरह के क़रार करते रहेंगे, तब तक संसद के अंदर विधेयक इसी तरह ध्वनिमत से पारित होते रहेंगे, और प्रक्रिया की धज्जियां उड़ती रहेंगी। हाल के दिनों में संसदीय कार्यवाही को देखते हुए ऐसा लगता है कि संसद की कार्यवाही में बाधा डालने और नियम प्रक्रिया को स्थगित करने से रोकने के लिए किसी विधेयक को लाना होगा या ज़रूरत पड़े तो इसके लिए संविधान में संशोधन भी किया जा सकता है।

सैद्धांतिक रूप से तो स्पीकर और चेयरमैन के पास इतनी स्वतंत्रता होती है कि वे किसी सांसद को बर्ख़ास्त या निलंबित कर सकें, लेकिन इस क्षमता का शायद ही कभी इस्तेमाल किया जाता है। ऐसे में कुछ सदस्यों द्वारा कार्यवाही को बाधित किए जाने पर संसद को स्थगित करने की एक परंपरा सी बनती जा रही है। इस तरह की परिस्थिति से निपटने के लिए एक ऐसा क़ानून बनाना चाहिए जिससे जब तक पिछले सत्र या वर्तमान सत्र के निर्धारित काम पूरे न हो जाएं, संसद के किसी भी सदन की कार्यवाही को एक सप्ताह में दो से अधिक बार स्थगित न किया जा सके। यदि सांसद एक सप्ताह में दो से अधिक बार कार्यवाही को रोकने का प्रयास करते हैं तो स्पीकर या चेयरमैन को यह अधिकार होना चाहिए कि वे विरोध के बावजूद कार्यवाही जारी रखें। संसदीय कार्यवाही को सुचारू रूप से चलाने में इनकी मदद के लिए दोनों सदनों के नेताओं और विपक्ष के नेताओं को अपने दल से दो सचेतक को

नामित करने को कहा जाए। इन सचेतकों की यह ज़िम्मेदारी होगी कि वे यह सुनिश्चित करें कि उनके दल के सदस्य एक सीमा के बाहर संसद की कार्यवाही में बाधा नहीं पहुंचाएं। यदि सचेतक अपने सांसदों पर लगाम कसने में नाकाम रहे तो उन्हें यह अधिकार होगा कि वे उग्र सदस्यों को पार्टी से निष्कासित करने की सिफ़ारिश कर सकें। पार्टी के नेताओं से उम्मीद की जाती है कि वे अपने सचेतक की सिफ़ारिश पर आवश्यक क़दम उठाएं। वैकल्पिक तौर पर यदि अनियंत्रित सदस्यों के ख़िलाफ़ उनकी पार्टी द्वारा कोई कार्यवाही नहीं की जाती है तो स्पीकर या चेयरमैन के लिए यह ज़रूरी होगा कि सचेतक के तौर पर नामित सदस्य को ही सदन से निष्कासित कर दें और पार्टी नेता से किसी दूसरे सदस्य को नए सचेतक के तौर पर नामित करने को कहें।

यदि संसद की कार्यवाही में बाधा डालने या कार्यवाही का नियम भंग किसी ऐसे छोटे दल के सदस्यों द्वारा हो, जो न तो सरकार का अंग हों और न ही मुख्य विपक्षी दल का हिस्सा, तो स्पीकर या चेयरमैन चेतावनी देने के बाद उन्हें निलंबित या निष्कासित कर सकता है। भारत में निजी कृतज्ञता और सार्वजनिक ज़िंदगी में जान-पहचान से लाभ उठाने की जो परंपरा है, उसको देखते हुए ऐसा नहीं लगता कि जब तक सज़ा देने के नियमों को अनिवार्य नहीं किया जाएगा, तब तक संसद सदस्यों के ख़िलाफ़ इस तरह के क़दम उठाना काफ़ी मुश्किल होगा।

इसके अलावा ऐसे वैधानिक प्रावधान करने होंगे जिससे कि संसद का औपचारिक सत्र शुरू होने पर संसद की स्थापित कार्यविधि नियमावली और कार्य-संचालन को न तो स्थगित किया जाएगा और न ही इसमें कोई सुधार किया जाएगा। हालांकि राष्ट्रपति के अनुमोदन से सरकार द्वारा देश में आपातकाल लागू किए जाने की स्थिति में ऐसे बदलाव या संशोधन किए जा सकेंगे। दूसरे शब्दों में, 26 अगस्त को जिस प्रकार बजट पारित कर दिया गया था, वैसा 'एड-हॉक' या कार्यवाही के नियमों का अचानक निलंबन केवल आपातकाल की स्थिति में ही किया जा सकता

है। संसद की कार्यवाही को और प्रभावी बनाने के लिए समय-समय पर कार्यवाही के नियमों में संशोधन किए जा सकते हैं। हालांकि ये सब अचानक और सदस्यों को जानकारी दिए बग़ैर न होकर, पर्याप्त बहस के बाद ही किया जाना चाहिए।

संसद की कार्यवाही में सुधार लाने के लिए क़रीब एक दशक पहले उठाए गए एक महत्वपूर्ण क़दम का संदर्भ दिया गया। विभिन्न मंत्रालयों द्वारा मांग किए जाने वाले अनुदानों की गंभीरता से जांच करने के लिए कई विभागीय स्थायी समितियां गठित की गईं। ये समितियां उनकी मांगों की जांच के बाद वित्त विधेयक बिल के पास होने के क्रम में संसद के सदनों को अपनी सिफ़ारिश पेश करती हैं। पिछले कई सालों में इन बहुदलीय समितियों में से कइयों ने न सिर्फ़ काफ़ी अच्छा काम किया बल्कि बेहद मूल्यवान हिदायतें भी दी हैं। हालांकि सरकार द्वारा इन सिफ़ारिशों को लागू करने के लिए इनमें से बहुत कम पर ही कार्रवाई की गई। जबकि इनमें से ज़्यादातर सिफ़ारिशों को विचार करने के लिए सैद्धांतिक स्तर पर स्वीकार कर लिया गया। केंद्र में राजनीतिक स्थिरता को देखते हुए इन समितियों की हालत ख़राब होने लगी और छोटे नियमित अंतराल पर इन समितियों का दोबारा गठन शुरू हो गया। इसके अलावा मंत्रियों की संख्या भी लगातार बढ़ने लगी। नई समिति और नए मंत्री पिछली समितियों द्वारा पेश सिफ़ारिशों के लिए अपनी जवाबदेही से पल्ला झाड़ने लगते हैं। प्रभावी फ़ॉलो-अप सुनिश्चित करने के लिए यह ज़रूरी है कि मंत्रालय द्वारा स्वीकृत व लागू सिफ़ारिशों के लिए समितियों को जवाबदेह बनाया जाए। सरकार के मंत्रालयों द्वारा अपने फ़ैसले को मनवाने के लिए न्यायपालिका द्वारा अपनाई जाने वाली प्रक्रिया को चुना जाना चाहिए। अगर कोई नया मंत्री पूर्ववर्ती सरकार के फ़ैसले को बदलना चाहता है तो इसके लिए उसे मंत्रिमंडल की स्वीकृति के बाद संसद की मंज़ूरी लेना भी अनिवार्य होगा। सर्वदलीय स्थायी समिति द्वारा की गई और सरकार द्वारा स्वीकृत सिफ़ारिशों का कार्यान्वयन किसी मंत्रालय के

मंत्री की रुचि पर निर्भर नहीं होना चाहिए।

संसदीय कार्यवाही में इस तरह के बदलावों से संविधान द्वारा दोनों सदनों को सौंपे गए कार्यों को प्रभावी ढंग से पूरा करने में सुविधा मिलेगी। प्रस्तावित संशोधनों पर कुछ राजनीतिक दल यह कहकर आपत्ति जता सकते हैं कि इन्हें सांसदों के अधिकार को कम करने के लिए पेश किया गया है। नीतियों को तय करने और सरकार को उसके प्रदर्शन के लिए जवाबदेह बनाने के लिए सांसदों को प्राप्त अधिकार काफ़ी कम होते जा रहे हैं। ऐसे में बेहतर यही है कि संसद के प्रभुत्व और इसकी प्रक्रिया को अस्पृश्य मानने के भ्रम में रहने की बजाय वास्तविकता को स्वीकार किया जाए और स्थिति को सुधारने के लिए आवश्यक उपाय किए जाएं।

राजनीतिक सुधार के क्षेत्र में संसद और विधानसभा का चुनाव लड़ने के लिए पार्टियों को स्टेट फ़ंडिंग मुहैया कराना प्राथमिक क्षेत्र में एक बड़ा मुद्दा था चूंकि चुनाव में छोटी-बड़ी मिलाकर बड़ी संख्या में पार्टियां चुनाव लड़ती हैं। इसके बावजूद इन पार्टियों को फ़ंड मुहैया कराने के लिए उचित और व्यावहारिक प्रक्रिया विकसित करना मुमकिन है जो कि सदनों में विभिन्न पार्टियों के प्रतिनिधित्व के आधार पर हो और किसी हद तक उनके जायज़ चुनाव-ख़र्च को पूरा करता हो। देश की आर्थिक स्थिति पर बेवजह दिए गए भार की इस समस्या के समाधान के लिए पिछले अध्याय में एक संभव रुख़ अपनाने की बात कही गई है। पार्टियों द्वारा चुनाव के लिए फ़ंड एकत्रित करने में व्याप्त भ्रष्टाचार को ख़त्म करने के लिए तत्काल क़ानून बनाने की आवश्यकता है।

ये कुछ ऐसे आवश्यक मुद्दे हैं, जिन पर राजनीतिक स्तर पर बिना देर किए क़दम उठाने की ज़रूरत है। संविधान की कार्यवाही को उन्नत करने के लिए राष्ट्रीय आयोग 2002 द्वारा कई और क्षेत्रों की पहचान की गई है। लेकिन इसमें कोई शक नहीं कि आयोग की सिफ़ारिशों को केंद्र व राज्य सरकारों द्वारा पर्याप्त बहस के बाद लागू करने में काफ़ी समय लग सकता है। यदि पिछले अनुभवों को आधार मानें तो राजनीतिक

पार्टियों के बीच मतभेदों को देखते हुए ऐसा भी हो सकता है कि आयोग की इस रिपोर्ट पर सरसरी नज़र डाली जाए और फिर कुछ समय बाद इसे ठंडे बस्ते में डाल दिया जाए।

यद्यपि इस अध्याय में सुझाए गए कुछ सुझावों को राजनीतिक विरोध का सामना करना पड़ सकता है, लेकिन मैं मानता हूं कि यह न्यूनतम एजेंडा है जिस पर सरकार और संसद विचार करके स्वीकार करे, ताकि भारत की लोकतांत्रिक राजनीति और मज़बूत हो सके।

उपसंहार :

उदीयमान भारत

यदि मैं पूरे विश्व में प्रकृति प्रदत्त धन, शक्ति और सौंदर्य से परिपूर्ण
देश की खोज में निकलता—कुछ मायने में धरती पर स्वर्ग खोजने—मैं
भारत की ओर संकेत करता...
भारत के बारे में अनेक अच्छे सपने देखे जा सकते हैं, अनेक अच्छे
कार्य किए जा सकते हैं, यदि केवल आप उन्हें करें।

—एफ़. मैक्समूलर, 1882

इक्कीसवीं शताब्दी के प्रारंभ में भारत के भविष्य के बारे में निश्चित
रूप से नई आशा और विश्वास बना है। भारत की अर्थव्यवस्था में द्रुत
और क्रमिक तेज़ी देखी गई है और इसके तेज़ी से विकास करने की
संभावना बढ़ गई है। हालांकि, जैसी इस पुस्तक में ही विवेचना की गई
है, उच्च विकास दर को प्राप्त करने में अनेक बाधाएं हैं। यद्यपि भारत
बदल गया है और नए अवसरों की संख्या भी काफ़ी बढ़ी है, फिर भी
हमारी नीति संबंधी सोच में अतीत की चिंताएं भी हैं। जहां इस बात
पर संतोष व्यक्त किया जा सकता है कि भारत की राजनीतिक प्रणाली
में लोकतंत्र की जड़ें गहरी जम चुकी हैं, वहीं राजनीतिक अपेक्षाओं और
आर्थिक आवश्यकता के बीच की दूरी बढ़ती जा रही है। लोकतंत्र के

अनेक शीर्षस्थ संस्थानों की भूमिका में धीमा किंतु स्पष्ट परिवर्तन देखा जा सकता है। सभी स्तरों पर भ्रष्टाचार व्याप्त है। भारत की राजनीतिक प्रणाली और प्रशासनिक नौकरशाह से जनता का मोहभंग होने का यही अब मुख्य कारण है।

जैसा कि मैक्समूलर ने एक सदी पूर्व अवलोकन किया था, 'भारत के बारे में सचमुच अनेक सुनहरे सपने देखे जा सकते हैं।' जहां कुछ अच्छे कार्य भी किए गए हैं, ख़ासतौर पर औपनिवेशिक शासन से स्वतंत्रता हासिल करने और प्रगतिशील लोकतंत्र की स्थापना करने में, वहीं यह कहना शायद ठीक होगा कि अभी और भी बहुत कुछ करना बाक़ी है, ख़ास करके ग़रीबी और उपेक्षाओं को दूर करने के लिए। हाल में हुए राजनीतिक विकास और भारत के प्रशासनिक ढांचे में गिरावट को ध्यान में रखते हुए पूर्व के अध्याय में मैंने भारत के अपने विशाल आर्थिक संभाव्य को प्राप्त करने के प्रति आशंका व्यक्त की थी। इस उपसंहार वाले खंड में, मैं अपना रुख़ बदलते हुए प्रश्न करता हूं कि हम लोगों को भारत की राजनीतिक संस्थाओं के कामकाज और अर्थव्यवस्था को सुदृढ़ करने के लिए क्या करना चाहिए ताकि वर्ष 2020 तक भारत से ग़रीबी दूर की जा सके और भारत अपने पूरे आर्थिक संभाव्य को प्राप्त कर सके।

नीति संबंधी विकल्पः कुछ मूल अवधारणाएं

इस प्रश्न का उत्तर देने के लिए यह आवश्यक है कि भविष्य के लिए अपेक्षित रणनीतिक और नीति संबंधी विकल्पों के कुछ मूल मापदंडों पर एक व्यापक सहमति बनाई जाए। भारत की अनेक लोकतांत्रिक संस्थानों के प्रति लोगों में व्यापक असंतोष के अनेक कारण हैं। इन ख़ामियों के बावजूद मेरे विचार में, सार्वभौमिक वयस्क मताधिकार के आधार पर बनी हमारी संसदीय शासन प्रणाली भी चीन की तरह उच्च वृद्धि दर सृजित करने में सक्षम है। बशर्ते हम में आवश्यक इच्छाशक्ति होनी चाहिए।

कुछ आर्थिक भविष्यवक्ताओं की भविष्यवाणियों के बावजूद अनुसंधान से यह निस्संदेह स्थापित हो गया है कि सरकार के स्वरूप और वृद्धि दर में तेज़ी हो जाने अथवा ग़रीबी कम करने के बीच कोई परस्पर संबंध नहीं है। वास्तव में, साक्षरता को व्यापक बनाकर ग़रीबी दूर करने में विकासशील देशों के दो सबसे सफल स्थानों—श्रीलंका और भारत में केरल—पर लोकतांत्रिक सरकारें हैं। इसी प्रकार, तानाशाह देशों की सूची भी काफ़ी बड़ी है जिसमें ग़रीबी और वंचना की जड़ें जम चुकी हैं और वृद्धि दर में ह्रास हुआ है। उचित आर्थिक समष्टि भाव वाली नीतियां और ग़रीबी निवारक कार्यक्रमों का प्रभावी कार्यान्वयन संसदीय प्रणाली के अनुकूल है। विगत में यदि कुछ लोकतांत्रिक सरकारें आर्थिक क्षेत्र में सफल नहीं हुईं अथवा अच्छा नहीं कर सकीं तो उसका कारण सरकार का स्वरूप नहीं था बल्कि ग़लत आर्थिक नीतियों को अपनाना और प्रशासन में ज़िम्मेदारी की कमी थी।

भविष्य के नीति संबंधी विकल्पों पर विचार करते समय साधन और साध्य के बीच अंतर स्पष्ट करना भी आवश्यक है। इस प्रकार, राजनीतिक स्वतंत्रता, ग़रीबी निवारण, सार्वभौमिक साक्षरता, समान आर्थिक अवसर, इत्यादि साध्य हैं। जहां ये उद्देश्य ग़ैर सामंजस्य वाले हैं, वहीं इन्हें प्राप्त करने के लिए अपनाई जाने वाली 'विनिर्दिष्ट नीतियां' अथवा 'साधन' विकल्प के मामले हैं। दुर्भाग्यवश, भारत में राजनीतिक परिदृश्य के दाएं और बाएं दोनों ओर विचारधारा, साधन अथवा नीतियों पर सामान्य स्वीकृति वाले वांछित उद्देश्यों को प्राप्त करने पर ज़ोर दिया जाता है। इस प्रकार उदाहरणस्वरूप, कामगारों के लिए अधिक नौकरियों को सृजित करने अथवा नौकरी संबंधी व्यापक सुरक्षा के बारे में कोई मतभेद नहीं है। क्या इस उद्देश्य को प्राप्त करने का सबसे अच्छा साधन सार्वजनिक क्षेत्र का विस्तार है? यह बहस का मुद्दा है। इसी प्रकार, भारत जैसे ग़रीब देश में आय की बेहतर वितरण आवश्यकता पर दो राय नहीं बन सकती हैं। किंतु लघु अवधि में दो उद्देश्यों को प्राप्त करने के लिए नीतियों के उचित चुनाव

पर मतभेद हो सकते हैं। भारत में साधारणतया आर्थिक मामलों पर अधिकांश सार्वजनिक विवाद साधन और साध्य के बीच अंतर स्पष्ट करने में सफल नहीं होते हैं।

बेहतर भविष्य के लिए अगले पंद्रह वर्षों (2020 तक) में प्राथमिक विकास के उद्देश्यों पर एक राय होनी चाहिए और तदुपरांत उन्हें प्राप्त करने के उपायों पर बहस होनी चाहिए। यदि हम लोग पूंजी बाज़ार, प्रतिस्पर्द्धा, भूमंडलीकरण अथवा विदेशी निवेश को पसंद नहीं करते हैं, तब हमें उसके प्रभाव की समीक्षा करनी चाहिए और सही नीति अपनानी चाहिए। इसी प्रकार, यदि हम सार्वजनिक उद्यम को पसंद करते हैं और ग़रीब लोगों से लेकर सरकारी सेवकों तक सेवाएं प्रदान करना चाहते हैं, तो हमें अधिक रोज़गार के सृजन करने और ग़रीबी निवारण के उद्देश्यों पर पड़ने वाले प्रभाव की समीक्षा करनी चाहिए और तदुपरांत उन आधारों पर इन नीतियों को उचित ठहराना चाहिए।

भारत में आर्थिक सुधार की गति धीमी होने के कारण कुछ लोगों का मानना है कि आर्थिक सुधार केवल संकट में ही व्यवहार्य है। यह 1991 का अनुभव था, जब भारत ने घोर विदेशी संकट का अनुभव करके सुधार प्रक्रिया प्रारंभ की। हालांकि, यह प्रक्रिया संकट के समाप्त होने के बाद (1993 या उसके आसपास तक) काफ़ी धीमी पड़ गई थी। भारत के अनुभव के आधार पर तथा अनेक विकासशील देशों जहां घोर आर्थिक संकट के बाद काफ़ी सुधार हुआ, उनके बारे में कहा जाता है कि दूसरे चरण का सुधार केवल तभी संभव होगा यदि भारत अन्य घरेलू अथवा बाह्य संकट का सामना करेगा। मैं इस विचार से दो कारणों से सहमत नहीं हूं। पहला, सर्वसम्मति के आधार पर धीमी गति से किए जाने वाले सुधार काफ़ी पसंद किए जाते हैं। लोकतंत्र में इसके काफ़ी स्थायी होने की भी संभावना होती है। दूसरा, घोर आर्थिक अथवा घरेलू संकट अर्थव्यवस्था और लोग दोनों के लिए काफ़ी हानिकारक होता है। उदाहरण के तौर पर, लेटिन अमेरिका की अर्थव्यवस्थाएं, उन्होंने घोर

संकटों का अनुभव किया। उनमें राष्ट्रीय आय और रोज़गार में काफ़ी तेज़ी से गिरावट देखी गई। इन विकासों का दुष्प्रभाव अनेक वर्षों तक रहा। ग़रीब सबसे ज़्यादा प्रभावित हुए। जहां संकट के कारण किए गए सुधारों से लघु अवधि के लिए अर्थव्यवस्था को बचा लिया गया, वहीं वृद्धि और जनकल्याण पर दीर्घकालिक प्रभाव काफ़ी नकारात्मक रहा (बिना संकट के धीमे और लगातार सुधारों की परिकल्पनाओं की तुलना में)।

विकास अर्थशास्त्रियों में अपेक्षित आर्थिक सुधारों को ख़ूबसूरत पैकेज में सहेजने की प्रवृत्ति है। इसका एक उदाहरण विकास नीति पर तथाकथित 'वॉशिंग्टन कॉनसेंसस' है। इस शब्द का निर्माण संयुक्त राज्य में अंतरराष्ट्रीय अर्थशास्त्र संस्थान के जॉन विलियमसन द्वारा विश्व बैंक और अंतरराष्ट्रीय मुद्रा कोष द्वारा अनुमोदित नीतियों का प्रतिनिधित्व करने के लिए किया था जिनका उद्देश्य घरेलू बाज़ारों, विनिमय दरों और सरकारी नियंत्रण से बाह्य लेखा को मुक्त तथा राजकोषीय घाटे पर कड़ा नियंत्रण रखना है। यह स्पष्ट नहीं है कि मानक नीतियों का कोई सेट सभी विकासशील देशों के हितों का ध्यान रख सकता है, जो विभिन्न संस्थागत और बाज़ारू संरचनाओं के साथ विकास के विभिन्न स्तरों पर हैं। इस प्रकार उदाहरणस्वरूप सीधे विदेशी निवेश को बढ़ावा देने वाली नीति काफ़ी लाभ पहुंचा सकती है जब घरेलू वित्तीय और उत्पाद बाज़ार प्रतिस्पर्द्धात्मक हों। अन्य परिस्थितियों में जब बाज़ारों पर एकाधिकार हो अथवा विखंडित हो और नियामक संरचना कमज़ोर हो, तब सीधे विदेशी निवेश में काफ़ी पूंजी की आवश्यकता होती है। ऐसी परिस्थितियों में बहुराष्ट्रीय कंपनियां क़ीमत बढ़ाकर नकारात्मक लाभ अर्जित कर सकती हैं, जो समय के साथ बढ़ता जाता है।

आर्थिक नीतियों का लागत-लाभ देश की घरेलू और बाह्य स्थितियों पर निर्भर करता है। इस प्रकार नीतियों का सही विकल्प अंत में उन लोगों का विषय है जो देश के संदर्भ में आवश्यक निर्णय लेने के उत्तरदायी होते हैं। इस पर भी ध्यान देने की आवश्यकता है कि वैधता अथवा

चयनित नीति को ज़मीनी स्तर पर वास्तविक परिणामों के आधार पर जांचा जाना चाहिए, न कि पहले से ही निर्धारित वृद्धि दर अथवा पूंजी के संग्रहण से।

विख्यात अर्थशास्त्री अलबर्ट हर्षमैन ने अवलोकन किया है कि अनेक विकासशील देशों में आर्थिक संकटों के लिए दोषी अर्थशास्त्रियों द्वारा ग़लत ठहराई गई नीतियों का प्रयोग नहीं है बल्कि नीति निर्माताओं द्वारा सही ठहराई गई नीतियों का अंधानुकरण है जो 1960 में संरचनात्मक भिन्नता और 1980 के नव-संस्थापित अनुकरण में देखा गया। अन्य विकासशील देशों तथा विकास योजना के हमारे शुरुआती दशकों के अनुभव के आधार पर हम भारतीयों को सबक़ लेना चाहिए कि किसी भी तरह की नीतियां हमेशा कारगर नहीं रहतीं।

वास्तविक दुनिया जटिल है और देशों के बीच अंतर्संबंध तथा भूमंडलीय अर्थव्यवस्था भी बदल रही है, ख़ास करके उन अवधियों के दौरान जब तकनीक में काफ़ी विकास हुआ (जैसे सूचना प्रौद्योगिकी तथा सूचना क्रांति) अथवा राजनीतिक गठजोड़ (उदाहरणस्वरूप यूरोपीय आर्थिक समुदाय का गठन अथवा सोवियत संघ का पतन) बदलती परिस्थिति को समायोजित करने के लिए आवश्यक नीतियां किसी उदाहरण में भली-भांति समायोजित नहीं की जा सकती हैं। वर्तमान की भूमंडलीय अर्थव्यवस्था और भूगंडलीय राजनीतिक वातावरण भारत द्वारा 1960 के दशक अथवा 1970 के दशक में अनुभव की गई परिस्थिति से काफ़ी भिन्न है। यदि भारत को पहले की तुलना में अधिक तेज़ी से आगे बढ़ना है तो हमारे नीति संबंधी विकल्प और राजनीतिक विचार समय के साथ निश्चित रूप से बदलने चाहिए।

मैंने वितरण संबंधी गठबंधन अथवा भारत और अन्य लोकतंत्रों में रणनीतिक अथवा नीति संबंधी विकल्पों के निर्धारण में विशेष रुचि लेने के लिए कहा है। इस बात पर ध्यान दिया जाना चाहिए कि सभी समाजों के लोगों के विभिन्न खंडों की भिन्न रुचि है, और इसमें कुछ ग़लत

भी नहीं है। वास्तव में, वो शताब्दी से भी पहले एडम स्मिथ ने बाज़ारी अर्थव्यवस्था और नव-संस्थापित अर्थव्यवस्था की सफलता को बाज़ार के प्रतिभागियों के 'ज्ञात स्वहित' की देन बताया है। आधुनिक अर्थव्यवस्थाओं में कामगारों के रोज़गार सुरक्षा और अधिक मज़दूरी में हित होते हैं ठीक वैसे ही जैसे कि उद्यमियों और कंपनियों का अपना हित अधिक से अधिक मुनाफ़ा कमाने और बाज़ार में शेयर बढ़ाने में होता है। उपभोक्ताओं का हित पर्याप्त आपूर्ति और कम लागत में होता है जैसे कि खुदरा व्यापारियों और छोटे व्यापारियों का हित अधिक मांग और मुनाफ़े में होता है। इसी प्रकार किसानों का हित अधिक खाद्य क़ीमत में होता है और सरकारों का हित उचित क़ीमत पर खाद्य सुरक्षा सुनिश्चित करने में होता है।

नीति संबंधी दृष्टिकोण से वास्तविक मुद्दा यह नहीं है कि केवल ऐसे विशेष हित हैं किंतु यह कि इन हितों को लोकहित में कैसे ग्राह्य बनाया जाए। यदि विशेष रूप से नीतियां अपनाई जाती हैं जिनसे सार्वजनिक कल्याण कम होता है अथवा सामान्य तौर पर अर्थव्यवस्था की क़ीमत पर ये किसी ख़ास वर्ग के लोगों के लिए उच्च आय का कारण बनती हैं, तब ये नीतियां स्पष्ट रूप से ग़लत हैं और इन्हें छोड़ देना चाहिए। समाज अथवा सामान्य रूप से लोगों के हित में निजी रुचि की वैधता से सामंजस्य बैठाने की आवश्यकता अधिकांश अर्थव्यवस्थाओं के केंद्रीय बैंक अथवा किसी स्टॉक मार्केट नियामक जैसे नियामक निकायों की स्थापना के लिए प्राथमिक कारण हैं।

संक्षेप में, किसी लोकतंत्र में उचित रणनीति और नीतियों के विकल्प में महत्वपूर्ण प्राथमिकता यह है कि ये निर्णय राजनीतिक परिदृश्य में सर्वानुमति के आधार पर निर्णयों द्वारा ही होने चाहिए। सही विकल्प के लिए हम लोगों को उद्देश्य (अथवा 'साध्य') और उपाय (अथवा 'साधन') के बीच अंतर करना चाहिए ताकि सहमति बनाए गए उद्देश्यों को पूरा किया जा सके। विनिर्दिष्ट नीतियों के गुण अथवा अन्य चीज़ निश्चित

रूप से निर्धारित की जानी चाहिए और अपेक्षित आर्थिक उद्देश्यों की पूर्ति पर होने वाले प्रभावों के बारे में बहस होनी चाहिए न कि पूर्व परिकल्पित स्थितियों पर। इसी प्रकार किसी नीति के उचित होने से संबंधित निर्णय को ज़मीनी स्तर पर वास्तविक नतीजों के सापेक्ष देखने की आवश्यकता है न कि किसी सैद्धांतिक मॉडल अथवा सुधारों के मानक पैकेज के आधार पर। यदि चयनित नीतियां ग़लत हो जाती हैं तो इन्हें संशोधित कर देना चाहिए अथवा जितनी जल्दी हो सके, छोड़ देना चाहिए। ऐसी स्थिति में भी, जब किसी विकासशील देश को क्या करना चाहिए, इससे संबंधित नीति पहले से परिकल्पित हो। भारत की नीतियों की इस संदर्भ में जांच की जानी चाहिए कि भारत के लिए ये क्या हासिल करती हैं। अंत में इस बात पर ध्यान देना चाहिए कि लोगों के विभिन्न वर्गों का अपना आर्थिक हित है, जिसे वे देश के नियम के अनुसार अपनाने के लिए स्वतंत्र हैं। हालांकि, निजी अथवा अनुभागीय हित और व्यापक जनहित के बीच यदि विवाद होता हैं तो सार्वजनिक हित को निश्चित रूप से महत्व मिलना चाहिए।

इन पर विचार करने के बाद मैं प्रारंभ में किए गए प्रश्न की ओर लौटता हूं: भारत को अपने संपूर्ण आर्थिक संभाव्य को हासिल करने के लिए क्या करना चाहिए? मैं राजनीति, अर्थशास्त्र और सुशासन क्षेत्र में कुछ बड़े मुद्दों तक ही खुद को सीमित करना चाहूंगा जिन पर तत्काल ध्यान देने की ज़रूरत है। इन क्षेत्रों के प्रत्येक भाग में कुछ विनिर्दिष्ट सुझाव इस पुस्तक के पूर्व के भागों में दिए गए थे। हमारा उद्देश्य, यहां सर्वसम्मति के आधार पर कार्य करने के लिए एक व्यापक और एकीकृत कार्यसूची को अभिज्ञात और प्राप्त करने का है जो विभिन्न क्षेत्रों में संगत मामलों से मेल खाता है।

गठबंधन की राजनीति

हैरॉल विल्सन ने व्यापक रूप से अवलोकन किया था कि राजनीति में

एक सप्ताह बहुत लंबा होता है। भविष्य बताना तो और भी कठिन होता है। इसके बावजूद भारत में ख़ास करके 1989 के अनुभव के संदर्भ में राजनीतिक परिदृश्य में एक सर्वानुमति यह है कि आने वाले समय में केंद्र में सरकार का छोटी और बड़ी पार्टियों के गठबंधन द्वारा बनना जारी रहेगा। कांग्रेस पार्टी जो स्वतंत्रता के पहले पचास वर्षों के दौरान लगभग पैंतालीस वर्षों तक सत्ता में रही, उसे कुछ दिनों के लिए छोड़ दिया गया था। हालांकि अब कांग्रेस ने भी इस सत्य को स्वीकार किया है और इसकी चुनावी रणनीति भी गठबंधन राजनीति द्वारा संचालित होती है। अनेक राज्य सरकारें अभी भी एकल पार्टी द्वारा गठित की जाती हैं किंतु विभिन्न प्रकार की गठबंधन सरकारों की ओर झुकाव भी राज्य स्तर पर (उदाहरणस्वरूप हाल में आंध्र प्रदेश व कर्नाटक और विगत वर्षों में महाराष्ट्र में) साफ़ दिखाई देता है।

दूसरा महत्वपूर्ण विकास चुनावी नतीजों के निर्धारण में सत्ता विरोधी कारक है और केंद्र में गठबंधन सरकार का अपेक्षाकृत छोटे समय का होना है। केंद्र में राष्ट्रीय जनतांत्रिक गठबंधन को छोड़कर जो सत्ता में छह से अधिक वर्षों तक रही (मार्च 1998 में मई, 2004 था) और जिसने 1999 में विश्वास प्रस्ताव होने के बाद एक महत्वपूर्ण चुनाव जीता था, कोई अन्य गठबंधन सरकार सत्ता में नहीं रही है। यदि सरकार अथवा पार्टियां जिनको प्रतिनिधित्व मिला हो, चुनाव के बाद बदल जाती हैं तो निश्चित रूप से इसमें कुछ ग़लत नहीं है। इसे सचमुच भारत के लोकतंत्र के स्वागत योग्य गुण के रूप में देखा जा सकता है। हालांकि यह भी स्पष्ट है कि गठबंधन राजनीति, सत्ता विरोधी धारणा और लघुकालिक अपेक्षाओं के मेल से बने समीकरण का काफ़ी गंभीर परिणाम होता है जो लंबे अरसे में आर्थिक नीतियों के साथ-साथ देश की राजनीति को काफ़ी बुरी तरह प्रभावित करता है।

ऐसा एक परिणाम जो काफ़ी स्पष्ट हो रहा है, वह सिविल सेवा, स्वायत्त निकायों और सार्वजनिक उद्यमों में नीतियों सहित सरकार में

नीति-निर्धारण की प्रक्रियाओं का अत्यधिक राजनीतिकरण है। इस प्रकार कोई निर्णय जो देश के दीर्घकालिक भविष्य के लिए कितना भी हानिकारक क्यों न हो, इस आधार पर उचित ठहराया जा सकता है कि यह गठबंधन राजनीति की अनिवार्य आवश्यकता है। यह तर्क भ्रष्टाचार के घोर आरोपों का सामना करने वाले मंत्रियों को पद पर बने रहने, ख्याति के ईमानदार, प्रतिष्ठित सिविल सेवकों को स्थानांतरित करने और अन्य कारणों से सार्वजनिक क्षेत्र के उपक्रमों के कार्यकारी प्रमुखों की नियुक्ति का समर्थन करने के लिए दिया जा सकता है। यहां तक कि केंद्र में सरकार परिवर्तन होने के बाद राज्य के राज्यपाल जैसे उच्च संवैधानिक पद भी दांव-पेंच से वंचित नहीं रह पाते हैं। राज्यपाल के पद का राजनीतिकरण कुछ समय से साफ़ नज़र आ रहा है। जब कभी कोई नई गठबंधन सरकार सत्ता में आती है, तब वह पूर्व सरकार द्वारा नियुक्त किए गए कुछ राज्यपालों को समय पूरा होने से पहले पदच्युत करना उचित समझती है, जैसा कि भारत में प्रायः होता है। यह परंपरा जो पहले अपवाद मानी जाती थी, वह अब सामान्य बन गई है और जब प्रत्येक सरकार सत्ता में आती है तो उसे ऐसे काम करने के लिए संवैधानिक उदाहरण मिल जाते हैं।

स्थायी सिविल सेवा सहित अन्य विशेषीकृत लोक संस्थानों में जहां नियुक्तियां सत्ता में रहने वाली सरकार द्वारा की जाती हैं, वहां नीति संबंधी निर्णय में राजनीति स्पष्ट रूप से दिखाई देती है। जब कोई गठबंधन सरकार बदलती है तो बहुत जल्दी फुसफुसाहट रणनीति प्रारंभ करके रिपोर्ट की जाती है कि उच्च स्तर के अधिकारियों, जिन्हें खुद सरकार द्वारा नियुक्त किया गया था, उनका राजनीतिक पार्टियों से संबंध था। इस प्रकार पूर्व में पदासीन होने वाले अधिकारियों को स्थानांतरित कर दिया जाता है अथवा राजनीतिक कारण से त्यागपत्र देने के लिए मजबूर किया जाता है।

इस प्रकार किसी ख़ास व्यक्ति के साथ हुए न्याय अथवा अन्याय

यहां मुख्य मसला नहीं हैं। मुख्य समस्या व्यवस्थापरक है। नियुक्ति में बलवती राजनीतिक प्रक्रिया के दुष्परिणाम सिविल सेवकों और अन्य बड़े अधिकारियों के कार्य निष्पादन में देखे जा रहे हैं। खुद को बचाते हुए, पूर्व मंत्रियों के निर्णयों का छिद्रान्वेषण करके नए मंत्रियों की कृपादृष्टि में आने और अफ़वाह फैलाकर अन्य प्रतिभागियों को ऊंचे पदों पर पदासीन होने से रोकने के प्रति झुकाव बढ़ता जा रहा है। यह प्रवृत्ति स्थायी सिविल सेवा और अन्य सार्वजनिक संस्थानों में विभाजन को बढ़ावा दे रही है।

जहां तक आर्थिक समष्टि भाव नीतियों के निर्धारण का संबंध है, केंद्रीय सरकार नीतियों की पहल करने, संशोधित करने अथवा बदलने में सर्वशक्तिशाली है। यद्यपि राजनीतिक संदर्भ बदल चुका है और गठबंधन सरकारों की अवधि भी काफ़ी छोटी मानी जाती है तथापि दीर्घकालिक योजना की धारणा बनी हुई है। किसी ख़ास अवधि के लिए इसी सरकार द्वारा पंचवर्षीय योजना प्रारंभ की जा सकती है किंतु योजना की मध्यकालिक समीक्षा और दूसरी योजना की पहल दूसरी सरकार की ज़िम्मेदारी बन जाती है। राज्य ग़रीबी निवारण अथवा ग्रामीण विकास कार्यक्रमों सहित विभिन्न स्कीमों और योजनाओं के कार्यान्वयन के लिए केंद्रीय अनुदान पर मुख्य रूप से निर्भर करता है। वार्षिक योजना अनुदान और अन्य केंद्रीय सहायता के आबंटन पर निर्णय योजना आयोग (जिसकी रचना सरकार बदलने के साथ बदल जाती है) और संगत मंत्रालयों द्वारा लिए जाते हैं। चूंकि ये राजनीतिक निकाय हैं और इनका निर्णय विवेक पर आधारित होता है इसलिए इसकी संभावना रहती है कि विभिन्न राज्यों को वर्ष दर वर्ष दी जाने वाली केंद्रीय योजना सहायता का निर्धारण केंद्र में गठबंधन सरकार के घटक दलों और विभिन्न राज्यों में सत्ता पार्टियों अथवा पार्टी द्वारा होगा। केंद्र अथवा राज्य में प्रत्येक बार सरकार परिवर्तन के साथ विभिन्न राज्यों में विभिन्न योजना कार्यक्रमों के कार्यान्वयन के प्रभावित होने की भी संभावना रहती है।

गठबंधन सरकारों की अन्य ख़ामी उनके छोटे दल (संसद में जिनकी
सीटों की संख्या बहुत कम है) और बारम्बार चुनाव मंत्रियों की सामूहिक
ज़िम्मेदारी की अवधारणा को निष्प्रभावी करना होता है। बहुधा विभिन्न
पार्टियों के मंत्री अपना निर्णय लेने या कम से कम अपने निर्णयों की
घोषणा करने में सक्षम हैं और बिना सार्वजनिक वाद-विवाद आवश्यक
रूप से कैबिनेट अथवा संसद में गए बग़ैर हरेक बार सरकार और उसके
गठन के बदलने पर आर्थिक, वित्तीय, शिक्षा और अन्य नीतियां कभी-कभी
अच्छे कारणों से और कभी-कभी बुरे कारणों से संशोधित की जाती हैं
अथवा उलट दी जाती हैं। इस प्रकार उदाहरणस्वरूप वित्तीय क्षेत्र के संबंध
में एक सरकार सार्वजनिक क्षेत्र के कुछ ख़ास बैंकों (बिना सार्वजनिक
वाद-विवाद के) के विलय की घोषणा करता है अथवा एक या अधिक
वित्तीय संस्थानों को बंद करने की घोषणा करता है। बाद की सरकार
कुछ अंतराल के बाद इन निर्णयों को बिना किसी स्पष्टीकरण के उलटने
के लिए स्वतंत्र है। इस प्रकार क़ीमत नियंत्रण अथवा ब्याज दर पर नियंत्रण
एक मंत्री द्वारा हटाया जा सकता है किंतु दूसरे मंत्री द्वारा बिना सार्वजनिक
विचार-विमर्श या सूचना के वापस लाया जा सकता है अथवा विलोमतः।
वित्त और मानव विकास क्षेत्रों जैसे संवेदनशील क्षेत्रों में नीतिगत प्रक्रियाओं
में असंतुलन के परिणाम पर विरले ही अधिक ज़ोर दिया जाता है। जहां
केंद्र की गठबंधन सरकारों के राजनीतिक यथार्थ और उनकी रचना में
समय-समय पर हुए परिवर्तन को व्यापक रूप से स्वीकार किया जाता
है, वहीं दुर्भाग्यवश नीति-निर्माण के लिए उनके प्रभाव को अब तक व्यापक
रूप से सराहा नहीं जाता।

गठबंधन राजनीति के कुछ निहित अर्थों की ओर ध्यान आकर्षित
करने से मेरा आशय निर्वाचन प्रक्रिया और हमारी संसदीय शासन प्रणाली
के गुणों को कमज़ोर करना अथवा उस पर प्रश्न उठाना नहीं है क्योंकि
वर्षों के बाद इसका विकास हुआ है। इस पर ज़ोर दिया जा सकता
है कि भारत के लिए कोई दूसरा अच्छा विकल्प नहीं है, और हम लोगों

को भारत के नागरिक के रूप में हमारे लोकतंत्र और स्वतंत्रता पर गर्व होना चाहिए। साथ ही, मेरा यह भी मानना है कि उभरते हुए राजनीतिक परिदृश्यों के यथार्थ को जानना हमारे लिए काफ़ी महत्वपूर्ण है, और किसी लोकतांत्रिक देश के एजेंटों के रूप में सरकारों को उपलब्ध विवेक की संभावनाओं पर भी आवश्यक कार्रवाई करनी चाहिए। इसलिए अब तक भारत इस मामले में भाग्यशाली रहा है कि किसी भी तरह के देश में गठबंधन सरकार बनने पर भी चोटी के नेतृत्व देने वाले नेताओं में पराक्रम, ईमानदारी और देशभक्ति के गुण भरे हुए रहे हैं। हालांकि यह नहीं मान लेना चाहिए कि यह स्थिति भविष्य में भी बनी रहेगी। विगत कुछ वर्षों में संसद के बाहर और भीतर 'राजनीति के अपराधीकरण' विषय पर बार-बार किए गए विचार-विमर्श पहले से ही चल रहे हैं। कुछ राज्यों में हुए परिवर्तनों से स्पष्ट हो जाता है कि सत्ता की राजनीति अपने आप समाप्त हो गई है। ऐसा कोई सिद्धांत अथवा वादा नहीं है जिसे कुछ राज्यों में सत्ता के लिए राजनीतिक दलों द्वारा तोड़ा नहीं जाता। किंतु इस नियम के कुछ अपवाद भी हैं। ऐसे अपवाद विरले ही होते हैं।

देश को अभी भी उच्च कोटि के नेताओं की सेवा प्राप्त होने का सौभाग्य मिला, कुछ रेखाएं केंद्र की संघीय सरकार की शक्ति की सीमाओं को परिभाषित करने के लिए भी खींची जा सकती हैं। दो मोर्चों पर तत्काल आवश्यक कार्रवाई करने की ज़रूरत है। पहला, कार्यक्रमों के कार्यान्वयन के लिए ज़्यादा वित्तीय शक्ति और ज़िम्मेदारी राज्यों को दी जानी चाहिए। यह इसलिए नहीं कि सभी राज्य अपने अधिकारों के प्रयोग में ज़्यादा विवेकशील हैं। बल्कि इसलिए कि राज्यों के बीच ज़्यादा पारदर्शिता और प्रतिस्पर्द्धा होने से कम से कम सुशासित राज्यों को वित्तीय संसाधन आसानी से प्राप्त होगा जिससे कार्यक्रमों के कार्यान्वयन का अवसर मिलेगा। जिस तरह वित्त आयोग केंद्र और राज्यों के बीच कर संसाधन के विभाजन पर निर्णय लेने के लिए संवैधानिक रूप से अधिकृत है, उसी प्रकार संघीय

आयोग का गठन भी सभी तरह की केंद्रीय सहायता के विभाजन पर निर्णय लेने के लिए सांविधिक रूप से अधिकृत होना चाहिए। टैक्स रहित केंद्रीय सहायता का आबंटन वस्तुगत अर्थों में अनुमोदित ग़रीबी निवारण और विकास कार्यक्रमों के लिए ही होना चाहिए, यानी लक्ष्य की तुलना में राज्य में कार्यक्रमों के कार्यान्वयन में सफलता के आधार पर राज्यों को केंद्रीय निधि आबंटित होना चाहिए। दूसरा, स्वायत्त संस्थानों, नियामक निकायों, सार्वजनिक उद्यमों, बैंकों और सार्वजनिक क्षेत्र के वित्तीय, शैक्षणिक और सांस्कृतिक संस्थानों में सभी नियुक्तियां नियत समय सीमा के विशेषीकृत निकायों (संघ लोकसेवा आयोग की तर्ज़ पर) को सौंपी जानी चाहिए। इन नियुक्ति बोर्डों को उच्च स्थान की नियुक्तियों की अनुशंसा करने के लिए पारदर्शी पद्धति अपनानी चाहिए। इनकी सिफ़ारिशें सरकार द्वारा निश्चित रूप से मंजूर की जानी चाहिए (जैसा कि सिविल सेवाओं में प्रवेश के लिए संघ लोक सेवा आयोग की अनुशंसा और इसके कार्यक्षेत्र के अंदर आने वाली अन्य नियुक्तियां)। इसी तरह की प्रक्रियाएं सरकार को सिविल सेवाओं से ऊंचे पदों पर नियुक्ति करने के लिए अपनानी चाहिए।

अन्य क्षेत्र जहां तत्काल आवश्यक कार्रवाई की आवश्यकता है, वह है–राजनीतिक भ्रष्टाचार को कम करने से संबंधित क्षेत्र। पूर्व के अध्याय में राजनीतिक भ्रष्टाचार की आपूर्ति और मांग को कम करने से संबंधित सुझाव दिए गए थे। सर्वोच्च प्राथमिकता अब पारदर्शी और उचित नियम द्वारा राजनीतिक पार्टियों को राज्यों की ओर से निधि मुहैया करने से संबंधित है। गठबंधन राजनीति की आवश्यकता के आधार पर सरकार, संसद और विधानसभा में उच्च पदों पर व्याप्त राजनीतिक भ्रष्टाचार के प्रति सहिष्णुता हाल के वर्षों में काफ़ी बढ़ गई है। भ्रष्टाचार के सहिष्णु स्तर पर रोक लगाने की आवश्यकता है, कम से कम मंत्री स्तर पर। ऐसे लोग जो भ्रष्टाचार, धोखाधड़ी और इसी तरह के अन्य आपराधिक मामलों में आरोपित किए गए हैं, उन्हें पद की शपथ लेने और मंत्री

के रूप में कार्य करने के लिए तब तक रोका जाए, जब तक वे न्यायालय द्वारा दोषमुक्त नहीं किए जाते हैं। न्यायालय में ऐसे मामलों को शीघ्र निपटाने के लिए विशेष प्रक्रिया अपनाई जानी चाहिए।

सरकार के मंत्रियों को उपलब्ध विभिन्न प्रकार के सार्वजनिक विभूषण और अन्य परिलब्धियों से अभी भी साम्राज्यिक और सामंती परंपरा प्रदर्शित होती है। इन कार्यालयों को शक्ति, सत्ता, दिखावे और वैयक्तिक स्टाफ़ के मामले में कम आकर्षक रहना चाहिए। इसका कोई कारण नहीं दिखता है कि कोई व्यक्ति मंत्री बनने से पूर्व जिस तरह से रहता था (यानी संसद सदस्य अथवा विधायक के रूप में), वह मंत्री बनने के बाद कुछ अतिरिक्त सचिवालयिक सहायता के साथ ठीक उसी प्रकार से क्यों नहीं रह सकता है जब मंत्री जितनी तेज़ी से आते हैं, उतनी ही तेज़ी से पदच्युत हो जाते हैं, तब क्यों न आने और जाने की बीच की खाई को कम कर दिया जाए। ऐसा कर देने से विधायकों में मंत्री बनने की होड़ भी काफ़ी कम हो जाएगी।

अंत में, यह आवश्यक है कि संसद में बिना पर्याप्त विचार-विमर्श के अथवा मंत्रिमंडल के बिना परामर्श के नीति संबंधी परिवर्तनों की सार्वजनिक घोषणा के लिए गठबंधन दलों के बीच कुछ अनुशासन होना चाहिए। एक ऐसी परंपरा बननी चाहिए जिसमें अनुमोदित कार्यक्रमों में सार्वजनिक रूप से अधिक काम किया जाए और नीति संबंधी कम बातें की जाएं। किसी मामले में मंत्रिमंडल में मंज़ूरी लेकर संसद में विचार-विमर्श करने और सार्वजनिक टिप्पणी के लिए श्वेत पत्र के मसौदे जारी होने के बाद नीति संबंधी सभी महत्वपूर्ण परिवर्तन किए जाएं। नई सरकारें पूर्व सरकार द्वारा प्रारंभ किए गए आर्थिक समष्टि और अन्य नियमों में परिवर्तन करने की हक़दार हैं किंतु उचित कारण और विचार-विमर्श के बग़ैर नहीं। देश के दीर्घकालिक हित में नीतियों का निर्धारण गुण के आधार पर होना चाहिए न कि मंत्री के अहंकार अथवा वैयक्तिक विचारधारा को तवज्जो देकर।

मुझे जानकारी है कि यह सुझाव तुलनात्मक रूप से अच्छा है, किंतु मंत्री स्तरीय स्वेच्छाचारिता को कम करने से वर्तमान परिस्थिति में यह कुछ ज़्यादा ही महत्वाकांक्षी और अव्यावहारिक समझा जाएगा। ये मंत्रियों को भी स्वीकार्य नहीं होगा, ख़ास करके छोटी पार्टियों के मंत्रियों को, जिन्हें अपने कार्यालय का आडंबर और दिखावा पसंद है, और जिन्हें नियुक्ति करने के काफ़ी विवेकाधीन अधिकार प्राप्त हैं तथा जो नीतियों को बदलने अथवा बनाने में विश्वास करते हैं। हालांकि मेरा मानना है कि कुशल नेतृत्व की परीक्षा तब होती है, जब देश के हित में केवल आवश्यक कार्य किया जाता है, चाहे ये काम चालू विचारधारा और कुछ लोगों के हित के विरुद्ध ही क्यों न हो। इस प्रकार स्वतंत्रता के बाद के वर्षों में भारत के लोकतांत्रिक देश के रूप में बने रहने के बारे में काफ़ी आशंकाएं थीं। किंतु जवाहरलाल नेहरू और अन्य राजनीतिक नेताओं की दूरदृष्टि तथा उनके व्यक्तिगत उदाहरण द्वारा इसे संभव किया जा सका। इसी प्रकार वर्षों की धीमी प्रगति और समय-समय पर आने वाले संकट के बाद 1980 के दशक में तत्कालीन प्रधानमंत्रियों ने आर्थिक सुधार प्रक्रिया प्रारंभ की जिससे भारत को वृद्धि दर और स्थायित्व प्राप्त करने में सफलता मिली। पुनः 1990 के दशक के प्रारंभिक वर्षों में, जब घोर आर्थिक संकट का सामना करते हुए भारत निराश हो गया था, तब केंद्र सरकार ने एक कार्यक्रम का प्रारंभ किया जो सफल रहा। भारत के राजनीतिक दलों के नेताओं को अब ऐसा ही अवसर प्राप्त हुआ है जिससे आने वाले समय में गठबंधन राजनीति द्वारा देश के आर्थिक भविष्य को कमज़ोर न होने देने के लिए आवश्यक उपाय करना है।

पूरी प्रणाली में सुधार लाने के लिए राजनीतिक नेताओं की ज़िम्मेदारी को कार्यान्वित करने के लिए साधारण नागरिक क्या कर सकता है? यह बहुत ही कठिन प्रश्न है क्योंकि चुनाव के समय को छोड़कर वैयक्तिक स्तर पर लोगों को बहुत कम शक्ति होती है, और उन्हें अपनी बात कहने के लिए किसी संगठन से मदद भी नहीं मिलती। चुनाव के दौरान

भी नेताओं द्वारा चुनाव लड़ने के लिए नामित किए गए पार्टी के कार्यकर्ताओं को विकल्प भी सामान्यतया सीमित होते हैं। इन ज़मीनी सच्चाइयों को ध्यान में रखने के बावजूद भी स्थिति बिल्कुल निराश होने वाली नहीं है। भारत इस मामले में भाग्यशाली है कि जीवन के हरेक क्षेत्र में यहां काफ़ी संख्या में ग़ैर राजनीतिक और ग़ैरसरकारी संगठन (एन.जी.ओ.) हैं। भारत में प्रेस स्वतंत्र है और क़रीब-क़रीब हरेक जगह छात्र संगठन, राजनीतिक व ग़ैर राजनीतिक व्यापार संघ तथा सामुदायिक केंद्र हैं। दुर्भाग्यवश उद्योग संघ और मीडिया सहित अधिकांश सार्वजनिक संगठनों की मनोवृत्ति का दृष्टिकोण सत्ता में बैठे हुए राजनीतिज्ञों के प्रति भी चाटुकारपूर्ण है। यह अंग्रेज़ों के समय से चल रहा है, जब राजनीतिक और सरकारी अधिकारियों को देश के लोगों से ऊपर समझा जाता था। यह स्थिति बदलनी चाहिए। सभी सार्वजनिक और ग़ैर सरकारी संगठनों, ख़ास करके वाणिज्य और उद्योग संघ (जिनके पास काफ़ी वित्तीय संसाधन है और मीडिया तक पहुंच भी है) से जुड़े लोगों को राजनीतिज्ञों, पार्टियों और सरकार को उनके एजेंडा और कार्यक्रम के कार्य निष्पादन के लिए ज़िम्मेदार ठहराना चाहिए। देश के आर्थिक भविष्य में प्रत्येक व्यक्ति का हक़ है और जितनी जल्दी देश के व्यापारिक और अन्य संगठन इस बात को समझ जाते हैं, उतनी ही ज़्यादा सफलता की उम्मीद बनती है।

अन्य महत्वपूर्ण क्षेत्र जिसमें सभी नागरिक महत्वपूर्ण भूमिका निभा सकते हैं, वह यह है कि सार्वभौमिक साक्षरता को सुनिश्चित करने के लिए चलाए जा रहे कार्यों की गति में तेज़ी लाएं। इस मामले पर पूरे देश में पहले से ही लोग एकमत हैं। हालांकि इस लक्ष्य को प्राप्त करने में कोई प्रगति लक्ष्य से कम है। पंचायतों सहित सभी स्थानीय संस्थानों को इस क्षेत्र में बड़ी ज़िम्मेदारी उठानी पड़ेगी। स्थानीय निकायों, विधानसभाओं और संसद में प्रतिनिधियों का वोट के माध्यम से चयन करने वाले सभी लोगों के बीच साक्षरता होनी चाहिए ताकि ऐसे राजनीतिक नेताओं का चयन हो सके जो अपने घोषणा-पत्रों अथवा साझा न्यूनतम

कार्यक्रम में दिए गए वादों के प्रति जवाबदेह हों।

वित्तीय सशक्तीकरण

पच्चीस वर्ष पहले हंगरी के अर्थशास्त्री जैनोस कोर्नई ने सामाजिक अर्थशास्त्र में आर्थिक प्रबंधन से संबंधित सिद्धांतों में मृदु बजट प्रतिबंध की अवधारणा का प्रतिपादन किया। उस समय हंगरी और कुछ अन्य सामाजिक अर्थव्यवस्थाएं सार्वजनिक उद्यमों की हानियों की भरपाई करने के कारण वित्तीय संसाधन की कमी, सरकारी कर्मचारियों के भारी वेतनों को चुकाने और प्रभावी सार्वजनिक उद्यमों वाले क्षेत्र में दृष्ट और अदृष्ट मूल्य नियंत्रण के कारण अपने लोगों को राहत और सामाजिक सुरक्षा मुहैया करने में भारी वित्तीय परेशानी का अनुभव कर रही थीं। यद्यपि राजकोषीय घाटा काफ़ी था, सरकार व्यावहारिक रूप से किसी विकास कार्यक्रम को कार्यान्वित करने, संरचनात्मक सुविधाओं का विस्तार या अनुरक्षण करने अथवा कम क़ीमत पर लोगों को प्रभावी सेवा मुहैया करने में वित्तीय रूप से असमर्थ थी। कोर्नई की मृदु बजट प्रतिबंध की अवधारणा काफ़ी महत्वपूर्ण है जो भारत के संबंध में आश्चर्यजनक रूप से सामने आती है। मृदु बजट धारणा का विश्लेषण करते हुए कोर्नई का विचार था कि वित्तीय व्यवहार सामान्यतया निजी उत्पादकों सहित आर्थिक संगठनों के लिए राज्य की पितृत्व ज़िम्मेदारी से संबंधित है।

अनेक ऐसे तरीक़े हैं जिनमें सरकार के पितृत्व व्यवहार से बिना फ़ायदे के वित्तीय लागत आती है, ये हैंः

मृदु इमदादः ये ऐसी सामान्य इमदाद होती हैं जो पराक्रम्य, खुली, तय करने योग्य और लॉबीइंग से प्रभावित होती हैं।

मृदु करः ये ऐसे कर हैं जिनमें कर की दरें समान नहीं होती हैं और जिनमें समाज के अमीर वर्गों सहित विभिन्न वर्गों के लोगों के लिए अनेक तरह की छूट होती हैं।

मृदु ऋणः सार्वजनिक क्षेत्र के बैंकों से नियंत्रित ऋण प्रणाली का प्रयोग

यदि ऋण में छूट देने के लिए किया जाए और उन्हें असुरक्षित भुगतानों के प्रति सहिष्णु बनाया जाए तो यह मृदु होती है। वित्तीय संकटों वाली कंपनियों को ऋण के भुगतान की आशा किए बग़ैर और ऋण मुहैया करवाए।

मृदु प्रशासनिक क़ीमतः यह परिस्थिति तब आती है जब सार्वजनिक उद्यमों द्वारा उत्पादित उत्पादों की क़ीमतें नियंत्रित की जाती हैं और हानि या तो उद्यमों द्वारा वहन की जाती है अथवा सरकार द्वारा उसकी भरपाई की जाती है।

यह देखना होगा कि भारत की वित्तीय प्रणाली में उपर्युक्त सभी गुण हैं जिससे इसकी व्यवहार्यता कमज़ोर होती है। यह दिलचस्प है कि जहां मिश्रित अर्थव्यवस्था का देश भारत लगातार नरम बना हुआ है, वहीं अनेक पुरानी समाजवादी अर्थव्यवस्थाओं ने जिनका संदर्भ कोर्नई ने दिया है, अपने वित्तीय संकटों को दूर करने के लिए सार्वजनिक उपक्रमों का निजीकरण करके भारी वित्तीय सुधार किया है।

1991 के संकट से जब अंतरराष्ट्रीय मुद्रा कोष से हुए क़रार के द्वारा भारत में राजकोषीय घाटे को कम करने का वचन दिया था, तब से राजकोषीय घाटे की समस्या लगातार समाचार में बनी हुई है, और तब से हरेक बजट में राजस्व घाटे सहित राजकोषीय घाटे को कम करने के प्रति वचनबद्धता दिखाई जाती है। जहां तब से केवल तीन या चार बजट ही अपने उद्देश्य को पूरा करने में सफल हुए हैं, वहीं तब से निर्विवाद रूप से केंद्र और राज्यों का सकल राजकोषीय घाटा लगातार काफ़ी रहा है। राजकोषीय घाटे को कम करने में सफलता नहीं मिली है। यह स्थिति तब है, जब राजनीतिक दलों के बीच (हाल तक) इन घाटों को कम करने के लिए व्यापक मतैक्य हैं। हाल में उच्च विदेश विनिमय रिज़र्व के संबंध में कुछ विशेषज्ञों द्वारा यह सुझाव दिया गया है कि उचित कारण (जैसे सुनिश्चित रोज़गार योजना अथवा अवसंरचना)

से उत्पन्न उच्च राजकोषीय घाटा महत्वपूर्ण है क्योंकि मुद्रास्फीति के दबाव को विदेशी मुद्रा रिज़र्व द्वारा ही रोका जा सकता है। राजकोषीय घाटे के पक्ष और विपक्ष में दिए गए कारण अब सर्वविदित हैं, इसलिए मैं इसमें पड़ना नहीं चाहता हूं। मेरा सीमित उद्देश्य यह है कि वित्तीय घाटे के स्तर पर बिना विचार किए हुए यह अपेक्षित है कि सरकार को उपलब्ध बजटीय संसाधन ऐसे कामों को करने में (जैसा कि कोर्नई ने उल्लेख किया है) दुरुपयोग नहीं करना चाहिए जिससे वृद्धि दर, ग़रीबी उन्मूलन अथवा सार्वजनिक सेवाओं के प्रावधान में पर्याप्त फ़ायदे नहीं पहुंचाए जा सकें।

आज केंद्र सरकार निश्चित रूप से रुपया छापने (रिज़र्व बैंक से अधिक रुपए उधार लेकर) की स्थिति में है किंतु यह एक गूढ़ प्रश्न है कि ऐसा करने से उच्च निवेश होगा अथवा मदद, वेतन के भारी-भरकम बिल और ज़बरदस्त हानि के रूप में कहीं अधिक और अनुत्पादी राजस्व व्यय होगा। घाटे में चलने वाले सार्वजनिक क्षेत्र के उपक्रमों में से केवल उच्च अनुत्पादक राजस्व व्यय होगा। इस आधार पर अनुभव आंखें खोल देने वाले हैं। सरकार ने अधिकतर पैसा बाज़ार अथवा भारतीय रिज़र्व बैंक से उधार लिया है, जिसके कारण इसके राजस्व घाटे में वृद्धि हुई किंतु कुल व्यय की तुलना में इसके पूंजीगत व्यय में काफ़ी गिरावट हुई है। राजस्व घाटा उत्पन्न करके उच्च व्यय करने वाले अन्य विकासशील देशों का अनुभव ज़्यादा बुरा नहीं तो लगभग वैसा ही है। इस प्रकार डार्न बुश रेनोसो (1989) के अनुसार लेटिन अमेरिका का अनुभव दर्शाता है कि आर्थिक विकास के रूप में राजस्व घाटे की संभावना काफ़ी सीमित और असाधारण रूप से ख़तरनाक है। उन्होंने चेतावनी दी कि मुद्रास्फीति के इस तरह बढ़ने से विकास के लिए किए जा रहे प्रयास कुछ दशकों में दस या ज़्यादा साल पिछड़ जाएंगे।

कनेशिआई सलाह के विपरीत, अधिशेष श्रम और अल्प उपयोग में लाई गई क्षमता के बावजूद उच्च और लगातार राजस्व घाटे से विकासशील

देशों में उच्च उत्पादन एक पहेली है। इसका उत्तर शायद बजट व्यय के निर्णयों पर व्यावहारिक गतिशीलता और उसके निर्धारण में ग़ैर आर्थिक कारकों में निहित है। बजट कंस्ट्रेंट जितना कम होता है और उधार लेकर व्यय के लिए पैसे जुटाने में जितनी आसानी होती है, उतना ही मदद, उच्च वेतन और अनुत्पादी व्यय के प्रति विशेष रुचि का दबाव बनता है। इससे यह भी मालूम होता है कि यदि केवल पैसे छापकर और राजस्व घाटे को कम करके उच्च निवेश और उच्च वृद्धि दर प्राप्त कर ली जाती है, तो कोई भी निर्धन देश ग़रीब नहीं रहेगा।

राज्य सरकारों की वित्तीय स्थिति अब वास्तव में बहुत ही भयावह है। विरले ही कोई राज्य 'छोटा अथवा बड़ा' है जो बजटीय संकट का सामना नहीं कर रहा है। अवसंरचना क्षेत्रों (जैसे–सड़क, पत्तन और जलापूर्ति) सहित अनेक कार्यक्रम प्रारंभ करने के बावजूद वे विशाल ऋण दायित्वों से दबे हुए हैं। अनेक बड़े और घने राज्यों में बजट प्राप्ति का क़रीब-क़रीब 90 प्रतिशत वेतन, ब्याज और ऋण अदायगी तथा सार्वजनिक उद्यमों की हानि में ख़र्च हो जाता है। वार्षिक उधार के काफ़ी बड़े होने के बावजूद अधिकांश राज्य अब मामूली निवेश अथवा अनुरक्षण व्यय करने की स्थिति में भी नहीं हैं। निजी विचार-विमर्श में एक राज्य के मुख्यमंत्री ने नाम गुप्त रखने की शर्त पर कहा कि उनके राज्य में लोगों की स्थिति बद से बदतर हो गई है। लोगों की जीवन दशा काफ़ी ख़राब है। वेतन का मासिक रूप से बक़ाया होना बैंकों को ब्याज का भुगतान और अन्य चालू व्यय इतना अधिक हो गया था कि सभी बजटीय प्राप्ति लेखे में आने से पहले व्यय की ओर मुड़ जाती थी।

यदि केंद्र और राज्यों की सरकारें अपने नागरिकों के बेहतर भविष्य सुनिश्चित करना चाहती हैं तो इन वित्तीय सच्चाइयों को अब नज़रअंदाज़ नहीं किया जा सकता। ख़ासकर के छोटे शहरों में तथा शिक्षा, स्वास्थ्य, जलापूर्ति और सिंचाई जैसे क्षेत्रों में निवेश करके आवश्यक सुविधाएं मुहैया करना राज्य सरकार की सर्वोच्च ज़िम्मेदारी है। जब तक देश की वित्तीय

स्थिति को ठीक नहीं किया जा सकता, तब तक किसी भी तरह की आर्थिक समष्टि से संबंधित सुधार सफल नहीं बनाया जा सकता। यदि सरकारी एजेंसियों द्वारा चलाए जा रहे लाखों प्राथमिक विद्यालय, ज़िला प्राधिकारियों द्वारा स्थापित किए गए हज़ारों स्वास्थ्य केंद्र और सैकड़ों केंद्रीय और राज्य विश्वविद्यालय लगातार ह्रासोन्मुख अथवा ठीक से काम नहीं कर रहे हैं तो दो अथवा तीन उच्च तकनीक के शहरों और एक अथवा दो नए बिज़नेस स्कूल और तकनीकी संस्थान मानव संसाधन की हो रही विशाल हानि की भरपाई नहीं कर सकेंगे। यह सार्वजनिक हित और निजी प्रगति के बीच के पारस्परिक संबंधों और सापेक्ष अनुपातों का एक सीधा प्रश्न है।

सरकारी वित्त में सुधार करने की आवश्यकता के बारे में चिंता संसद के भीतर और बाहर कम से कम तीन दशकों (1973 में पहले तेल संकट के बाद जब तेल निर्यात के लिए संसाधन निर्गत करने हेतु कड़े व्यय नियंत्रण उपाय प्रारंभ किए गए थे) तक बजटीय विचार-विमर्श में रही है। वित्त आयोग सहित अनेक समितियों और आयोगों ने बजटीय प्राप्तियों में सुधार करने और व्यय घटाने के लिए उचित सिफ़ारिश की है। केंद्र और राज्य सरकारों ने वित्तीय स्थिति में सुधार करने के लिए अनेक उपाय भी किए हैं किंतु अब तक स्थिति में समग्र रूप से काफ़ी सुधार नहीं देखा गया है, जैसा कि पहले कहा गया है कि कुछ मायनों में स्थिति ज़्यादा ही ख़राब हो गई है। हाल में सरकार द्वारा ली गई एक महत्वपूर्ण पहल, वित्तीय उत्तरदायित्व और बजट प्रबंधन (एफ़.आर. बी. एम.) अधिनियम, 2003 की अधिसूचना है। इस अधिनियम के तहत वित्तीय और राजस्व घाटे के मामले में सरकार को अपेक्षित लक्ष्य के प्राप्त होने तक वार्षिक और न्यूनतर समय-सीमा की घोषणा करनी पड़ेगी। यह एक प्रशंसनीय क़दम है।

हालांकि इसकी संभावना है कि महत्वपूर्ण सार्वजनिक क्षेत्रों में भारी व्यय करने के लिए सरकारी क्षमता में सुधार द्वारा वित्तीय ज़िम्मेदारी पर

पड़ने वाले सकारात्मक प्रभाव के लिए कम से कम पांच से छह वर्ष
का समय लगेगा। यह इसलिए कि लघु अवधि में सरकार को बाज़ार
से उधार लेकर राजस्व व्यय करने संबंधित काम में काफ़ी कटौती करनी
चाहिए ताकि वार्षिक वित्तीय और राजस्व घाटे को पूरा किया जा सके।
बाक़ी बचे भाग को कर सुधार के द्वारा उत्पन्न राजस्व से पूरा किया
जा सकता है। हालांकि सरकार के समग्र व्यय पहले की अपेक्षा और
धीमी दर से बढ़ाने पड़े।

अतीत में हुए अत्यधिक घाटे को देखते हुए इस दुविधा से बाहर
निकलना आसान नहीं है। अगले कुछ वर्षों में (जब तक वित्तीय ज़िम्मेदारी
अधिनियम के सकारात्मक प्रभाव दिखाई नहीं देते हैं) सरकार के लिए
केवल एक ही रास्ता बचा हुआ है, और वह यह है कि अपनी बेकार
और हानि में चल रही परिसंपत्तियों को बेचकर तथा अपने अनुत्पादक
संगठनात्मक व्यय को कम कर पूरा किया जा सकता है। राजनीतिक
मजबूरी के कारण ऐसा करना कठिन है किंतु यह एकमात्र विकल्प है।
सरकारी और अर्द्धसरकारी संस्थानों में कर्मचारियों के हित की पूरी तरह
से सुरक्षा करते हुए सरकार इस पर जितनी जल्दी हो सकेगा मतैक्य
बनाएगी। सरकार को यह आश्वासन देना चाहिए कि उनके सभी कर्मचारियों
को स्वैच्छिक सेवानिवृत्ति योजना (वी.आर.एस.) का लाभ उठाने का विकल्प
मिलेगा और यदि वे चाहें तो सरकार के कर्मचारी के रूप में अपनी
सेवा जारी रखकर पूरा वेतन तथा अन्य फ़ायदों का लाभ भी उठा सकते
हैं। जो कर्मचारी दूसरे विकल्प का चुनाव करेंगे, वे नए पदस्थापन की
प्रतीक्षा में अवकाश पर माने जाएंगे। पूरे वेतन का भुगतान करने के
बावजूद परिसंपत्तियों के विक्रय और वेतन के अतिरिक्त सरकारी व्यय
को ख़त्म करके सरकार की वित्तीय स्थिति में काफ़ी सुधार किया जा
सकता है। अनेक सरकारी उद्यमों में वार्षिक नक़द-हानि अनेक मामलों
में वेतन से अधिक होते हैं।

बेकार हो चुके अनेक सरकारी संगठनों और संबद्ध कार्यालयों में कमी
करके भ्रष्टाचार और सार्वजनिक परेशानी में भारी गिरावट के साथ-साथ

राजस्व में भारी बचत की संभावना बन जाएगी। ऐसे संगठनों की एक-एक करके सूची तैयार करना अनावश्यक है किंतु स्थानीय टेलीफ़ोन निर्देशिका में केंद्रीय अथवा राज्य सरकार के कार्यालयों की सूची सरसरी निगाह से देखने से भी संबद्ध सरकारी कार्यालयों के विशाल संख्या में अनुपयुक्त होने के पर्याप्त साक्ष्य हैं। इनकी स्थापना प्रोन्नयन, सूचना अथवा उत्पादक सुधार संबंधी कार्यों के लिए वर्षों पहले हुई थी जो अब मृतप्राय हो गई है। स्टाफ़ और सार्वजनिक लोगों के हितों को प्रभावित किए बिना ऐसे संस्थानों में कमी लाकर भारी बचत की जा सकती है।

सरकार का अत्यधिक वित्तीय सशक्तीकरण भविष्य के लिए एक अत्यावश्यक प्राथमिकता है। नीति संबंधी विकल्प निस्संदेह कठिन हैं किंतु यदि जायज़ हितों की रक्षा की जाए तो इस उद्देश्य को प्राप्त करने के लिए मतैक्य बनाया जा सकता है।

विधिक और प्रशासनिक सुधार

केवल कुछ ही क्षेत्र ऐसे हैं जिनमें राजनीतिक नेताओं, न्यायाधीशों और सिविल सेवकों सहित देश के सभी वर्गों के लोगों के बीच विधिक और प्रशासनिक सुधारों की तत्काल आवश्यकता पर पूरी तरह से सहमति है। इस उद्देश्य पर सहमति पिछले चार दशकों से विभिन्न रूपों में साफ़ दिखाई देती है। महसूस की गई आवश्यकता के जवाब में अनेक आयोग गठित किए गए हैं: राज्य के विधानमंडलों और संसद के पीठासीन अधिकारियों की समय-समय पर उच्च स्तरीय बैठकों में ऐसी सिफ़ारिशें की गई हैं, सर्वोच्च न्यायालय और उच्च न्यायालयों के भूतपूर्व न्यायाधीशों ने अवलोकन किए हैं; सिविल सेवा के संगठनों ने संकल्प पारित किए हैं तथा विशेषज्ञों और पत्रकारों ने मीडिया में काफ़ी विस्तार से लिखा है। तथापि इन सभी चीज़ों के बावजूद न्याय देने में विधिक रूप से विलंब होने और नागरिकों को उनके अधिकार के लिए प्रशासनिक समस्याएं लगातार बढ़ती जा रही हैं।

इस पर काफ़ी मात्रा में सामग्री उपलब्ध है और सुधार की तत्काल

आवश्यकता पर एक राय है। इस बिंदु पर केवल कुछ ही महत्वपूर्ण मामलों को उजागर करने की आवश्यकता है। पहला, जैसा कि पूर्व के अध्यायों में उल्लिखित है, विधिक विलंब की आर्थिक लागत (उदाहरणस्वरूप व्यापार में ठेके देने के लिए) और प्रशासनिक दिक़्क़तें (उदाहरणस्वरूप उद्योगों की स्थापना में) सचमुच काफ़ी हैं। विलंब और भ्रष्टाचार की लागत पर किए गए अनुसंधान और आंशिक आंकड़ों के आधार पर भारत में इनकी लागत वार्षिक राष्ट्रीय आय का 2 प्रतिशत से अधिक है। यदि विधिक और प्रशासनिक विलंब नहीं होते और भ्रष्टाचार में काफ़ी कमी आती तो भारत की विगत दो वर्षों में वृद्धि दर 6 प्रतिशत की तुलना में 8 प्रतिशत के आसपास रहती। इससे भारत की आर्थिक प्रगति चीन के आसपास नहीं होती और भविष्य में उच्च वृद्धि दर के नए पैमाने भी स्थापित होते। विधिक और प्रशासनिक समस्याओं का समाधान खोजते समय यह ध्यान में रखने वाला बिंदु है। यदि संपूर्ण समाधान संभव नहीं है अथवा खोजना कठिन है तो इन क्षेत्रों में छोटा सार्थक प्रयास भी काफ़ी महत्वपूर्ण हो जाता है।

दूसरा, यदि विधायिका, न्यायपालिका और कार्यपालिका की विभिन्न शाखाओं के बीच पर्याप्त इच्छाशक्ति और सहयोग हो तो न्यायिक विलंब से संबंधित समस्याओं का राजनीतिक समाधान खोजने में कम दिक़्क़तें होंगी। न्यायिक विलंब को कम करने से विभिन्न तरह के हितों पर प्रतिकूल प्रभाव पड़ने की संभावना रहती है जो काफ़ी व्यापक होता है और यही कारण है कि सुधार से संबंधित उपाय करने के लिए एकजुट विरोध संभव नहीं हो पाता। मामलों के शीघ्र निपटारे के लिए विधि आयोग सहित अनेक आयोगों ने पहले ही अनेक सिफ़ारिशें की हैं जिनमें से कुछ का कार्यान्वयन हो गया है। हालांकि उच्च न्यायालय और निचले न्यायालय में ख़ास करके विलंब को कम करने की प्रगति काफ़ी धीमी हो गई है।

समस्या का कुछ महत्वपूर्ण भाग राष्ट्रीय जीवन के सभी पहलुओं पर

विधायिका के प्रावधानों की भरमार है जिनमें से कुछ सौ वर्ष से अधिक पुराने और आंतरिक रूप से परस्पर विरोधी हैं। विगत की शताब्दी के पूर्व से ही तैयार की गई विधायिका की विशाल संरचना ने विवेकहीन लोगों और संगठनों द्वारा लगातार मुक़द्दमेबाज़ी करने के लिए उर्वरक भूमि प्रदान की है। यह एक ऐसा क्षेत्र है, जहां संसद की विशेष और समयबद्ध स्थायी समिति महत्वपूर्ण योगदान दे सकती है, जिसको उन क्षेत्रों में विधायी प्रावधानों को कम करने और सरल बनाने के उद्देश्य से स्थापित किया जाता है, जहां मुक़द्दमेबाज़ी का दबाव अधिक होता है।

ग़ैर कार्यकारी दिन और अवकाश के दिनों को कम करके न्यायपालिका ख़ुद पहल कर सकती है। न्यायालयों के विभिन्न स्तरों पर अनेक तरह की अपील, स्थगन और बार-बार सुनवाई की सुविधाओं को सख़्ती से कम करके कार्यकारी दिनों को बढ़ाया जा सकता है। कंप्यूटरीकृत युग में इसका कोई व्यावहारिक कारण दिखाई नहीं देता है कि क्यों सभी तरह की न्यायिक नियुक्तियां काफ़ी अंतराल पर करने की जगह आजकल की तरह पहले ही क्यों नहीं कर ली जाती हैं। कार्यकारी शाखा न्यायपालिका से परामर्श करके नियुक्ति और प्रोन्नयन के लिए उचित नियम बनाने के लिए प्रारंभिक तौर पर पहल कर सकती है। यह भी उचित होगा कि न्यायिक वेतन से सिविल सेवाओं के वेतन को अलग कर दिया जाए और न्यायिक पेशे की परिस्थितियों को उससे संबद्ध रखा जाए। एक ऐसा कार्यकारी फ़ॉर्मूला तैयार किया जाए जिससे न्यायालयों में विभिन्न स्तरों पर वकालत कर रहे ऊपर के दस अथवा बीस वकीलों की आमदनी को विभिन्न स्तरों पर काम कर रहे न्यायाधीशों के वेतन से संबंधित बनाया जाए।

विलंब कम करने के लिए न्यायिक सुधारों को ऐसी परेशानी उत्पन्न नहीं करनी चाहिए, यदि विभिन्न शाखाओं के बीच केवल न्यायिक प्रक्रियाओं को तेज़ करने की आवश्यकता पर ही नहीं बल्कि उसको तत्काल करने पर भी सहमति है। दूसरी तरफ़, प्रशासनिक सुधारों को भारी राजनीतिक

विरोध का सामना करना पड़ सकता है क्योंकि इस क्षेत्र में विशेष हित संगठित होने के साथ-साथ विभिन्न राजनीतिक पार्टियों और यूनियनों से संबद्ध हैं। हालांकि जैसा ऊपर उल्लिखित है, यदि सरकारी और ग़ैर सरकारी संगठनों के कर्मचारियों के उचित हितों का ध्यान रखा जाए और वर्तमान प्रणाली के साथ जारी रखने की आर्थिक लागत को महसूस किया जाए, तब प्रशासनिक दिक़्क़तें यदि समूल नष्ट नहीं भी होती हैं, फिर भी राजनीतिक मतैक्य द्वारा कम हो जाएंगी। हाल ही में अरुण शौरी, जो कि एक जाने-माने अर्थशास्त्री और पत्रकार हैं और साथ ही में उन्हें एक कैबिनेट मंत्री के रूप में प्रशासनिक मशीनरी का सीधा अनुभव भी है, उन्होंने मामूली मामलों में भी सरकारी प्रक्रिया में होने वाले अत्यधिक काग़ज़ी काम में अनावश्यक विलंब और अक्षमता उजागर करके प्रशंसनीय काम किया है।

संगठनात्मक विशाल संरचना को फिर से तैयार करना और सिविल सेवाओं से जुड़े लोगों के नैतिक मूल्यों में सुधार करने सहित विलंब और प्रशासनिक परेशानियों को कम करने के लिए कुछ विशेष सुझाव इस पुस्तक के पूर्व के भागों में पहले ही दे दिए गए हैं। यहां हमें केवल कुछ समान बिंदुओं के साथ इस चर्चा को बंद करना चाहिए। प्रशासनिक व्यवस्था अब इतनी जटिल हो गई है कि भारी सुधार ही समस्या का निदान हो सकता है। परिपत्रों और भाषणबाज़ी द्वारा गड़बड़ियों को कम करने और काग़ज़ी काम में तेज़ी लाने के प्रयास करने के बदले अब सरकारी अनुमोदन की बिल्कुल एक नई प्रणाली की खोज करनी पड़ेगी जिसमें सार्वजनिक महत्व के कुछ मामलों को ही अनुमति के लिए विभिन्न मंत्रालयों में भेजने की आवश्यकता पड़ेगी। मामलों की विशाल संख्या के लिए मंत्रालयों को मामले दर मामले संदर्भ नहीं दिए जाने चाहिए बल्कि स्व प्रमाणपत्र के आधार पर अनुमति दी जानी चाहिए (अथवा जहां आवश्यक हो, वहां स्वतंत्र लेखा परीक्षकों के प्रमाणपत्र पर)। ऐसी प्रक्रिया से भी नौकरशाही और राजनीतिक भ्रष्टाचार काफ़ी हद तक कम हो जाएंगे।

ध्यातव्य है कि कुछ क्षेत्रों में महत्वपूर्ण सफलता मिली, वहां पुरानी और जटिल प्रशासनिक प्रक्रियाओं को बदलने के लिए विगत में प्रयास किए गए थे। सरकारी कर्मचारियों की पेंशन के लिए 1980 के मध्य के दशक में किए गए प्रक्रिया संबंधी सुधार एक ऐसा ही उदाहरण था। पहले पूरी प्रणाली में इतना काग़ज़ी कामकाज होता था कि किसी सेवानिवृत्त व्यक्ति को पेंशन का दावा करने के लिए एक वर्ष से भी अधिक समय लग जाता था। इस प्रणाली में सुधार करने के बाद ऐसे विलंबों को समूल समाप्त कर दिया गया। ऐसी पहल करने के लिए तत्कालीन मंत्री धन्यवाद के पात्र हैं। हाल ही में विदेशी विनिमय निर्गत से संबंधित अनुमोदन प्रक्रिया में किए गए सुधार इसका एक अन्य उदाहरण है। पहले इसके लिए प्रत्येक बार प्राधिकृत विक्रेता द्वारा मामले को देश के केंद्रीय बैंक को भेजा जाता था और फिर आवश्यक होने पर वहां से सरकार को भेज दिया जाता था। भारी विलंब और अनिश्चितता के अतिरिक्त इस पूरी प्रक्रिया ने विदेशी विनिमय बाज़ार (ग़ैर क़ानूनी हवाला बाज़ार सहित) आधारित भ्रष्टाचार उद्योग को जन्म दे दिया था। विगत के कुछ वर्षों में पुरानी प्रणाली को बदल दिया गया है और उसके स्थान पर नियम आधारित प्रणाली आ गई है जो मुख्यतः स्व प्रमाणपत्र आधाारित है। नई प्रणाली के आने से देश के विदेशी विनिमय संसाधन के प्रबंधन में भारी आर्थिक फ़ायदे हुए हैं।

केवल कुछ ही ऐसे उदाहरण हैं जिनमें पुरानी प्रणाली को बदलने से काफ़ी फ़ायदे हुए। उन ज़िलों में जल आपूर्ति और सार्वजनिक सिंचाई प्रणाली के प्रबंधन सहित अन्य क्षेत्रों में प्रशासनिक सुधार के ऐसे उदाहरण हैं। ऐसे सफल उदाहरण को पूरे प्रशासनिक परिप्रेक्ष्य में दोहराने की आवश्यकता है। सूचना और विकेंद्रीकरण से संबंधित नागरिकों के अधिकारों के साथ-साथ अन्य चीज़ें जिन पर पहले से ही काफ़ी मतैक्य है, वह है भ्रष्टाचार कम करने के लिए सुपुर्दगी सेवा में सबसे अच्छे तरीक़ों को अपनाकर भारी लागत प्रभावी बनाना। इनसे देश की वृद्धि दर में काफ़ी तेज़ी आएगी।

भूमंडलीकरण का विषय

हाल के वर्षों में भूमंडलीकरण के गुण और दोष दोनों के बारे में काफ़ी कुछ लिखा गया है। यह मामला भारतीय अर्थव्यवस्था को अंतरराष्ट्रीय व्यापार (मात्रात्मक प्रतिबंध को समाप्त करके और आयातों पर सीमा शुल्क को कम करके) और 1990 के बाद की अवधि में व्यापक विदेशी निवेश प्रवाह के संदर्भ में भारत की आर्थिक नीति पर किए गए वाद-विवाद में भी मुख्य रूप से छाया रहा। अंतरराष्ट्रीय स्तर पर और भारत में भी भूमंडलीकरण शब्द का प्रयोग अनेक रूपों में किया गया है, तथा इसके गुण और अवगुण के बारे में दिए गए विचार इस पर निर्भर करते हैं कि इसे कैसे परिभाषित किया गया है। एक अर्थ में यह केवल जीवन की इस सच्चाई को दर्शाता है कि राष्ट्रीय पहचान अथवा राष्ट्रीय फ़ायदे को परिभाषित करने वाली राष्ट्रों के बीच की भौगोलिक दूरियां अब पहले की तरह महत्वपूर्ण नहीं रहीं। विश्व छोटा हो गया है, और कोई भी राष्ट्र बिना अपने को नुक़सान पहुंचाए विश्व के शेष भागों से आर्थिक रूप से अलग-थलग नहीं रह सकता है। इस विचार से यही निष्कर्ष निकलता है कि विश्व के बाज़ारों का एकीकरण सभी भागीदार अर्थव्यवस्थाओं के लिए फ़ायदेमंद है, जिस प्रकार कोई ज़्यादा प्रतिस्पर्द्धात्मक और बड़ा घरेलू बाज़ार राष्ट्रीय अर्थव्यवस्था के लिए फ़ायदेमंद होता है।

दूसरे बिल्कुल भिन्न अर्थों में 'भूमंडलीकरण' शब्द का प्रयोग घरेलू नीतियों में बदलाव को दर्शाने के लिए होता है, जो ग़लत तरह से परिभाषित किए जाने पर, राष्ट्रीय हित को अन्य देशों अथवा बहुराष्ट्रीय निगमों के हितों के अधीन कर देता है। इसकी आशंका रहती है कि देश में अंतरराष्ट्रीय व्यापार अथवा अंतरराष्ट्रीय निवेश के रास्ते खोलने से आर्थिक रूप से कमज़ोर देश आर्थिक रूप से ज़्यादा शक्तिशाली देशों के समूह से जुड़ जाएगा। शक्तिशाली देश ग़रीब देशों से लाभ और आय का फ़ायदा उठाने में सफल हो जाएगा। राजनीतिक अर्थों में, विश्व के बाज़ारों में ज़्यादा भागीदारी बनाने से आर्थिक रूप से कमज़ोर राष्ट्र प्रभुत्वसंपन्न

विश्व शक्तियों पर निर्भर हो जाएगा। इसका परिणाम यह होगा कि राजनीतिक रूप से निर्भर होने पर वह राष्ट्र सामाजिक और सांस्कृतिक रूप से भी विलीन हो जाएगा। यह तभी से बहस का विषय रहा है कि आर्थिक एकीकरण का अवश्यंभावी परिणाम स्वतंत्रता को निश्चित रूप से खोना होगा। यह तर्क बाज़ार आधारित विकास के व्यापक परिप्रेक्ष्य का एक भाग है जो केवल मध्यवर्गीय और उच्च आय वर्ग के पक्ष में काम करता है। ऐसा सुझाव दिया जाता है कि ऐसे विकास से कमज़ोर और ग़रीब लोग हाशिये पर रखे जाते हैं।

व्यापक रूप से उद्धृत किए जाने वाली एक पुस्तक में, नोबेल पुरस्कार विजेता जोसेफ़ स्टीव ग्लीच ने विकासशील देशों पर भूमंडलीकरण के प्रभाव के बारे में दिए जा रहे तर्क को एक नया मोड़ दिया है। सिद्धांत रूप में उन्होंने भूमंडलीकरण के पक्ष में अपना मत दिया है, यानी स्वतंत्र व्यापार के लिए अवरोधों को दूर करना और राष्ट्रीय अर्थव्यवस्थाओं का मज़बूती से एकीकरण करना क्योंकि इसमें लोगों की भलाई और विश्व में प्रत्येक व्यक्ति, ख़ासकर ग़रीब को धनी बनाने की संभाव्यता है। हालांकि इसका वास्तविक प्रभाव अनेक विकासशील अर्थव्यवस्थाओं पर काफ़ी प्रतिकूल पड़ा है किंतु जिस तरह यह विकासशील देशों को सहायता पहुंचाने के नाम पर अंतरराष्ट्रीय मुद्रा कोष (आई.एम.एफ़.) द्वारा प्रबंधित किया जाता है, उससे तो यही दिखाई देता है। कुप्रबंधन का दोष संयुक्त राज्य अमेरिका और अन्य औद्योगिक देशों को भी दिया जाता है जिनकी आवाज़ अंतरराष्ट्रीय आर्थिक मामलों में काफ़ी व्यापक रहती है किंतु ये विकासशील अर्थव्यवस्थाओं के प्रति पूर्वाग्रह रखते हैं।

दूसरे प्रसिद्ध अर्थशास्त्री, जगदीश भगवती ने सुझाव दिया है कि भूमंडलीकरण के फ़ायदों को सराहने के लिए महत्वपूर्ण है कि 'आर्थिक भूमंडलीकरण' जिसका प्रभाव विकास के स्तर को ध्यान में रखे बग़ैर सभी अर्थव्यवस्थाओं पर सकारात्मक पड़ता है, और अन्य प्रकार के भूमंडलीकरण जिनका प्रभाव अच्छा अथवा बुरा हो सकता है, उनके बीच

का अंतर उनके विषयों पर आधारित होता है। वे बंद अर्थव्यवस्था से खुली अर्थव्यवस्था में बदलने के लिए सावधानीपूर्वक प्रबंधन के पक्ष में हैं। ज़रूरी नहीं कि यह बदलाव काफ़ी तेज़ गति से हों लेकिन अधिकतम हों। भगवती ने यह भी सुझाव दिया है कि आर्थिक भूमंडलीकरण (जैसे पूंजी लेखा परिवर्तनशीलता) के लिए नीतियों के कुछ भाग ऐसे हैं जिन पर विकासशील देशों को काफ़ी सावधानी से आगे बढ़ना चाहिए। कुछ परिवर्तनों के साथ मार्टिन वुल्फ़ (2004) भगवती द्वारा आर्थिक भूमंडलीकरण के फ़ायदों पर दिए गए सकारात्मक विचारों से सहमति व्यक्त करते हैं।

इस पृष्ठभूमि में भारतीय परिप्रेक्ष्य में भूमंडलीकरण की लागत और फ़ायदों पर विचार करते हुए कुछ नए बिंदु ध्यान में रखने चाहिए। पहला, लागत-फ़ायदे इस पर निर्भर करते हैं कि हम लोग किस तरह के भूमंडलीकरण की बात कर रहे हैं। असल में, इसके गुणों या कहा जाए कि भारतीय अर्थव्यवस्था के विश्व अर्थव्यवस्था के साथ मज़बूती से जुड़ने के विषय में विचार करते हुए मैं भूमंडलीकरण शब्द के प्रयोग से परहेज़ करने के पक्ष में हूं। विचाराधीन नीतियों के तथ्यों को विनिर्दिष्ट करना ज़्यादा महत्वपूर्ण है, जैसे आयात उदारीकरण, वित्तीय उदारीकरण, पूंजी लेखा परिवर्तनशीलता, सीधे विदेशी निवेश के प्रतिबंधों को हटाना, इत्यादि। ऐसे विनिर्दिष्टकरण के अभाव में समान रूप से औचित्य ठहराते हुए सामान्य अर्थों में भूमंडलीकरण के विषय पर काफ़ी भिन्न स्थितियों को सामने रखना संभव है। दूसरा, राष्ट्रीय अर्थव्यवस्थाओं से अच्छे से जुड़ने के लिए व्यापार, निवेश अथवा पूंजी बाज़ार के विषय में विनिर्दिष्ट नीतियों को संबंधित देश को अपने हित में सावधानीपूर्वक प्रबंधन करना चाहिए। वैश्विक अर्थव्यवस्था के बारे में बात करना बहुत अच्छी बात है किंतु सभी राष्ट्रीय अर्थव्यवस्थाओं अथवा क्षेत्रीय आर्थिक संगठनों को अपने अधिकतम फ़ायदे के लिए ऐसे नीतियों को अपनाना चाहिए। इस प्रकार, जैसे औद्योगिक देश औद्योगिक उत्पादों में मुक्त व्यापार के पक्ष में रहते हैं, किंतु कृषि अथवा अन्य सेवाओं में आवश्यक रूप से ऐसा नहीं है।

इसी प्रकार प्रबल और बड़ी वित्तीय या बैंकिंग क्षेत्र वाली अर्थव्यवस्था बाह्य वित्तीय उदारीकरण के पक्ष में हो सकती हैं, किंतु अपने घरेलू पूंजी बाज़ारों के लिए आवश्यक रूप से ऐसा नहीं होता। भारत को भी ऐसी नीतियां अपनानी चाहिए जिनसे अंतरराष्ट्रीय परिप्रेक्ष्य में अधिकतम राष्ट्रीय फ़ायदे (ऐसे देशों सहित जिनकी स्थिति भी समान ही है) हासिल किए जा सकें। इस पहलू को विश्व व्यापार संगठन (डब्ल्यू.टी.ओ.) अथवा अंतरराष्ट्रीय वित्तीय संस्थानों जैसे विश्व बैंक और अंतरराष्ट्रीय मुद्रा कोष में वैश्विक समझौतों के दौरान ख़ास तौर पर ध्यान में रखना चाहिए।

तीसरा, व्यापार और निवेश में ज़्यादा खुलेपन के प्रतिकूल प्रभावों की संभावना पर विचार करते हुए यह ध्यान में रखना आवश्यक है कि 1990 के दशक में इन क्षेत्रों में कुछ सकारात्मक संचलन होने के बावजूद आज भारत विश्व में बड़ी अर्थव्यवस्थाओं के बीच सबसे अलग-थलग देश है। यह विश्व से जुड़ने अथवा विदेशी शक्तियों द्वारा विलीन होने की स्थिति में कहीं भी नहीं है। किसी भी तरह से साम्यवादी देश चीन जिसकी अपनी स्वतंत्र विदेश नीति है, वह भारत की तुलना में विश्व अर्थव्यवस्था से ज़्यादा अच्छी तरह जुड़ा हुआ है अथवा निकट भविष्य में इसके अच्छी तरह से जुड़ने की संभावना है। विश्व व्यापार में भारत का हिस्सा, जो विश्व के बाज़ार में भागीदारी का एक पैमाना है, एक प्रतिशत से भी कम है। विदेशी कंपनियों द्वारा चीन में वार्षिक विदेशी प्रत्यक्ष निवेश भारत में होने वाले निवेश से सौ गुना अधिक है। चीन की निस्संदेह आर्थिक और राजनीतिक समस्याएं हैं किंतु विदेशी व्यापार और विदेशी निवेश के कारण देश के अधिकारों का क्षरण और स्वायत्तता में कमी उनमें नहीं है। चूंकि विश्व के सभी विकासशील देश आक्रामक रूप से विश्व व्यापार और विदेशी प्रत्यक्ष निवेश में अपने शेयर की वृद्धि करने से संबंधित ऐसी नीतियों को अपना रहे हैं, इसलिए आने वाले कुछ दिनों में भारत का सापेक्ष हिस्सा चीन के वर्तमान शेयर के निकट पहुंचने की संभावना कम है।

विश्व अर्थव्यवस्था के परिप्रेक्ष्य में भारत की नीतियां उपर्युक्त बिंदुओं को ध्यान में रखते हुए बनाई जानी चाहिए। जहां पूरे विश्व का वित्तीय और पूंजी लेखा उदारीकरण के प्रति सावधान रहने का निश्चित रूप से अच्छा कारण है, वहीं वर्तमान स्थिति में व्यापार और विदेशी निवेश के कारण आर्थिक निर्भरता के प्रति आशंकाएं असंगत हैं। पूंजीगत लेखा के विषय में भी भारत के मज़बूत भुगतान संतुलन और प्रतिस्पर्द्धात्मक घरेलू वातावरण को ध्यान में रखते हुए व्यापक रूप से आगे बढ़ाना व्यवहार्य नहीं है। बाह्य दबावों की संभावना से राष्ट्रीय उन्नति को क्षति पहुंचती है। इसकी संभावना व्यापार और तकनीक में नए अवसरों का लाभ उठाते हुए उन्नतशील अर्थव्यवस्थाओं की तुलना में बंद और स्थिर अर्थव्यवस्था की ज़्यादा होती है। यह व्यापक रूप से भारत के भूत और वर्तमान के अनुभव से देखा जा सकता है और भविष्य में भी इसके सच होने की संभावना है।

अंतिम शब्दः भारत का नियति के साथ संघर्ष

मैंने राजनीति, अर्थशास्त्र और कुशासन के क्षेत्र में केवल कुछ सामरिक और सहायक मामलों को अभिज्ञात करने का प्रयास किया है जो एक-दूसरे से मिले हुए हैं किंतु भारत के विकास के लिए अति आवश्यक हैं। वर्तमान सूचना के आधार पर मैं निश्चित रूप से भविष्य के बारे में भविष्यवाणी करने की अनिश्चितता के प्रति सजग हूं। जैसा कि पॉल कैनेडी ने अपनी प्रसिद्ध पुस्तक 'प्रिपेयरिंग फ़ॉर ट्वेंटी फ़र्स्ट सेंचुरी' में बताते हैं कि निश्चित रूप से यह बताना असंभव है कि वैश्विक रुख़ का परिणाम भयंकर आपदा का होगा अथवा मानव के विकास में चमत्कारिक प्रगति की ओर आगे बढ़ेगा। उन्होंने आगे बताया कि फिर भी संभव है कि मेधावी पुरुष और महिला आने वाली शताब्दी की जटिल समस्याओं के बावजूद अपने समाज को आगे बढ़ाएंगे।

जैसे ही हम लोग भारत के भविष्य की ओर देखते हैं, हमें यह देखकर

दुख होता है कि यहां की जटिल समस्याएं इसकी प्रगति को बुरी तरह प्रभावित कर रही हैं। दूसरी तरफ़, जब हम यह सोचते हैं कि अनेक सीमाओं के बावजूद खुले और लोकतांत्रिक समाज में हमने अब तक क्या हासिल किया है, तब ख़ुश और आश्वस्त होने के पर्याप्त कारण मिलते हैं। हाल के वर्षों में वैश्विक वातावरण भी भारत के पक्ष में बदल गया है। बहुत कम विकासशील देश ऐसे हैं जिन्हें हम भारत की तरह तकनीक, अंतरराष्ट्रीय व्यापार, पूंजी प्रवाह और संसाधन के मामले में भारत के समक्ष रख सकते हैं। जो पहले कभी नहीं हुआ, आज भारत की नियति उसके अपने हाथों में है।

भविष्य किस ओर है? इसे सुनिश्चित करना कठिन है। हालांकि इसमें कोई संदेह नहीं है कि यदि भारत की महिलाएं एवं पुरुष देश की प्रचुर क्षमता को हासिल करने के प्रति कटिबद्ध हों तो निकट भविष्य में भारत की अर्थव्यवस्था विश्व की सबसे मज़बूत अर्थव्यवस्थाओं में से एक हो जाएगी। व्यापक ग़रीबी, अशिक्षा और बीमारी तब किसी हद तक दूर हो जाएंगी, और लोगों को लोकतंत्र में निहित फ़ायदे प्राप्त होंगे। मगर प्रश्न तो यह है कि क्या हमारे पास आवश्यक इच्छाशक्ति है?

संदर्भ :

परिचय

1 मर्डल, गुन्नर (1957), *इकोनॉमिक थ्योरी एंड अंडरडेवलप्ड रीजन्स,* मैथ्यू एंड कंपनी, लंदन, पृष्ठ संख्या viii

2 लिटिल, आई.एम.डी.(2003), *एथिक्स, इकोनॉमिक एंड पॉलीटिक्सः प्रिंसीपल्स ऑफ़ पब्लिक पॉलिसी,* ऑक्सफ़ोर्ड यूनीवर्सिटी प्रेस, नई दिल्ली

3 मेहता, पी.बी. (2003), द *बर्डन ऑफ़ डेमोक्रेसी,* पेंगुइन, नई दिल्ली

4 सेंटर फ़ॉर सिविल सोसाइटी (2004), द *स्टेट ऑफ़ गवर्निंसः डेल्ही सिटिज़न हैंडबुक 2003,* नई दिल्ली

5 मिश्रा, राजीव और अन्य(2003), *इंडिया हैल्थ रिपोर्ट,* ऑक्सफ़ोर्ड यूनीवर्सिटी प्रेस, नई दिल्ली

6 रिपोर्ट ऑफ़ द नेशनल कमीशन टू रिव्यू द वर्किंग ऑफ़ द कॉन्स्टीट्यूशन (2002), यूनीवर्सल लॉ पब्लिशिंग कंपनी, दिल्ली

7 जालान, बिमल (1991), *इंडियाज़ इकोनॉमिक क्राइसिसः द वे अहैड,* ऑक्सफ़ोर्ड यूनीवर्सिटी प्रेस, नई दिल्ली

8 जालान, बिमल (2002), *इंडियाज़ इकोनॉमी इन द न्यू मिलेनियम,* यू बी एस पब्लिशर्स, नई दिल्ली; द *इंडियन इकोनॉमीः प्रॉब्लम एंड प्रॉसपेक्ट्स,* पेंगुइन-वाइकिंग, 1992; *इंडियाज़ इकोनॉमिक पॉलिसीः प्रिपेयरिंग फ़ॉर द ट्वेंटी फ़र्स्ट सेंचुरी,* पेंगुइन-वाइकिंग, 1996

9 रोज़नवेग, जे.ए. (1998), *विनिंग द ग्लोबल गेम*, द फ्री प्रेस, न्यूयॉर्क

10 पारिख, के. (1999), *इकोनॉमी इन इंडिया ब्रीफ़िंगः ए ट्रांसफ़ॉर्मेटिव फ़िफ़्टी ईयर्स*, एम.ई. शार्प इंक. द्वारा प्रकाशित, न्यूयॉर्क फ़ॉर एशिया सोसाइटी

11 रॉड्रिक, डी. तथा सुब्रह्मण्यम, ए (2004), 'वाय इंडिया कैन ग्रो एट 7% ए ईयर ऑर मोर', *इकोनॉमिक एंड पॉलीटिकल वीकली*, 17-23 अप्रैल 2004

एक

1 सेन, ए.के. (1999), *डेवलपमेंट एज़ फ्रीडम*, एल्फ्रेड ए नॉफ़, न्यूयॉर्क, पृष्ठ संख्या 157

2 वही

3 पर्कोविच, जी. (2003), 'द मेज़र्स ऑफ़ इंडियाः वट मेक्स ग्रेटनेस', वार्षिक फ़ैलो लेक्चर, द सेंटर फ़ॉर एडवांस्ड स्टडी ऑफ़ इंडिया, यूनीवर्सिटी पेंसिलवेनिया, 23 अप्रैल 2003 पृष्ठ संख्या 17

4 ज़कारिया, एफ़ (2003), *द फ़्यूचर ऑफ़ फ्रीडम*, पेंगुइन-वाइकिंग, नई दिल्ली

5 सेन, ए.के. (2004), 'डेमोक्रेसी एंड सेक्यूलरिज़्म इन इंडिया', के. बसु(संपा.), *इंडियाज़ इमर्जिंग इकोनॉमीः परफ़ॉर्मेंस एंड प्रॉस्पेक्ट्स इन द 1990s एंड बियॉन्ड*, ऑक्सफ़ोर्ड यूनीवर्सिटी प्रेस, नई दिल्ली

6 प्रेज़वर्स्की, ए. (1995), *सस्टेनेबल डेमोक्रेसी*, कैम्ब्रिज यूनीवर्सिटी प्रेस, कैम्ब्रिज तथा बार्रो, आर. जे.(1996), *गेटिंग इट राइटः मार्केट्स एंड चॉयसिस इन ए फ्री सोसाइटी*, द एम आई टी प्रेस, कैम्ब्रिज, मैसाचुसेट्स

7 सेन, ए. के., 1999, पृष्ठ संख्या 155

8 मेहता, पी. बी. (2003), *द बर्डन ऑफ़ डेमोक्रेसी*, पेंगुइन, नई दिल्ली, पृष्ठ संख्या 154

9 रिपोर्ट ऑफ़ द नेशनल कमीशन टू रीव्यू द वर्किंग ऑफ़ द कॉन्स्टीट्यूशन

(2002), भारत सरकार, नई दिल्ली, पृष्ठ संख्या 105

10 वही, पृष्ठ संख्या 124

11 बानिक, डी. (1999), द *ट्रांसफ़र राजः इंडियन सिविल सर्वेंट्स ऑन द मूव*, सेंटर फ़ॉर डेवलपमेंट एंड द एनवायरन्मेंट, ओसलो

दो

1 पारिख, के. (1999), *इकोनॉमी इन इंडिया ब्रीफ़िंगः ए ट्रांसफ़ॉर्मेटिव फ़िफ़्टी ईयर्स*, एम. ई. शार्प इंक. द्वारा प्रकाशित, न्यूयॉर्क फ़ॉर एशिया सोसाइटी; रोज़नवेग, जे. ए. (1998), *विनिंग द ग्लोबल गेम*, द फ्री प्रेस, न्यूयॉर्क

2 बसु, के. (संपा.) (2004), *इंडियाज़ इमर्जिंग इकोनॉमीः परफ़ॉर्मेंस एंड प्रॉस्पेक्ट्स इन द 1990s एंड बियॉन्ड*, ऑक्सफ़ोर्ड यूनीवर्सिटी प्रेस, नई दिल्ली

3 जालान, बिमल (2002), *इंडियाज़ इकोनॉमी इन द न्यू मिलेनियमः सिलेक्टिड ऐस्सेज़* में संकलित, 'इंडियाज़ इकोनॉमी इन द ट्वेंटी फ़र्स्ट सेंचुरीः ए न्यू बिगनिंग ऑर ए फ़ॉल्स डॉन?', यू बी एस पब्लिशर्स, नई दिल्ली

4 चंद्रा, बी. (1992), 'द कॉलोनियल लीगेसी', बिमल जालान (संपा.) *द इंडियन इकोनॉमीः प्रॉब्लमस एंड प्रॉस्पेक्ट्स*, पेंगुइन, नई दिल्ली

5 आचार्या, एस. (2004), 'बैड आइडियाज़ वर्सेस गुड मैन', *द इकोनॉमिक टाइम्स*, 22 जनवरी 2004; पैनागेरिया, ए.(2004), 'गुडबाय टू डबल-डिजिट ग्रोथ रेट', *द इकोनॉमिक टाइम्स*, 30 जून 2004

6 बसु, के. (संपा.), 2004, पृष्ठ संख्या 19

7 *द थर्ड फ़ाइव ईयर प्लान* (1961), भारत सरकार, पृष्ठ संख्या 277

8 *इंडियाः रिड्यूसिंग पॉवर्टी, एक्सलरेटिंग डेवलपमेंट* (2000), वर्ल्ड बैंक, वॉशिंगटन, डी. सी.

9 शर्मा, एस.डी. (2004), *डेवलपमेंट एंड डेमोक्रेसी इन इंडिया,* रावत पब्लिकेशंस, नई दिल्ली

10 बर्धन, पी. (2003), 'डिसजंक्चर इन द इंडियन रिफ़ॉर्म प्रॉसेसः सम रिफ़लेक्शंस', के. बसु (संपा.), 2004। साथ ही देखें 'पॉलीटिकल-इकोनॉमी एंड गवर्ननेंस इश्यूज़ इन द इंडियन इकोनॉमिक रिफ़ॉर्म प्रॉसेस', के. आर. नारायणन ओरेशंस, ऑस्ट्रेलियन नेशनल यूनीवर्सिटी, कैनबर्रा, 2003

11 आउटलुक, 12 जून 2004, पृष्ठ संख्या 32

12 मेहता, पी. बी. (2003), *द बर्डन ऑफ़ डेमोक्रेसी,* पेंगुइन, नई दिल्ली, पृष्ठ संख्या 132

तीन

1 गांधी, आर. (1989), *इंडिया टुडे,* 30 नवंबर 1989 से उद्धृत, पृष्ठ संख्या 16

2 रत्ना रेड्डी, वी. (2001), 'डिक्लाइनिंग सोशल कंज़म्प्शन इन इंडिया', *इकोनॉमिक एंड पॉलीटिकल वीकली,* 21 जुलाई 2001

3 *द टाइम्स ऑफ़ इंडिया,* 17 सितंबर 2004, मुंबई, पृष्ठ संख्या 9

4 ड्रीज़, जीन तथा सेन, ए.के. (1989), *हंगर एंड पब्लिक ऐक्शन,* ऑक्सफ़ोर्ड यूनीवर्सिटी प्रेस, नई दिल्ली

5 रे, जे. के. (2001), *इंडियाः इन सर्च ऑफ़ गुड गवर्ननेंस,* के.के. बागची एंड कंपनी, कोलकाता

6 भूतलिंगम, एस. (1993), *रिफ़्लेक्शंस ऑन एन इराः मेमोयर्स ऑफ़ ए सिविल सर्वेंट,* एफ़िलिएटेड ईस्ट-वेस्ट प्रेस, नई दिल्ली

7 *द टाइम्स ऑफ़ इंडिया,* 2 जून 2004, पृष्ठ संख्या 17

8 वर्ल्ड बैंक (2003), *इंडियाः सस्टेनिंग रिफ़ॉर्म, रिड्यूसिंग पॉवर्टी,* ऑक्सफ़ोर्ड यूनीवर्सिटी प्रेस, दिल्ली, पृष्ठ संख्या 39

9 शेखर, एस. तथा बालकृष्णन, एस. (1999), *वॉयसेज़ फ़्रॉम द कैपिटलः*

ए रिपोर्ट कार्ड ऑन पब्लिक सर्विस इन डेल्ही, पब्लिक अफ़ेयर्स सेंटर बंगलौर

10 सिंह, टी. (2004), 'फ़िफ़्थ कॉलम', *द इंडियन एक्सप्रेस*, 19 सितंबर 2004, पृष्ठ संख्या 7

11 शौरी, ए. (2004) *गवर्ननेंसः थिंक्स टू डू*, नई दिल्ली (मिमियो)

12 हारपर, एम. (2000), *पब्लिक सर्विसिस थ्रू प्राइवेट एंटरप्राइसेज़*, विस्तार पब्लिकेशंस, नई दिल्ली

13 सुब्रह्मण्यम, टी. एस. आर. (2004), 'ऑल द नेताजीज़ मैन', *द इंडियन एक्सप्रेस*, 17 सितंबर 2004, पृष्ठ संख्या 9

14 कुमार, ए. (2004), 'चेज़िंग ए विल ओ' द विस्प?' *द इंडियन एक्सप्रेस*, 25 सितंबर 2004, पृष्ठ संख्या 8

15 अलेक्ज़ेंडर, पी. सी. (2004), *थ्रू द कोरिडोर्स ऑफ़ पॉवर*, हार्परकोलिंस, नई दिल्ली

चार

1 तंज़ी, वी. (1998), 'करप्शन अराउंड द वर्ल्डः कॉज़ेज़, कॉन्सिक्वेनसेज़, स्कोप एंड क्योर्स', आई.एम.एफ़. स्टाफ़ पेपर्स वोल्यूम 45, दिसंबर 1998

2 लिंडानेर, डी. तथा ननबर्ग, बी. (ई डी एस) (1994), *रिहेबिलिटेटिंग गवर्नमेंटः पे एंड एंप्लॉयमेंट रिफ़ॉर्म इन अफ़्रीका*, वर्ल्ड बैंक, वॉशिंग्टन, डी.सी., पृष्ठ संख्या 27

3 गुहान, एस. तथा पॉल, एस. (1997), *करप्शन इन इंडियाः एजेंडा फ़ॉर एक्शन*, विज़न बुक्स, दिल्ली

4 आबिद, जी.टी. तथा गुप्ता, एस. (संपा.) (2002), *गवर्ननेंस, करप्शन एंड इकोनॉमिक परफ़ॉर्मेंस*, इंटरनेशनल मॉनीटरी फ़ंड, वॉशिंग्टन, डी.सी.

5 तंज़ी, वी. तथा दाऊदी, एच. आर. (2002), 'करप्शन, पब्लिक इनवेस्टमेंट,

एंड ग्रोथ', इन आबिद एंड गुप्ता (संपा.), 2002

6 माउरो, पी., 'करप्शन एंड ग्रोथ', *क्वार्टरली जर्नल ऑफ़ इकोनॉमिक्स*, अगस्त 1995

7 तंज़ी, वी. तथा दाऊदी, एच. आर., 'करप्शन, पब्लिक इनवेस्टमेंट, एंड ग्रोथ', इन आबिद एंड्र गुप्ता (संपा.), 2002

8 यूरोपियन बैंक फ़ॉर रिकंस्ट्रक्शन एंड डेवलपमेंट (1999), *टेन ईयर्स ऑफ़ ट्रांज़िशन*, लंदन

9 गांधी, आर. (1989), इन इंडिया टुडे, 30 नवंबर 1989, पृष्ठ संख्या 16 से उद्धृत

10 मुखर्जी, डी. (2004), द *क्राइसिस इन गवर्नमेंट अकाउंटेबिलिटी*, ऑक्सफ़ोर्ड यूनीवर्सिटी प्रेस, नई दिल्ली

11 मैथ्यू, जी. एंड नायक, आर. (1996), 'पंचायतस एट वर्क', *इकोनॉमिक एंड पॉलीटिकल वीकली*, 6 जून 1996

12 फ्राइडमैन, ई. तथा अन्य (2000), 'डॉजिंग द ग्रैबिंग हैंडः द डिटरमिनेंट्स ऑफ़ अनऑफ़िशियल एक्टिविटी इन 69 कंट्रीस', *जर्नल ऑफ़ पब्लिक इकोनॉमिक्स*, वोल्यूम 76

13 आबिद जी. टी. एंड दाऊदी, एच.आर. (2002), 'करप्शन, स्ट्रक्चल रिफ़ॉर्मस, एंड इकोनॉमिक परफ़ॉर्मेंस', इन आबिद एंड गुप्ता (संपा.), 2002

14 गोडबोले, एम. (1997), 'करप्शन, पब्लिक इंटरफ़ेयरेंस एंड द सिविल सर्विस' इन गुहान एंड पॉल, 1997

15 रिपोर्ट ऑफ़ द कमेटी ऑन प्रिवेंशन ऑफ़ करप्शन (1964), गृह मंत्रालय, नई दिल्ली

16 जॉनस्टन, एम. (1997), 'व्हाट कैन बी डन अबाउट एंट्रेंच्ड करप्शन', वर्ल्ड बैंक, वॉशिंगटन, डी.सी.

17 दास, एस. के. (2001), *पब्लिक ऑफ़िस, प्राइवेट इनट्रस्ट*, ऑक्सफ़ोर्ड यूनीवर्सिटी प्रेस, नई दिल्ली

18 वर्मा, जे. एस. (2004), 'रोल ऑफ़ लॉ एनफ़ोर्समेंट एजेंसिस अंडर द रूल ऑफ़ लॉ', कोहली मेमोरियल लेक्चर, 5 मई 2004, द *इंडियन एक्सप्रेस*, 7 मई 2004, से उद्धृत

19 रिपोर्ट ऑफ़ द एरियास कमेटी (1990), जस्टिस वी.एस. मालीमथ, उच्चतम न्यायालय, 1990 की अगुआई में

20 पाल, एस. (1999), *द लॉ रिलेटिंग टू पब्लिक सर्विस*, ईस्टर्न लॉ हाउस, नई दिल्ली

21 पॉल, एस. (1997), 'करप्शनः हू विल बेल द कैट', *इकोनॉमिक एंड पॉलीटिकल वीकली*, 7 जून 1997, दास 2001, से उद्धृत

22 भूतलिंगम, एस. (1993), *रिफ़्लेक्शंस ऑन एन इराः मेमोयर्स ऑफ़ ए सिविल सर्वेंट*, एफ़िलिएटेड ईस्ट-वेस्ट प्रेस, नई दिल्ली

23 दास गुप्ता, ए. मुखर्जी, डी. एंड पंत, डी. पी. (1992), 'इनकम टैक्स इनफ़ोर्समेंट इन इंडियाः ए प्रीलिमिनरी एनालिसिस' (मिमियो), डी. मुखर्जी, 2004, पृष्ठ संख्या 122 से उद्धृत

24 द *इंडियन एक्सप्रेस,* 20 मई 2004

पांच

1 नेहरू, जे. एल. (1958), *जवाहरलाल नेहरूस स्पीचिज़*, 1946-49, भारत सरकार नई दिल्ली वोल्यूम-1

2 *इंडियन एक्सप्रेस*, नई दिल्ली, 14 जून 2004

3 गुप्ता, एस. (2004), 'सीज़र इन द हार्टलैंड', द *इंडियन एक्सप्रेस*, 1 मई 2004, पृष्ठ संख्या 8

उपसंहार

1. हर्षमैन, ए.ओ. (1987), 'द पॉलीटिकल इकोनॉमी ऑफ़ लैटिन अमेरिकन डेवलपमेंटः सेवेन एक्सरसाइसेज़ इन रेट्रोस्पेक्शन', इन द *लैटिन अमेरिकन रिसर्च रीव्यू*, वोल्यूम-22, 1987

2. कोर्नई जे. (1980), *इकोनॉमिक्स ऑफ़ शार्टेज*, नॉर्थ-हॉलैंड, एम्सटर्डम

3. डार्नबुश, आर. एंड रेनोसो, ए. (1989), 'फ़ाइनेनशियल फ़ैक्टर्स इन इकोनॉमिक डेवलपमेंट', *अमेरिकन इकोनॉमिक रीव्यू*, वोल्यूम-79, नं. 2

4. शौरी, ए. (2004), *गवर्ननेंस एंड द स्कलेरोसिस दैट हैज़ सेट इन*, ए एस ए पब्लिकेशंस—रूपा एंड कं., नई दिल्ली

5. कोठारी, आर. (1995), 'अंडर ग्लोबलाइज़ेशनः विल नेशन स्टेट होल्ड', *इकोनॉमिक एंड पॉलीटिकल वीकली*, 1 जुलाई 1995

6. स्टिगलिट्ज़, जे. (2002), *ग्लोबलाइज़ेशन एंड इट्स डिस्कनटेंट्स*, एलेन लेन, लंदन, पृष्ठ संख्या ix

7. भगवती जे. (2004), *इन डिफ़ेंस ऑफ़ ग्लोबलाइज़ेशन*, ऑक्सफ़ोर्ड यूनीवर्सिटी प्रेस, न्यूयॉर्क

8. वुल्फ़, एम. (2004), *व्हाय ग्लोबलाइज़ेशन वर्क्स*, येल यूनीवर्सिटी प्रेस, न्यू हेवन।

9. कैनेडी, पी. (1993), *प्रिपेयरिंग फ़ॉर द ट्वेंटी-फ़र्स्ट सेंचुरी*, रैंडम हाउस, न्यूयॉर्क, पृष्ठ संख्या 349।